CO₂固定化・隔離技術
Technologies for Fixation and Removal of Carbon Dioxide

監修：乾　智行

シーエムシー出版

まえがき

　本書は，二酸化炭素の化学的変換と大量隔離の最新技術について，斯界の第一線で活躍中の多数の研究者によって，執筆されたものである。

　1972年のローマクラブによる報告『成長の限界』に，すでにCO_2の大気圏への蓄積による地球温暖化の警告が行われている。この予見を重視して，ただちに，少数ではあったが，CO_2変換の研究に着手した研究者も確かにあった。しかし，地球温暖化の懸念に対して国際的な規模で本格的に取り組まれるようになるには，さらに四半世紀を要した。この間にも地球上の人口は，十数億人も増加して現在60億人に達し，なお増加が続く傾向にある。また，この間に起こった，宇宙衛星を媒介する情報技術の著しい進歩は，世界中の知識の均質化を促し，それがさらに人々の生活向上への強い期待を生むようになった。数億人にも満たない先進国の営みを支えるエネルギー消費に伴って生み出されるCO_2は，すでに全発生量のおよそ半分を占めるが，今後は，開発途上国の希求する生活向上をまかなうエネルギー需要，すなわちCO_2排出量の増加が上積みされてくる。

　このような情勢下に，CO_2問題打開に取り組む経済的余裕と技術開発力を発揮できる国家は，どれほど数えられるのであろうか。少なくとも過去10年の実績から判断すれば，高々，数カ国に過ぎない。我が国は常にその先頭に立ってきた。欧米諸国の研究者から，「日本の研究，見通しが甘い」などの批判を受けつつも，依然ダイアモンドヘッドの役割を果たす日本の学術，技術の水準と先駆的成果を手掛かりとして，ようやく欧米諸国や韓国などでも熱心な研究が行われるようになってきている。1997年12月，京都で開催された第3回地球温暖化防止会議（COP3）を受けて，我が国でも様々な政策レベルでの整備が進められている（たとえば，CO_2・リサイクル対策総覧，技術編（1998），ならびに環境経営・政策・制度編（1999），中山唯義編集，発行所㈱マイガイヤ，発売元㈱通産資料調査会）。しかし，肝心の技術的打開策についての具体的な記述に関するものは，まだ，ほとんど欠落しているのが現状である。

　詳しくは，本書第1章の総論に記述するが，本書は，専心して研究に従事されている研究者をあらん限り網羅して，最近の水準を提供する最初の総合的，技術解説書で，第1章総論のあと，第1部（第2章から第5章まで）生化学的変換方法編から始まり，つづく第2部物理化学的方法編では，分離（第6章）と隔離（第7～9章）を解説し，第3部化学的方法編では，

光化学（第10章），電気化学・光電気化学（第11章），超臨界条件下変換（第12章），有機合成（第13章），高分子合成（第14章），直接分解（第15章），接触水素化（第16章）など，幅広い分野の記述を行う。第4部では，変換システムの経済評価（第17章）と複合変換システム構想（第18章）を扱う。

　本書が，新世紀に向けて，ますます切実となるCO_2の低減，隔離，循環利用などの要請に対して，技術進展のための手掛かりとなり，支えとなることを期待する。

2000年1月

京都大学名誉教授　乾　智行

普及版の刊行にあたって

　本書は2000年1月に『CO_2固定化・隔離の最新技術』として刊行されました。普及版の刊行にあたり，内容は当時のままであり加筆・訂正などの手は加えておりませんので，ご了承ください。

2006年8月

シーエムシー出版　編集部

―――― 執筆者一覧（執筆順） ――――

乾　　智行	京都大学名誉教授；大同ほくさん㈱　最高顧問
	（現）京都大学名誉教授；エア・ウォーター㈱　最高顧問
湯川　英明	㈶地球環境産業技術研究機構　微生物分子機能研究室
道木　英之	東洋エンジニアリング㈱　技術研究所　環境技術G
宮本　和久	大阪大学大学院　薬学研究科　教授
	（現）大阪大学　海外拠点本部　特任教授；バンコクセンター長
藏野　憲秀	㈱海洋バイオテクノロジー研究所　釜石研究所
北島　佐紀人	㈶地球環境産業技術研究機構　植物分子生理研究室
	（現）京都工芸繊維大学　大学院工芸科学研究科　助手
富澤　健一	㈶地球環境産業技術研究機構　植物分子生理研究室
	（現）㈶地球環境産業技術研究機構　植物研究グループ
	主席研究員
横田　明穂	奈良先端科学技術大学院大学　バイオサイエンス科　教授
松永　　是	東京農工大学　工学部　生命工学科　教授
	（現）東京農工大学　大学院共生科学技術研究院　教授
竹山　春子	東京農工大学　工学部　生命工学科　助教授
	（現）東京農工大学　大学院共生科学技術研究院　教授
真野　　弘	㈶地球環境産業技術研究機構　化学的CO_2固定化研究室
	（現）㈶地球環境産業技術研究機構　化学研究グループ
	主任研究員
松本　公治	関西電力㈱　総合技術研究所　環境技術研究センター
	（現）関西電力㈱　環境室　環境技術グループ　マネジャー
三村　富男	関西電力㈱　総合技術研究所　環境技術研究センター
	（現）関西電力㈱　電力技術研究所　環境技術研究センター
	主席研究員
飯島　正樹	三菱重工業㈱　化学プラント技術センター
光岡　薫明	三菱重工業㈱　広島研究所
大隅　多加志	㈶電力中央研究所　我孫子研究所　上席研究員

増田 重雄	地球環境産業技術研究機構　CO_2海洋隔離プロジェクト室
	（現）㈱科学技術研究機構　「水の循環系モデリングと利用システム」研究事務所　技術参事
小出　仁	工業技術院　地質調査所　環境地質部
	（現）早稲田大学　理工学総合研究センター　客員教授
鈴木　款	静岡大学　理学部　教授
	（現）静岡大学　創造科学技術大学院　教授
田中 晃二	岡崎国立共同研究機構　分子科学研究所　教授
柳田 祥三	大阪大学大学院　工学研究科　教授
	（現）大阪大学　先端科学イノベーションセンター　特任教授
北村 隆之	大阪大学大学院　工学研究科　助手
和田 雄二	大阪大学大学院　工学研究科　助教授
	（現）岡山大学　大学院自然科学研究科　教授
榎木 啓人	東京工業大学大学院　理工学研究科
碇屋 隆雄	東京工業大学大学院　理工学研究科　教授
佐々木 義之	資源環境技術総合研究所　温暖化物質循環制御部
	（現）㈱産業技術総合研究所　バイオマス研究センター
	総括研究員
杉本　裕	東京理科大学　工学部　工業化学科　助手
	（現）東京理科大学　工学部　工業化学科　講師
井上 祥平	東京理科大学　工学部　工業化学科　教授
滝田 祐作	大分大学　工学部　応用化学科　教授
加藤 三郎	㈱島津製作所　航空機器事業部　技術部
斉藤 昌弘	資源環境技術総合研究所　温暖化物質循環制御部
	（現）㈱産業技術総合研究所　バイオマス研究センター
	テクニカルスタッフ
荒川 裕則	工業技術院　物質工学工業技術研究所　基礎部
	（現）東京理科大学　工学部　工業化学科　教授
丹羽 宣治	㈱地球環境産業技術研究機構　化学的CO_2固定化研究室
鈴木 栄二	㈱地球環境産業技術研究機構　環境触媒研究室
	（現）信州大学　繊維学部　精密素材工学科　教授

執筆者の所属は，注記以外は2000年当時のものです。

目　　次

第1章　総　　論　　乾　智行

1　はじめに …………………………………… 1
　1.1　ロジスティックカーブの示す哲理
　　　―国境なき環境汚染 ………………… 1
　1.2　CO_2変換無意味論を越えて ………… 2
　1.3　CO_2変換についてのわが国での取
　　　り組みの経緯 ………………………… 2
2　本書の構成と成り立ち―CO_2問題への取
　　り組みの新しい視点 ……………………… 4
　2.1　大気圏・大洋中に拡散した希薄な
　　　CO_2の, 自然エネルギーによる固
　　　定化 …………………………………… 4
　2.2　大規模な固定発生源から排出され
　　　る大量・高濃度のCO_2を対象とす
　　　る接触変換 …………………………… 4
　2.3　CO_2変換システム ………………… 5
　2.4　CO_2の隔離技術 …………………… 6
3　おわりに …………………………………… 6

【CO_2固定化・隔離の生物化学的方法　編】

第2章　バイオマス利用

1　微生物機能の応用によるCO_2 on-site
　　処理技術 ……………………湯川英明 … 11
　1.1　CO_2と地球温暖化問題 …………… 11
　1.2　微生物機能とCO_2 on-site処理 …… 13
　1.3　新規の微生物反応の発見とその応用
　　　……………………………………… 14
　1.4　おわりに …………………………… 18
2　バイオマス資源とCO_2問題
　　…………………………………道木英之 … 19
　2.1　はじめに …………………………… 19
　2.2　自然界におけるCO_2の循環 ……… 19
　2.3　バイオマスの特徴 ………………… 20
　2.4　バイオマス資源と生産と利用 …… 21
　　2.4.1　バイオマス資源量 …………… 21
　　2.4.2　利用可能なバイオマス量とそ
　　　　　の特徴 ……………………… 22
　　2.4.3　光合成による植物の生産 …… 24
　　2.4.4　植物による光エネルギー利用効
　　　　　率 ……………………………… 25
　2.5　バイオマス変換技術とその展望 … 26
　2.6　バイオマス利用の研究開発動向 … 27
　2.7　おわりに …………………………… 29

第3章 微細藻類によるCO_2固定　　宮本和久, 藏野憲秀

1　はじめに …………………………………… 31
2　海洋微細藻類によるCO_2固定 ………… 32
3　微細藻類の大量培養によるCO_2固定技術
　　…………………………………………… 32
　3.1　微細藻類によるCO_2固定 ………… 32
　3.2　高効率株の探索 …………………… 34
　3.3　高効率株の育種 …………………… 35
4　微細藻類バイオマスの変換・有効利用
　　…………………………………………… 36
　4.1　有効利用の可能性 ………………… 36
　4.2　バイオマスエネルギーシステム … 37
　4.3　オイルへの変換 …………………… 38
　4.4　微細藻類バイオマスを原料とする
　　　　水素生産 ………………………… 39
5　おわりに …………………………………… 41

第4章 植物の利用　　北島佐紀人, 富澤健一, 横田明穂

1　はじめに …………………………………… 44
2　砂漠環境下における植物と光合成 …… 44
3　活性酸素除去系の改善 ………………… 48
4　RuBisCOの改良の試み ………………… 48
5　光呼吸系の向上の試み ………………… 50
6　CO_2濃縮機構の導入の試み ………… 50
7　気孔を介した蒸散とCO_2取り込みの制御
　　の改良 …………………………………… 51
8　耐塩性の向上の試み …………………… 51
9　組み換え遺伝子の葉緑体ゲノムへの組み
　　込み ……………………………………… 52
10　今後の技術的課題 ……………………… 52

第5章 海洋生物の利用　　松永　是, 竹山春子

1　はじめに …………………………………… 55
2　海洋生物のスクリーニング …………… 55
　2.1　シアノバクテリア16SrDNAにおけ
　　　　る属特異的領域の検索 ………… 56
　2.2　MAGDNAマイクロアレイシステム
　　　　による自動属判別システム …… 56
3　海洋微細藻類によるCO_2の有用物質への
　　変換 ……………………………………… 59
　3.1　円石藻によるCO_2固定とコッコリ
　　　　ス生産 …………………………… 59
　3.2　高度不飽和脂肪酸の生産 ………… 61
　　3.2.1　海洋微細藻類Isochrysis galbana
　　　　　　によるDNA生産と応用 …… 61
　　3.2.2　遺伝子組み換え技術を用いた海

洋シアノバクテリア Synechoco-
ccus sp.によるEPAの生産 …… 62

3.3 海洋シアノバクテリア Oscillatoria sp.
からのUV-A吸収物質 ……………… 63
4 おわりに ……………………………… 65

【CO_2固定化・隔離の物理化学的方法　編】

第6章　二酸化炭素の分離

1 膜分離 ……………………… 真野　弘 … 69
1.1 はじめに …………………………… 69
1.2 高分子膜の開発 …………………… 70
1.3 促進輸送膜の開発 ………………… 75
1.4 膜分離プロセスの検討 …………… 77
1.5 他の分離膜の開発状況 …………… 78
1.6 おわりに …………………………… 80
2 吸着分離 …………………… 真野　弘 … 81
2.1 はじめに …………………………… 81
2.2 CO_2吸着分離プロセス …………… 81
2.3 火力発電プラントでの試験例 …… 84
2.4 おわりに …………………………… 86
3 化学吸収法による炭酸ガス分離技術
……………………… 松本公治,三村富雄,
飯島正樹,光岡薫明 … 87
3.1 はじめに …………………………… 87
3.2 化学吸収法の原理とパイロットプ
ラントの構成 ……………………… 87
3.3 省エネ吸収剤の開発 ……………… 88
3.3.1 化学吸収剤のCO_2ローディング
試験結果 ……………………… 88

3.3.2 吸収剤の反応熱試験結果 …… 90
3.3.3 パイロットプラント試験結果
………………………………… 90
3.3.4 省エネ型吸収剤の開発の結論
………………………………… 91
3.4 石炭焚き条件試験結果 …………… 91
3.4.1 CO_2吸収率試験 ……………… 91
3.4.2 腐食試験 ……………………… 91
3.4.3 SO_2濃度とばいじんの挙動 …… 92
3.4.4 石炭焚き条件試験の結論 …… 92
3.5 火力発電所と炭酸ガス分離プロセ
スの連結システム ………………… 93
3.5.1 タービン出力の減少 ………… 93
3.5.2 タービン出力減計算方法の概要
………………………………… 94
3.5.3 タービン出力減の計算手順 … 94
3.5.4 タービン出力減の計算結果と考
察 ……………………………… 95
3.5.5 タービン出力減計算の結論 … 96
3.6 おわりに …………………………… 97

第7章　CO_2の海洋隔離　　大隅多加志，増田重雄

1　はじめに ………………………… 98
2　技術のねらい …………………… 99
3　技術の有効範囲はどこまでか ………… 100
4　技術開発目標の設定 …………………… 104
5　溶解型海洋隔離の科学的基礎 ………… 105
6　「二酸化炭素の海洋隔離に伴う環境影響予測技術開発」の到達点 ………… 106
6.1　日本近海での海洋隔離に係る環境影響評価のための調査研究 ……… 107
6.2　CO_2中層放流に伴う環境影響予測技術の開発 ……………………… 108
7　研究の将来展望 ………………… 109
8　まとめ …………………………… 110

第8章　CO_2の地中隔離　　小出 仁

1　CO_2地中隔離の意義 ………………… 112
2　枯渇油・ガス田および閉塞帯水層へのCO_2地中隔離 ……………………… 113
3　非閉塞帯水層へのCO_2地中隔離 ……… 115
4　CO_2の地中隔離能力と経済性 ………… 116
5　温室効果ガス排出削減目標と地中隔離の役割 ……………………………… 118
6　CO_2の海洋底下隔離 ………………… 119
7　CO_2圧入による天然ガス回収(CO_2-EGR) ……………………………… 120
8　地中メタン生成細菌によるメタン再生 … 121

第9章　CO_2の鉱物隔離　　鈴木 款

1　はじめに ………………………… 124
2　炭酸塩生成による固定化 ……… 124
　2.1　炭酸カルシウムの溶解度と沈殿：海水を用いる可能性 ……………… 124
　2.2　ケイ酸塩鉱物との反応による炭酸塩の生成 ……………………… 128
3　CO_2・CO_3^{2-}を含む鉱物生成による隔離 ……………………………… 130
　3.1　クラスラシル化合物による固定 … 131
　3.2　ハイドロタルサイト型化合物によるCO_2固定化 ……………………… 132
4　まとめ …………………………… 134

【CO_2固定化・隔離の化学的方法　編】

第10章　光化学的二酸化炭素還元反応　　田中晃二

1　はじめに …………………………… 139
2　光化学的反応 ……………………… 139
3　Co錯体触媒によるCO_2還元反応 ……… 142
4　レニウム錯体によるCO_2還元反応 ……… 143
5　ルテニウム錯体によるCO_2還元反応 …… 144
6　錯体触媒による光化学的CO_2還元の問題点 ……………………………… 144
7　おわりに …………………………… 147

第11章　電気化学・光電気化学的二酸化炭素固定
柳田祥三，北村隆之，和田雄二

1　はじめに …………………………… 149
2　電気化学的(電解)還元 …………… 150
　2.1　基本的手法と評価 …………… 150
　2.2　金属を陰極とする還元 ……… 150
　2.3　電極触媒による低電位還元 … 151
　2.4　電気化学的カルボニル化 …… 152
3　光電気化学的還元 ………………… 153
　3.1　化合物半導体光触媒によるCO_2還元 ………………………… 153
　3.2　光増感触媒によるCO_2還元 ……… 154
　3.3　有機分子へのCO_2の可視光固定 … 156
4　展望 ………………………………… 158

第12章　超臨界二酸化炭素を用いる固定化技術　　樫木啓人，碇屋隆雄

1　はじめに …………………………… 162
2　無触媒カルボキシル化反応 ……… 163
3　超臨界二酸化炭素の水素化反応 … 164
4　アルキンと二酸化炭素との環化反応によるピロン合成 ……………………… 165
5　炭酸エステル合成 ………………… 166
　5.1　炭酸ジメチル合成反応 ……… 166
　5.2　環状炭酸エステル合成 ……… 167
　5.3　二酸化炭素とエポキシドの開環共重合 ………………………………… 167
6　おわりに …………………………… 170

第13章　CO_2を利用する有機合成　　佐々木義之

1　はじめに …………………………… 173
2　CO_2の反応過程 …………………… 174
3　CO_2への求核反応 ………………… 175
4　CO_2の転位を伴う反応…………… 177
5　脱水縮合反応 ……………………… 178
6　CO_2の付加反応 …………………… 179
7　CO生成反応 ………………………… 181
8　おわりに …………………………… 183

第14章　高分子合成　　杉本　裕，井上祥平

1　はじめに …………………………… 185
2　二酸化炭素とエポキシドの共重合 … 185
　2.1　有機亜鉛系触媒 ……………… 186
　2.2　無機亜鉛系触媒 ……………… 187
　2.3　構造明確な亜鉛錯体触媒 …… 187
　2.4　アルミニウム系触媒 ………… 188
　2.5　希土類系触媒 ………………… 189
3　二酸化炭素とエポキシド以外の環状モノマーの共重合 ……………… 189
　3.1　二酸化炭素とオキセタンの共重合 ………………………………… 189
　3.2　二酸化炭素とエピスルフィドの共重合 …………………………… 190
　3.3　二酸化炭素とアジリジンの共重合 ………………………………… 191
4　二酸化炭素と非極性炭化水素モノマーの共重合 ……………………… 192
　4.1　二酸化炭素とジエンの共重合 … 192
　4.2　二酸化炭素とジインの共重合 … 192
5　二酸化炭素と極性ビニルモノマーの共重合 …………………………… 193
　5.1　二酸化炭素とビニルエーテルの共重合 …………………………… 193
　5.2　二酸化炭素、環状ホスホナイト、アクリルモノマーの三元共重合 …… 193
6　二酸化炭素とジアミンの縮合重合 … 194
7　二酸化炭素とジオールのアルコキシドから生じるアルキルカルボナート塩と、ジハライドの縮合重合 …………… 194

第15章　直接分解

1　CO_2の直接分解 ………　滝田祐作 … 196
　1.1　はじめに ……………………… 196
　1.2　プラズマによるCO_2のCOへの分解 …………………………… 196
　1.3　マグネタイトによる分解 …… 200
　1.4　金属マグネシウムによる分解 … 201

1.5 触媒法によるメタンを用いた分解 … 202
2 CO_2のCH_4による接触還元反応NASA技術とそのCO_2固定化への応用
　　　　　　　　　　　加藤三郎 … 207
2.1 はじめに ………………………… 207
2.2 NASAにおける閉鎖環境制御生命維持コンセプト ……………………… 208
2.3 化学的固定基本反応 …………… 208
2.4 CO_2のCH_4による接触還元反応例
　　………………………………… 209
2.5 バイオマスエネルギーを利用したCO_2固定化技術について ……… 215
2.6 おわりに ………………………… 217

第16章　触媒水素化

1 CO_2の接触水素化によるメタノール合成
　－NIRE／RITE共同研究を中心にして－
　　　　　　　　　　　斉藤昌弘 … 219
1.1 はじめに ………………………… 219
1.2 メタノール合成の特徴や意義 … 220
1.3 メタノール合成反応の概要 …… 222
1.4 NIRE／RITE共同研究開発の概要と主な成果 ……………………… 226
1.5 おわりに ………………………… 231
2 エタノール，炭化水素合成
　　　　　　　　　　　荒川裕則 … 233
2.1 エタノール合成 ………………… 233
2.1.1 はじめに …………………… 233
2.1.2 鉄－カリウム系固体触媒によるエタノールの高収率合成 …… 234
2.1.3 ロジウム系固体触媒によるエタノールの高選択的合成 …… 237
2.1.4 ルテニウム系錯体触媒によるエタノールの効率的な合成 …… 240
2.2 炭化水素合成 …………………… 241
2.2.1 はじめに …………………… 241
2.2.2 低級パラフィンの選択的合成 … 242
2.2.3 低級オレフィンの選択的合成 … 242
2.2.4 ガソリン留分の合成 ……… 243
2.3 おわりに ………………………… 243

【CO_2変換システム　編】

第17章　CO_2変換システムと経済評価　　丹羽宣治

1 システムの概要 ……………………… 247
1.1 はじめに ………………………… 247
1.2 システムの構成 ………………… 247
2 概念設計 ……………………………… 247

2.1 基本設備と試設計区分 …………… 248	念設計 ……………………………… 253
2.2 システム設計のための前提条件 … 248	4.1 水力発電 ……………………… 255
2.3 コスト算出基準 ………………… 251	4.2 太陽熱発電 …………………… 255
3 設計結果 ……………………………… 251	4.3 太陽光発電 …………………… 255
3.1 必要ユーティリティおよび建設素材	5 本システムの建設費と経済性 ………… 255
……………………………………… 251	5.1 設備建設コスト ………………… 256
3.2 海上輸送システム ……………… 253	5.2 コスト ………………………… 256
3.3 全体配置計画 …………………… 253	6 本システムの評価 …………………… 258
4 自然エネルギーによる発電システムの概	

第18章　CO_2の複合変換システム構想　鈴木栄二

1 はじめに ……………………………… 260	4.2 太陽熱化学のCO_2排出抑制効果 … 269
2 ソーラーハイブリッド燃料システムの提案	5 太陽熱化学による石炭の改質：ソーラー
……………………………………… 262	メタノールとソーラー水素生産 ………… 271
3 太陽熱発電による水素生産 …………… 264	6 太陽エネルギー化学工場の工学的考察
4 太陽熱化学によるメタン改質反応とソー	……………………………………… 272
ラーメタノール …………………… 266	7 まとめ ………………………… 273
4.1 太陽エネルギー効率 ……………… 266	

第1章 総　論

乾　智行[*]

1 はじめに

1.1 ロジスティックカーブの示す哲理—国境なき環境汚染

　自然界に起こる事象の多くがロジスティックカーブ（兵站曲線または補給曲線）と呼ばれるエス字型の曲線の傾向に沿って推移することが知られるようになってきている。最初の微々たる状態から指数関数的に増加する事象が，やがて次第に増加の速度を緩めて一定の飽和限界に接近するように変化して行く。事象を表す縦軸を対数にとるとこの曲線は線形化できるので，過去のデータの入力によって近未来のデータ予測は相当な精度で可能となる。世界の人口，エネルギー消費量，地球温暖化物質や環境汚染物質の蓄積量の経時変化など，多数の例にあてはまる。しかし，飽和限界値に近い高い水準が維持され続けることは少なく，しばしば突然の瓦解が起こって終焉を迎える。ルネ・トムのカタストロフィー理論は，このような非線形な突然の変化を理論的に記述する。わずかな徴候から次ぎに起こるであろう大きな変化を予測したり，ことの真相を見抜いて適切な対応を事前に取らなければ，ことが顕在化したときにはもはや手の施しようがないことも多い。地球環境保全の立場から見るとき，人類はもうこの淵に立ち至っているのではないか。

　現在，わが国の人口増加率は低下しており，十数年後にはロジスティックカーブを登りつめてほぼ1億3千万人に達したあと，減少の一途を辿って，一世紀後には，7±2千万人となることが見通されている。しかし，多くの発展途上国の人口は，依然ロジスティックカーブの指数関数的増加の途上にあり，全人類の生活水準向上への希求とともに，エネルギーの使用量は増加し，環境の汚染もますます進んで行く。とくに二酸化炭素の蓄積による地球温暖化の懸念や，化石燃料の燃焼に伴う窒素酸化物や硫黄酸化物の排出による汚染は，国境を越えて全地球規模の環境変化をもたらすものだけに一層深刻である。これらの趨勢に少しでも棹を刺すためには，環境技術先進国の科学者，技術者の率先した取り組みが待たれる。

---

[*]　Tomoyuki Inui　京都大学名誉教授；大同ほくさん㈱最高顧問・ガス化学研究所長

1.2 CO$_2$変換無意味論を越えて

CO$_2$の排出量は膨大であって,しかも増え続けている。海水などへの溶け込みが,大気中の濃度の増加速度を緩和していることも確かではあるが,なお,これらの変化は地球温暖化とは必ずしも結びつかないとする専門家の見解もある。しかし,地球史的尺度からすればきわめて短期間に起こっている変化であることと,随伴して起こっている環境汚染をも併せ考えれば,決して無為に座して待つことのできる問題ではない。

また,CO$_2$は化石燃料や有機化合物の燃焼最終生成物であるので,これをなんらかの有用物質に化学変換させるには,またあらたに膨大なエネルギーを注入しなければならないので,まったく意味のないことであるとする科学者の主張もあまねく行き渡っている。この世論が,CO$_2$変換の課題に取り組もうとする研究者をためらわせ,世界的にも小数の研究者にとどめている有力な原因ではなかろうか。ところが,このような批判では,その打開法についての考察が十全でない。そのすべてが,化学変換の隔絶した困難さの判断には,従来の技術レベルを念頭に置いたものであるように判ぜられる

CO$_2$問題に完全無欠の解決法がにわかに生じたわけではない。だからといって手をこまぬいているのであれば,人類の未来はそれだけ短くなる。針の穴に糸を通すような隘路であっても,打開への可能性は求められなければならないであろう。本書は,こうした見解に立って研究に従事している第一線の研究者によって執筆された,最先端の技術情報である。

1.3 CO$_2$変換についてのわが国での取り組みの経緯

CO$_2$問題に取り組む研究者は,その反論者の指摘にまつまでもなく,人類がかつて経験したこともない,様々な難儀を抱えている。CO$_2$が化学的に非常に安定であるという一般論あるいは先入観はともかくとして,その取り扱うべき量が膨大であるという点,太陽光などの自然エネルギーにCO$_2$変換のためのエネルギーを求めるとすればその変換速度は著しく遅いものになるという点,一方,もっとも高速で変換することが期待できる接触水素化の道を取ろうとすれば,それに要する膨大な水素をどのようにして安価に供給できるかという点,などである。

CO$_2$変換に関心を向ける研究者らはこれらの難問にどのように対してきたのであろうか。化学者の当然の態度として,当初には,安定であると思い込まれてきたCO$_2$が,実は様々な反応性を示すという化学的興味と啓発の観点から,「炭酸ガスの化学—有効利用のための基礎」[1]が共立化学ライブラリーシリーズの11巻として,北野氏ら5名の共著で1976年に刊行されている。それからおよそ20年近くが経過した1994年には,東京化学同人の現代化学増刊25号として,「二酸化炭素—化学・生化学・環境」[2]が井上・泉井・田中氏を編者として19名の執筆により発刊されている。すでに1990年代に入るとCO$_2$問題は深刻な問題として捉えられ始めており,日本

第1章 総　論

　化学会を中心に研究会や調査研究プロジェクトが進められ，その成果を基にして，この著書にはまとめられている。上記の「炭酸ガスの化学」の内容に比べれば，この書の内容は相当に拡充されているが，あくまでも表題の表す通り，化学的記述に焦点が置かれており，CO_2の蓄積を緩和するための積極的な研究の成果はまだ部分的なものにとどまっている。触媒学会にも期をいつにして，CO_2固定化研究会が設けられ，安保，荒川，袖沢氏らが世話人代表を引き継いで現在も活動が続けられている。

　このような経過を背景として，わが国は世界でもっとも具体的なCO_2の化学変換の研究の行われている国となり，いまは「CO_2の利用国際会議；ICCDU International Conference of Carbon Dioxide Utilization」と呼ばれる会議が，世界に先駆けて1991年に，伊藤氏を組織委員長として，名古屋で開催された。この会議は，その後2年ごとに，イタリアのバリ，アメリカのオクラホマで開かれたあと，2順目の第4回会議は再び日本に戻り，1997年に乾を組織委員長として，日本化学会とRITE（後述）が共催して京都で行われた。この会議からプロシーディングス[3]が刊行されるようになり，1999年のドイツ，カールスルーエで開かれた第5回会議のプロシーディングスも現在印刷中である。

　この国際会議の主題はCO_2の化学的変換・利用を主題としているため，CO_2の分離，隔離，投棄，地球環境への影響など，よりCO_2の環境的観点寄りの項目が欠けている。そこで，これらに重点を置いた会議が1992年からまずオランダのアムステルダムで始まり，当初はICCDR (International Conference of Carbon Dioxide Removal) と呼ばれていたが，第4回会議（1998年スイス）からはGHGT (Green House Gas Control Technology) と変えて引き継がれている。このシリーズは最初からプロシーディングス[4-7]が刊行されている。また，ICCDUの国際委員の一人であるイスラエルのハルマン氏とICCDRの国際委員であったアメリカのスタインバーグ氏は協同で，ルイスパブリッシャーから1999年にGreenhouse Gas Carbon dioxide Mitigation ― Science and Technology[8]を出版し，年来の研究成果を克明に紹介している。

　さてこうした10年の流れとほぼ同期して，わが国では，通産省・新エネルギー産業技術総合開発機構（NEDO）の実行組織として，地球環境産業技術研究機構（RITE）が財団法人として1990年に設立され，CO_2低減技術に関する基礎から実用化までの規模で，幅広い分野の研究が開始された。上記の国際会議第2回ICCDRを主催，第4回ICCDUを共催したほか，外国で開催されたこれらの国際会議では常に有力なスポンサーとしてその協力を惜しまず，また，公募研究を国内外から募集して，優秀研究企画を育て，国際協力の醸成にも尽くしている。これらの活動には技術諮問委員や選考，評価委員として，わが国の枢要な学識経験者が多数協力しているこも特記されなければならない。また，研究組織の実行者として，多くの企業から研究員が派遣され，専心従事している。まぎれもなく，このような官・学・産が一致協力して取り組むCO_2問題対応の研

究組織は規模からも内実からも，まだ世界で唯一のものであり，CO_2問題の技術的対策に対して，次第に批判者よりも賛同者の数を増やすことにも貢献しだしていることは，国際会議などを通して感じられる確かな感触である。本書で，RITE に所属する研究者が多数執筆しているのは，研究の進捗状況，実用化への観点などから，自然な選択である。

2 本書の構成と成り立ち— CO_2 問題への取り組みの新しい視点

2.1 大気圏・大洋中に拡散した希薄な CO_2 の，自然エネルギーによる固定化

自動車などの移動発生源から排出されるCO_2は，発生源の数が極めて多くしかも広域に拡がっているため，いったん拡散してしまえば，これを捕集して，濃度を高めてから化学変換するようなことは，実際的に見て不可能である。ドイツで試みられたプロジェクトはあるが，試みだけで終わっている。拡散して低濃度となったCO_2は，生物化学的方法や，化学的方法の内では光合成や光触媒変換などによって，太陽光などの自然エネルギーによって固定化することになる。本書では第2，第5章と第10，第11の章でそれぞれ取り扱われる。前者では，大気圏に拡散したCO_2を対象として，高密度に細胞を充填する新しいバイオプロセスの創製による，極めて高いCO_2処理効率の実現（第2章1），バイオマス資源の活用（第2章2）や，砂漠緑化なども想定した苛酷な自然環境にも耐えるバイオテクノロジー（第4章）の最新の成果が紹介される。また，海洋中に溶け込んだCO_2を対象にした固定については，第3章と5章で，海洋生物を利用した方法と技術が述べられる。光化学的CO_2還元反応（第10章）と光電気化学的CO_2還元反応（第11章）は，さきにも述べたようにわが国では比較的早くから研究が進められてきた分野でもあって，それらの経緯も含め円熟した成果が述べられている。

2.2 大規模な固定発生源から排出される大量・高濃度の CO_2 を対象とする接触変換

火力発電所，製鉄所，セメント製造所，石油精製・石油化学工場など大量にエネルギーを消費する工場の，とくに化石燃料の燃焼排気煙道ガスには高濃度のCO_2が含まれるので，これからN_2ほか未燃成分や少量の副生成物を除けば，純粋なCO_2が得られる。このCO_2は，触媒化学的な変換の対象となる。接触水素化は，開発された高性能の触媒によれば，二酸化炭素変換のあらゆる方法のなかで，もっとも高速かつ選択的に変換できる。なかでも，CO_2の完全水素化すなわちメタン化[9]とCO_2のメタンないしは天然ガスによる還元，言い換えれば，メタンないしは天然ガスのCO_2改質[10] による合成ガス（水素と一酸化炭素の混合ガス）合成とは，メタンや天然ガスが燃焼によってCO_2を生成する速度に匹敵する速度，すなわち，酸素の拡散が律速となるような高速で転化が進む。ここにおいて，もはやCO_2が化学的に安定で反応性が乏しいという概念はまっ

第1章 総　　論

たく無効となっている。問題となるのは，CO_2のメタン化ではCO_2の4倍モルの水素を必要とする点である。それだけエネルギーを分子内に取り込むことになるので，エネルギー媒体としては優れているという考えかたもできるが，反応系全体のシステムを通じてその適用の合理性の検討を要する。CO_2の水素化に要する水素のモル数によって生成物が変わってくる[11]が，メタノール，エタノール，ジメチルエーテルなど中間の水素化段階に反応の終点の目標をおく場合は，生成速度は大きく制限を受ける上，COを出発原料とする場合よりも化学平衡論的に相当に不利となる。ただし，メタノールについて言えば，これを出発原料として，現行の石油化学基幹原料はことごとく製造可能となるし，燃料電池用燃料，メタノール自動車用燃料など次世代産業の担い手も期待できることから，二次的，副次的波及効果も大きくなる可能性も高い。生成物が高い価値を持つとき，水素価格の負担を補償する可能性もある。本書では，紙面の制約もあり，メタノール合成（第16章，第1節）とエタノール合成ならびに炭化水素合成（第16章，第2節）に限ったが，この分野についての最近の総説[11]ではやや広範囲に取り扱われている。なお，上記第16章の記述は，RITEで行われた10カ年プロジェクトの成果であり，このプロセスの前提として，CO_2の分離を要するが，RITEで開発された新しい分離膜とその性能について，既往の吸着分離法や化学吸収法の比較も含めて，第6章に記述されている。

　水素を用いないCO_2の転化によってCOや炭素を生成させる直接分解とも呼ぶべき方法については，第15章に記述されている。第15章の第2節では，CO_2のメタンによる接触還元で水と炭素に変換する技術が記述されている。当初NASAが有人宇宙衛星で閉鎖系環境制御に適用した技術システムであるが，バイオマスエネルギーを利用する新しいシステム開発の構想が示されている。

　二酸化炭素を積極的に高分子合成に利用する方法，二酸化炭素を超臨界の状態下で反応させ高効率で有機合成を行う方法は，それぞれ，井上氏ら，野依・碇屋氏らによってわが国で創始されたもので，第12章と第14章に記述されている。

2.3　CO_2変換システム

　CO_2の接触水素化は上にも述べたとおり，大量のCO_2を速やかに変換するのに人類による制御をもっとも効かせ易い方法である。しかし，その変換に要する水素を太陽光などの自然エネルギーに依存することを前提とすれば，この全体システムは結局，いかに水素を安く大量に製造できるかに掛かってくる。RITEで行われた10カ年プロジェクトでのCO_2変換システムの経済評価を吟味した結果が第17章にまとめられた。水素の価格が問題であるという結論にかわりはないものの，システムを総合的に評価する仕組みについての提示は，このメタノール合成だけにとどまらず，CO_2変換全般にとっても貴重な道筋を与えている。

さて，安価な水素をどのようにして得るのかが，結局CO_2変換の鍵を握るとすれば，今後人類が取り組むCO_2変換の課題では，その点を中心課題とすることを避けては通れない。まだ現在の技術水準では，いかにも高価につく太陽電池発電による電力で水を電気分解する技術では，第17章の評価でもわかるとおり，近い未来にそのシステムを実現するのは望めないことになる。そこで，今後の国家プロジェクトにも繋がるシナリオとして構想されているシステムが，最終章の第18章に執筆されている。太陽光のエネルギー集めて使うのではあるが，それでは数百℃が実用限度である。この熱を利用してCO_2を水素化するのに，まず，メタンないしは水とメタンを使って水素を合成することを考えれば，この温度では，平衡転化率はかなり低い。転化率を上げるためには，メンブレンリアクターを用いて，生成水素を反応系外に排除しながら反応を進める[12]か，高性能・多機能触媒[13]を用いて改質反応が進行する同じ触媒表面上でメタン自身ないしは天然ガス中に通常含まれている小濃度のエタンやプロパンの低温燃焼の性質を利用して，数百℃以下の低炉温でも触媒層の温度を安全に上昇させて，高い転化率を実現させるかである。

2.4 CO_2の隔離技術

上にみてきた生物化学的方法や化学的方法による変換では，処理量にも，生成物の使用途にも限界があるので，CO_2を物理的ないしは物理化学的方法で，大量隔離する技術の開発も重要である。本書では，この分野の技術の現状と開発の進捗状況も紹介している，溶解型海洋隔離については，第7章で，国家プロジェクトの成果や問題点が述べられている。第8章では，地中隔離を対象としている。この技術の歴史は比較的古く，産油国で，原油の回収を高める目的でCO_2を地中に大規模に圧入することがすでに実用化されている。この技術の可能性には，全世界で隔離の可能性量が3兆2千億トンにものぼること，CO_2の圧入によって地盤低下を防ぎながら水溶性の天然ガスを回収する方法の提案，地中メタン生成細菌により，太陽光のないところでCO_2を有機物に変える可能性などにも触れられている。第9章では，鉱物隔離が主題とされ，カルシウムやマグネシウムの炭酸塩などを形成させて固形物化する方法が述べられている。

3 おわりに

1997年12月に世界161ヶ国の政府関係者等が集まって京都で開かれたいわゆる COP 3（地球温暖化防止京都会議）で論議され，気候変動に関する国際連合枠組条約京都議定書によって取り決められたCO_2削減目標の各国負担は，京都プロトコールと略称されて，世界中での合い言葉にはなっている。しかし，その後もこうした政治レベルでの話し合いは，技術上の進展の裏打ちなくしては本質的な解決には至らず，いまなお行く先不透明なまま論議が続けられているのが現状

第1章 総　論

である。

　従前のCO_2問題に関する成書が基礎科学に重点を置いたものが多かったのに比べ，本書では初めてCO_2低減を直接見据えた実現可能な内容が大幅に加味された。また，たとえばここには，排熱利用が可能になるような新改質触媒技術も示され，このような新技術は極めてコンパクトな燃料電池用燃料改質装置の開発にも繋がり，将来，燃料電池自動車や小形汎用燃料電池の開発を促し，結局CO_2排出の低減に繋がるといった，間接的ではあるが重要な技術開発の萌芽が提供されている。さらに，地殻を化学反応の場とするCO_2からのエネルギー資源再生の夢を抱かせる壮大な構想も垣間見えている。石炭の液化やガス化に伴う技術的困難と環境汚染発生の難儀に比べ，CO_2を使い勝手の良いクリーンな炭素資源として，燃料合成や化学原料合成に用いる循環利用可能な資源として扱う方が容易かつ安価である可能性を吟味してみるべき時がきているとも考えられる。

　本書が新世紀のCO_2問題打開への糧となることを期待して止まない。執筆を快くお引き受け下さり，渾身の力作をお寄せ頂いた執筆者の方々に深く感謝致します。RITEに関わる多くの執筆者に貴重なデータとともに積極的な貢献を受けることができたのは，RITEの専務理事，山口 務氏の全面的かつ熱心な協力に負うところが大きいことを付して感謝に代えます。

　終わりにあたり，本書の企画から編集に至るまで，まさに使命感をもって対処されたシーエムシー・編集部の江幡雅之氏に深く敬意を表します。

文　献

1) 炭酸ガスの化学—有効利用のための基礎，北野 康，市川 勝，長 哲郎，井上祥平，浅田浩二，共著，共立出版，1976.
2) 二酸化炭素—化学・生化学・環境，井上祥平，泉井 桂，田中晃二 編，東京化学同人，1994.
3) Advances in Chemical Conversions for Mitigating Carbon Dioxide, Inui, Anpo, Izui, Yanagida, and Yamaguchi (eds.), Elsevier, Amsterdam, 1998.
4) Proc. First Intern. Confer. on Carbon Dioxide Removal, Block, Turkenburg, Hendraiks, and Steinberg (eds.), Pergamon, Oxford, 1992.
5) Proc. Second Intern. Confer. Carbon Dioxide Removal, Kondo, Inui, and Wasa (eds.), Pergamon, Oxford, 1995.
6) Proc. Third Intern. Confer. Carbon Dioxide Removal, Herzog (eds.), Pergamon, Oxford, 1997.
7) Greenhouse Gas Control Technology, Eliasson, Riemer, and Workaun (eds.), Pergamon, Oxford 1999.
8) Greenhouse Gas Carbon Dioxide Mitigation— Science and Technology, Halmann, and Steinberg Eds, Lewis Publishers, Boca Raton, 1999.

9) T. Inui, Encyclopedia of Catalysis, in press.
10) T. Inui, Proceedings of ICCDU -5, in press.
11) 乾 智行, 季刊化学総説, No. 41, 1999, 高次機能触媒の設計, 環境調和型触媒の開発を目指した新展開, 日本化学会編, 学界出版センター, pp.196-204.
12) E. Kikuchi, *Sekiyu Gakkaishi*, 39, 301 (1996).
13) T. Inui, K. Ichino, I. Matsuoka, T. Takeguchi, S. Iwamoto, S. Pu, and S. Nishimoto, *Korean J. Chem. Eng.*, 14, 441 (1997).

【CO_2固定化・隔離の生物化学的方法　編】

第2章 バイオマス利用

1 微生物機能の応用による CO_2 on-site 処理技術

湯川英明[*]

1.1 CO_2 と地球温暖化問題

(1) はじめに

　1997年12月の京都会議で，CO_2 の削減目標が設定され，わが国は1990年の排出量（炭素換算約3億トン）に対し6%削減を目指すこととなった[4]。ところが，排出量は1990年以降も増加し現在は3億5,000万トンに達している。このような増加の要因は，民生部門と運輸部門の増加であり，具体的には，車の排気量の増大，家庭内空調の普及や，コンビニ，自動販売機に代表される消費生活様式の変化に起因したものである[2]。

〈『我々の生活は"贅沢"か？』〉

　筆者は大学での授業で学生達にこのような質問をしている。平均的答えは，『米国の家庭ほどエネルギーは使っていないが，ヨーロッパ諸国よりは贅沢をしている。もっと"節約型の生活"をしなくてはいけない』である。学生に限らず，日本人の平均的な感想であろう。確かに現在の我々の生活スタイルを見なおし，省エネ型の生活を目指すことは当然としても，我々の生活は本当に「豊かで贅沢」なのだろうか。

　興味深いデータがある。日本を含めた代表的各国の家庭において使用しているエネルギー量（自家用車は含まない）である（図1）。このデータから日本の家庭で使用しているエネルギーは，過去20年間で消費量が急増しているものの未だ欧米諸国に比べてかなり低いこと，欧米諸国では現在の使用量と1970年代とほとんど差が見られないことが読み取れる。かなり一般的な感じとは異なるデータである[3]。

　我々が欧米並の生活の雰囲気を出すべく冷暖房設備を整えたり照明を工夫したりし始めたのは最近のことである。快適な生活を望むことを止めるのは難しい。誤解しないで頂きたいが，もっとエネルギーを使えと言っているのではない。持ち家の促進等，生活を『真に豊か』にすることは経済発展の原動力でもある。生活レベルの向上とCO_2排出量削減。この困難な課題の解決は革

---

　* Hideaki Yukawa　㈶地球環境産業技術研究機構　微生物分子機能研究室　室長

CO$_2$固定化・隔離の最新技術

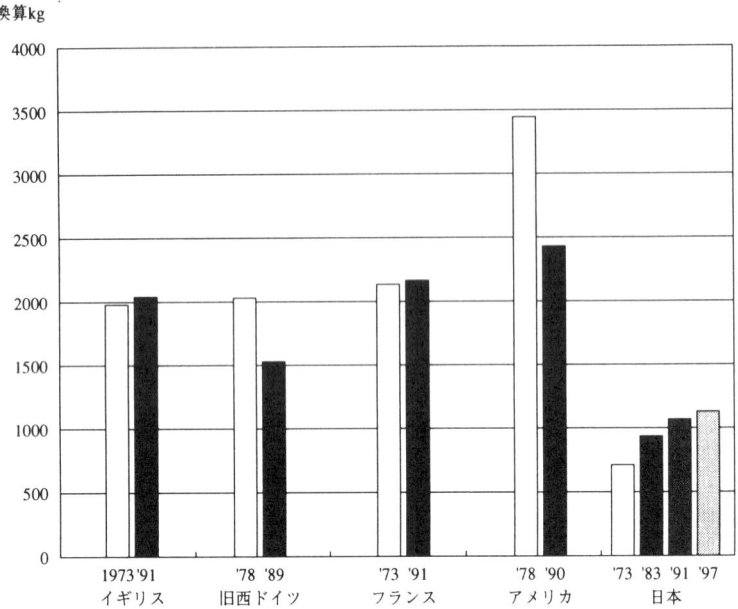

図1　世帯当たりのエネルギー消費の国際比較
(1997年度環境白書データおよびエネルギー計量分析センター推計より)

新的な技術開発に依存することは言うまでもない。

(2) 削減への技術的ステップ

　生活様式の変化に起因した排出量の増大は今後もある程度は予測されよう。このような増加分を『吸収』し社会経済への影響を最小とするための削減の方策は，①排出権取り引きも含めた国際間での協力，②様々な省エネルギー機器装置の開発が短中期的には目標となるがこれらの組み合わせだけでは限界がある。このため中長期的な観点からは大規模CO$_2$処理システムによる固定排出源 (on-site) 処理の技術確立が必須である。

〈on-site CO$_2$処理技術〉

　Onsite処理に望まれるCO$_2$処理量は，温暖化対策としては「可能な限り大量」であり，少なくとも年間当たり数百万トン (炭素) 以上となることが望まれる。したがって，技術的にはこのような数百万トンの炭素処理プロセス確立には既存の枠にとらわれない新しい視点が要求されよう。

第2章　バイオマス利用

　一方，市場経済面からも課題は大きい。すなわち，CO_2から変換された「製品」の量的なことを考えてみると，数百万トンの炭素から変換された製品は重量としては2倍以上となる（製品の元素構成比CHOとして）。単一の製品に全て変換したのでは，市場の許容度からは可能性に乏しい。また，on-site処理を実施する各企業にとっては，各企業が皆〔同じ製品〕を製造販売することは経済性の面からも受け入れ難いことであろう。このようなことから単一の製品でなく多様な製品への変換を可能とする技術体系が望まれる。

1.2　微生物機能と CO_2 on-site 処理
(1)　微生物への期待
　前述のように，on-site処理において期待されるCO_2処理は "As much as possible" であり，総量として少なくとも数百万トンが期待されている。様々な産業界に属する多数の企業でのon-site処理装置の導入が実現するには，CO_2からの変換物として多種類の製品が可能なことが必須である。多種の製品への変換が可能であれば，個々の企業は自己の事業状況により変換物を選択できることとなる。

　このような観点から，微生物利用への期待は大きい。多種類の変換物製造が可能なことである。すなわち，すべての微生物はその細胞内に極めて多数の，言い換えれば自然界に存在する有機物質の全てを生合成する機能を保持しているわけで，on-site処理に要求される「多種類の物質生産」に応える能力を有しているのである。

(2)　on-site 処理設備のイメージ
　産業部門におけるon-site処理を考える際にどのくらいの装置能力を想定したらよいであろうか。平均的な化石燃料発電所（100万kW能力）から排出されるCO_2は1カ所でも年間100万トン炭素という膨大な量となる。また鉄鋼，化学，製紙等製造業では一つの企業グループで年間で数十万トン炭素の排出レベルである。したがって削減量を排出量の10%程度と仮定すると，電力産業では発電所1カ所当たり10万トン，その他の産業界では1企業当たりで1〜3万トン程度の処理能力を持つ設備が必要となる。

　以上の背景から研究開発における目標処理能力（STY）として，反応容器m^3当たり[20〜30トン炭素年間処理量]を設定している。このレベルの能力に達すれば数万トンの炭素換算CO_2処理への対応には1辺10m弱の立方体リアクターで充分である。さらに，発電所（100万kW能力）1カ所の排出総量100万トン炭素に対しても，1辺30m強の立方体リアクターで全量処理可能となる。

　逆に言えば上記のレベルの処理速度に達しなければon-site処理としての実現性は乏しいと言える。

(3) CO_2と微生物

微生物を利用するCO_2処理において最大の課題はエネルギーに何を用いるかである。微生物を含め地球上の全生物は「炭素」を基本元素とし、生物にとって最も重要な成分は「炭素」であり、様々な有機物（炭素化合物）を生物は体外から取り入れエネルギー源を兼ねて利用しているわけである。

CO_2もその構造に「炭素」を含有している。しかしながらCO_2は大変安定した構造体であり言い換えればエネルギーレベルは低いため、微生物にとって"エネルギー源"とはならない。微生物にとってCO_2を炭素源として利用するにはエネルギーが必要なのである。

CO_2と微生物の相関について既往の知見を紹介しよう。"悪食"として知られる微生物ならばCO_2を"炭素源"とするものが多種存在しそうであるが、意外とこれまで知られていない。わずかに、光エネルギーを利用する光合成微生物と、水素、H_2Sなどをエネルギー源とする特殊な微生物の存在である。これらの利用可能性を考えて見よう。

まず、水素、H_2S等をエネルギー源とするには、そもそもこれらの物質を"ある程度の量"の入手すら問題である。水素製造自体が地球環境研究において主要な課題の一つとなっていることからも、少なくとも近未来においてはこれを利用しての微生物反応に現実性はない。では、生物とCO_2の関係で誰もが初めに抱くイメージである光合成はどうであろうか。『無限』の太陽エネルギーを利用できれば理想的である。on-site処理に光合成反応の応用の可能性を検証してみよう。光合成に必要な光エネルギーから計算すると、地表に降り注ぐ太陽光のエネルギーをロスなく利用したとすると、地表$1m^2$当たり年間で10kg炭素処理に相当する。この値から単純に計算すると、発電所（100万kW能力）1カ所当たりの排出炭素量100万トンの処理には何と10km四方の受光面積が必要となる。この数値でもとても実現性は薄くなるが、さらに、光合成に利用する光は生物種により異なるが、太陽光の全波長の数分の1しか利用できない。さらに、エネルギーの実利用率は、一桁ことを考慮するととてもon-site処理システムとしての実現性は見込めない。太陽光の利用は、広大な面積を利用した植林に任せるのが適切である。

それでは、微生物の利用に実現性はないのであろうか。微生物機能によるon-site処理の実現には従来と全く異なる技術コンセプトが必要となる。以下に我々の見出した新規な微生物機能を紹介する。

1.3 新規の微生物反応の発見とその応用

(1) 糖類をエネルギー源に

我々は最近、「身近な物質」である糖類をエネルギー源としCO_2を処理する新規な微生物反応を発見した。微生物を含め生物は糖類を取り込み、これを空気中の酸素を用いてゆっくりと体内

第2章　バイオマス利用

て酸化反応を行いエネルギーを最大限に取り出す。この過程で糖類は完全分解されCO_2と水になる。ところが，発見された現象はこれとは逆で，CO_2を取り込んで"餌"としてしまうのである。すなわち，糖質を部分的に分解しある程度のエネルギーを取り出すと共にこのエネルギーを用いて細胞外からCO_2を取り込み他の物質へと変換する反応である。

　エネルギー源としての糖類利用は，現実性はどうであろうか考察してみよう。糖類を澱粉由来で得ようとすることは，食料飼料向けと拮抗することとなり意味はない。しかしながら，糖類は植物の構成成分であるセルロース類の分解により得ることができ，セルロース類の供給源は都市ゴミ，回収古紙，食品工業，製紙工業，農産廃棄物等をはじめ，環境対策として今後植林の拡大が予測されるがこれとリンクした対応も期待される。資源量としては充分量であること，さらに再生可能エネルギー資源として地球温暖化対策の一環としてのバイオマス資源の有効利用としても位置付けられる。

　バイオマス資源の有効利用に関しては，1998年米国クリントン政権により，地球温暖化対策の有力な研究開発として，バイオマス資源からの燃料用エタノール製造が政策決定された。この一連の要素技術として今後強力に実施されていくセルロース・ヘミセルロース分解研究が我々の目的にも大いに参考となろう。

(2)　CO_2からの変換物

　CO_2からの変換物はどのような物質が可能であろうか。見出された現象をもう少し詳細に説明しよう。この現象は酸素がない状態，嫌気条件下で認められる。微生物の種類は好気性の細菌(コリネ型細菌等)である。この微生物を通常どおり好気的条件下で培養，集菌し反応容器に充填し嫌気条件下で糖類とCO_2を供与する。嫌気条件では該微生物は増殖できないのであるが，細胞内の主要な代謝機能は維持され，糖類は部分分解され2分子の炭素数3の中間体を生成する。この分解過程で得られるエネルギーを利用してCO_2が付加反応し様々な化合物が合成されていく。CO_2からの"製品"としては，高分子原料としての用途が期待されるC_4，C_5有機酸をはじめ，燃料原料となる高級脂肪酸等の大規模市場が期待される製品群が考えられる（図2）。

(3)　on-site 処理プロセスの構築

　この現象のon-site処理への応用可能性について考えてみたい。まず処理速度，効率であるが，CO_2処理時に増殖しないことがプロセスの高効率を達成し得る。このことを理解して頂くためにまず既存のバイオプロセスの『課題』について述べる。

　1970年代に華々しくバイオテクノロジーが登場したときには,汎用化学品の製造までも近い将来バイオプロセスが主流になるのではと言われた。しかしながら現在まで大規模生産のバイオプロセスの実用化例はごく少数となっている。この理由を考えてみると，既存のバイオプロセスは微生物の増殖に依存し物質生産を行うためであり，①増殖に必要なエネルギーが相当な割合にな

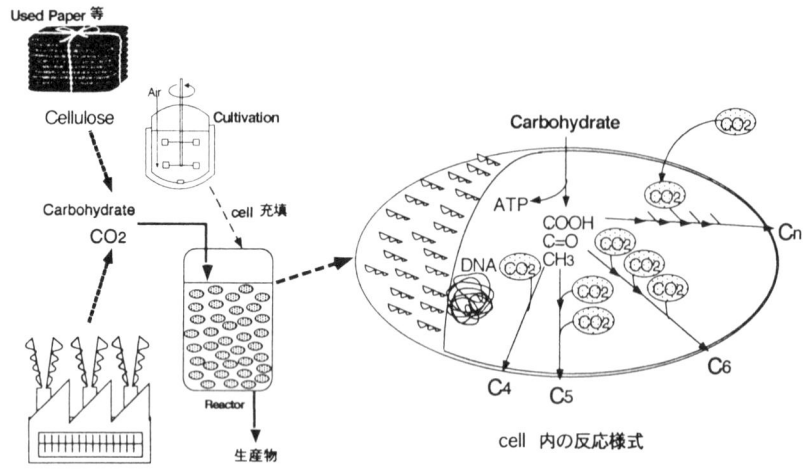

図2 CO_2固定化プロセス

ること，②増殖の"場"が必要であり培養装置内において一定の細胞密度までしか増殖できない，③増殖に"多大の時間"を要する，④生産物濃度に限界がある，等々の要因により生産性STY（反応容器の時間当たりの生産量）が化学反応と比較し桁違いに低い。このため設備費が大変高くなり固定費負担が極めて大きいことから経済性の点で工業化可能な製品が限定されてしまう。

大きな期待が持たれた技術であるバイオテクノロジー〔遺伝子組換え等〕は，確かに1コの微生物細胞当たりの生産性の効率向上に"ある程度"成功するものの，増殖に依存した既存バイオプロセスにおいては，微生物の持つ特性の範囲内での改良であり根本的な生産性向上には限界がある。

我々の見出した現象では，微生物は増殖を停止した状態ながら主要代謝機能は維持されている。この分裂できないと言うことが処理効率の大幅向上実現への重要な『鍵』となる。すなわち，予め培養し多量に調製した微生物細胞を反応容器内に高密度に充填する。これにより，微生物細胞はいわば連続触媒反応の『袋』であり，極めて高いCO_2処理効率が可能となる。遺伝子組換えを行っていない自然微生物の状態でも，前述のon-site処理実現に必要な処理能力の約1割を達成できる。

この現象はCO_2処理以外に通常の生産プロセスにも応用が可能である。既存のバイオプロセスで最も高い生産性（STY）であるグルタミン酸などでも2～300トン$M^3 Y$である。これに対し一桁以上生産性の向上が可能となろう（図3）。

既存のバイオプロセス

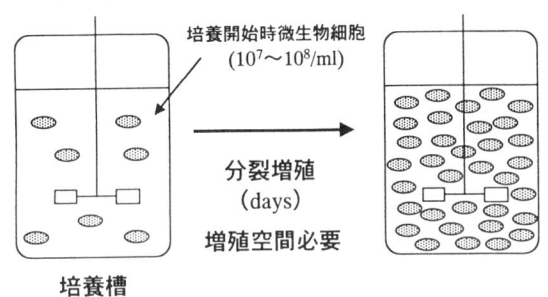

新規コンセプトによるプロセス

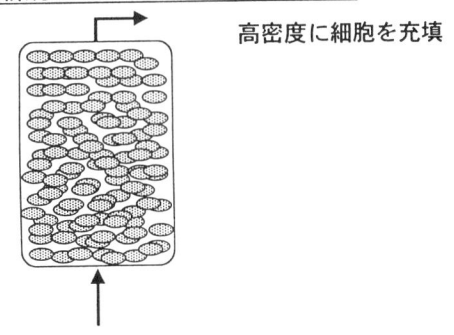

図3　新規コンセプトによるバイオプロセスの高効率化

(4) 我々の見出した現象について

　上述のように，CO_2を取り込むと言う現象は好気性の細菌の嫌気条件下で認められる。嫌気条件のため好気性細菌は分裂による増殖はできないが，主要な代謝機能は維持されている。生物の進化を考えてみると，太古時代は全ての生物は嫌気条件下に生息し酸素は大変な毒性物質であった。生命は酸素の毒性を回避すると共にエネルギーを生成する巧妙なメカニズムを獲得してきたのである。我々が見出した反応は，太古の生命が元来保持していた嫌気条件下での反応に類似している。酸素がないと増殖していけないように進化してしまった好気性微生物であってもその遺伝子上に太古の情報が維持されてきたと考えても不思議ではない。

1.4 おわりに

日本は工業的生産活動では先進国中第2位という巨大な存在であるにもかかわらず,日常生活の消費エネルギー量は"途上国的要素"を残し"内外条件のずれ"を抱えている。生活レベルは落とせないが排出量削減はしなくてはならない。このため日本にとってCO_2対策は先進国中でも複雑さをはらんでいると言えるが,逆に言えば高い技術目標を掲げて革新的な技術開発に取り組むべき好機とも言える。

21世紀の社会にとって"環境に配慮しながら欲しいものも手に入れる"がメインテーマとなるだろう[4]。徹底した省エネ型の車や家電製品,高断熱で100年は使える家屋等などいくらでも研究開発のターゲットはある。また筆者らの見出した現象はごく初期的なものであるが,自然界にはまだまだ革新的な技術開発につながる要素が隠されていよう。地球環境対策が将来の技術立国の契機となることを期待したい。

文　　献

1)　小林,湯川「地球環境問題をひもとく」　化学工業日報社刊
2)　環境白書　平成10年版　「総論」編
3)　環境白書　平成9年版　「総論」編
4)　小林、湯川「環境NGOをひもとく」　化学工業日報社刊

2 バイオマス資源とCO$_2$問題

道木英之*

2.1 はじめに

大気中のCO$_2$濃度は，化石燃料の消費等の人間活動に伴うCO$_2$排出により近年確実に増加しており，地球温暖化の主要な原因の一つとされている。1997年に京都で行われたCOP3（第3回気候変動条約締約国会議）以後，CO$_2$排出量の削減は人類生存の基盤に関わる緊急，かつ重要な課題であるとの認識が世界的に急速に高まってきた。

自然界の生物は，太陽光をエネルギー源として利用し，CO$_2$と水から有機物を合成し，自らの生命維持，種の保存を行っている。CO$_2$は自然界においては，樹木などの植物や海洋の微生物などの行う光合成の原料であり，環境に負荷を与えることなく循環している。光合成によって得られた有機物は，生物の呼吸・成長などのエネルギー源および生物の構成物質として活用されている。この光合成の過程は，まさにクリーン，かつ省エネルギーな自然界のCO$_2$固定化システムである。これは，同時に有用物質の効率的生産も行う極めて優れたシステムということができる。人間の活動によって発生するCO$_2$の一部を光合成によって固定化し，それによって得られた有機物を燃料，化学工業原料等の資源として利用することができれば，化石燃料の消費に伴い大量に発生するCO$_2$の削減に寄与できる。本報告では前半でCO$_2$の吸収源であるバイオマス（生物資源）について述べ，後半に生物（植物）によるCO$_2$固定化技術の研究動向について述べる。

2.2 自然界におけるCO$_2$の循環[1]

地球上の炭素は大気，海洋，生物圏（地上圏）に分配されている。図1は大気，海洋，生物圏という3つの場所に，どれくらいの炭素が含まれているかを示しており，自然の営みの結果，年間およそ2,000億tonもの炭素が，大気と生物圏および大気と海洋のあいだで，やりとりされていることが判る。人間が化石燃料を消費して大気中に放出しているCO$_2$量は，炭素に換算して年間50～60億tonにのぼり，また，森林伐採，焼き畑農業や人間の活動などによって年々大気中に放出されるCO$_2$量は，炭素量で10～20億tonと見積もられており，合計で年間に60～80億tonの炭素が放出されているといわれている。光合成によって大気から生物圏に吸収される炭素量は，年間で1,100億tonと見積もられている。一方，植物の呼吸によって，大気中に放出される炭素量は500億ton，植物の枯れ死体や土壌有機物の分解により大気中に放出される炭素量は600億ton，合計して1,100億tonになる。大気から海洋に吸収される炭素量は有識者により異なるが，毎年1,050億ton程度で，海洋から大気中に放出される炭素量は1,020億tonで，海洋全体では年間に

---

* Hideyuki Michiki　東洋エンジニアリング㈱　技術研究所　環境技術G

CO₂固定化・隔離の最新技術

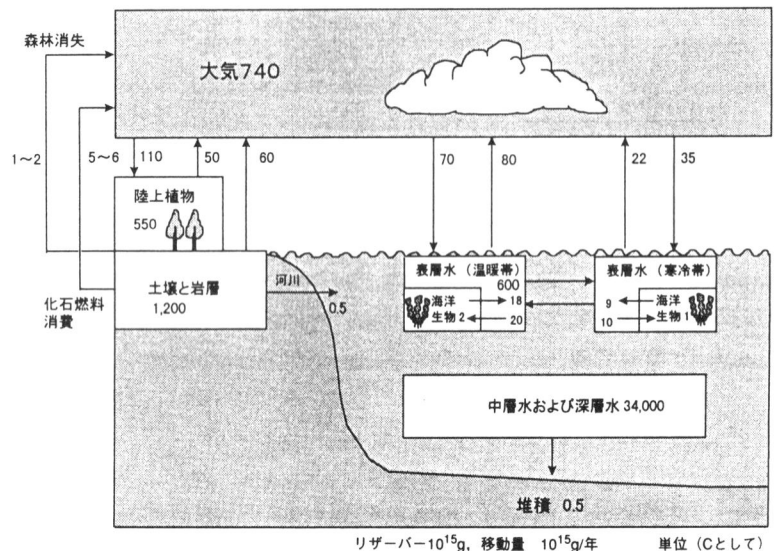

図1 海水中の動きを重点にした地球上の炭素の動き
(出典 "Oceans", 29, 1986/87)

正味30億tonの炭素を大気中から吸収していることになる。現在大気中には約7,400億tonもの炭素が存在しており,これをCO_2濃度に換算すると370ppmになり,この値は毎年0.5%の割合で増加している。

2.3 バイオマスの特徴

バイオマス(Biomass)とは,生物資源といわれるもので,地球上に存在する植物や動物などの有機体を重量あるいはエネルギー量で表したものである。一般的には,植物の光合成作用により太陽エネルギーを変換して生産される植物資源を意味することが多い。年間に地球上でバイオマスとして固定される太陽エネルギー量は,現在人類が毎年消費している化石燃料エネルギーの約10倍と推定される。また,化石燃料と比較してクリーンであることなどから,CO_2の固定化技術開発をはじめ,バイオマスの有効利用による環境保全・浄化,さらにバイオマスの持つ機能の応用によるミチゲーション(代替措置),あるいはビオトープ(生態域の創造)といった環境調和への対策が期待されている。

第2章　バイオマス利用

　生物の体は，さまざまな化合物からできているが，その化合物はすべて，炭素を基本的な構成元素として含んでいる。生物（植物）は葉緑素の働きによって，太陽からの光エネルギーを利用して，CO_2と水からデンプンなどの有機物を作り酸素を放出する。地球上のすべての有機物と同様に大気中の酸素もまた，光合成によって作り出されたものである。バイオマスは，石油や石炭あるいは天然ガスといった他のエネルギー資源利用技術とは異なり，以下に述べるようないくつかの特徴がある。

1) 再生可能（Renewable）な資源である。年成長量の範囲内で利用すれば，化石資源のように枯渇することのない資源である。
2) 地球環境面からみてクリーンである。化石資源と比較すると，大気中のCO_2などの増加をもたらさない。また，NO_x，SO_xあるいは放射性物質の放出なども少ない。
3) エネルギーとしての蓄積，貯蔵が容易であり安全である。太陽エネルギーは，光合成により糖などの化学エネルギーに変換され，植物体の有機物として蓄積される。
4) 炭化水素系の燃料などが得られる。バイオマスは炭素を基本構造とする有機化合物であり，各種変換技術によりガソリンなどの液体燃料に変換できる。

以上のように，バイオマスはエネルギー資源として優れた特色がある他に，いろいろな有用物質や，化学工業製品などを生産できることから，CO_2を固定化するとともに再資源化する技術開発や，バイオマスを利用した環境保全・浄化対策を考えることは極めて重要である。

2.4　バイオマス資源と生産と利用 [2, 5]
2.4.1　バイオマス資源量

　地球上には総重量で約2兆tonのバイオマスが存在するといわれている。その大部分（99.8％）は地球表面の約30％を占めている陸上に存在する。バイオマスの主体は植物体で，その90％までが森林に存在する。そのうち熱帯雨林が約50％を占め，約320m^3/ha以上のバイオマスが蓄えられている。次いで温帯雨林には平均して125m^3/haが蓄積されている。1年間に光合成によって新しく生産されるバイオマスは，乾燥重量として陸上で109×10^9ton，海洋で55×10^9ton，年間のバイオマス純生産量（1次生産量）は合計で約170×10^9ton（乾物）で，炭素量に換算すると100×10^9tonになり，現存するバイオマス量の約1/10が，毎年新たに光合成によって生産されていることになる。この関係を表1に示す。単位面積当たりの平均純1次生産量は，陸地で730g/m^2/y，海洋で155g/m^2/y，ha当たりに換算するとそれぞれ，7.30ton/ha/yと1.55ton/ha/yとなり，陸上での生産は海洋に比べて4.7倍の生産性がある。ただし，海洋は地球表面全体の約70％を占めているので陸地と海洋の純1次生産量は約2：1になる。陸上生産のうち，70％は森林から得られており，草原，耕地がこれについでいる。また，農耕地は全陸地の約9.3％にあたり，農耕生産量は8.5％

を占めている。各種農作物の成長量は熱帯地域においてはアブラヤシ,キャッサバなどで30～40ton/ha/y,亜熱帯地域ではトウモロコシやアルファルファなどで20～40ton/ha/y,温帯地域ではコムギやサトウダイコンなどで10～30ton/ha/yである。

一方,陸地面積の約55%を占めるサバンナ,ステップおよび砂漠といった半乾燥,乾燥地域のバイオマス現存量は非常に少ない。これらの地域が存在する亜熱帯地域は,赤道直下の熱帯地域と比べて太陽エネルギー面で潜在的バイオマス生産性が大きいといわれており,水不足,塩類集積などの植物生育を抑制する制約を克服できれば大幅に増産できる可能性がある。

表1 陸地と海洋の純1次生産量

	面積	単位面積当たりの平均純1次生産量	世界での純1次生産量	世界全体での現存量
	($10^6 km^2$)	(乾量$g/m^2/y$)	(乾量$10^9 ton/y$)	(乾量$10^9 ton$)
陸地の合計	149	730	109	1,852
外洋	332	125	41.5	1.0
大陸棚	27	350	9.5	0.3
着生藻類および入江	2	2,000	4.0	2.0
海洋の合計	361	155	55	3.3
地球全体	510	320	164	1,855

2.4.2 利用可能なバイオマス量とその特徴

バイオマスのうち,食糧,飼料,建築などへ直接利用されているものを除く,未利用のバイオマスについて考えてみる。未利用バイオマス資源の大部分はセルロース系のバイオマス資源であり,全世界では毎年200億ton程度生産されているといわれている。しかし,利用可能量はそのうち十数%程度で,木質系バイオマス資源で20億ton/y,非木質系バイオマス資源で30億ton/yといわれている。

我が国におけるバイオマス資源で最大のものは森林資源で,年間の生産量は約2億tonと推定されている。このうち,未利用資源は用材需給分を除いて,工業残材,建築古材などを加えると,1.5億ton/y程度であり,実際に未利用資源として利用できるのはこのうちの15%程度である。現在,我が国で利用可能な農林産系すべてを含めた未利用資源量は,稲わら,もみがら,その他の農産物が約3,000万ton,林産廃棄物が約3,000万ton,都市ゴミ中の可燃物が約2,500万tonで,合計8,500万ton程度といわれている。しかしながら,我が国においても資源の分布は希薄であり,安価な集積方法や,ローカルエネルギー源としての利用システムを開発することが,未利用バイオマス資源を利用する上において重要である。

第2章　バイオマス利用

　人類は全陸地面積の約60%でバイオマスを生産しており，これ以上の面積拡大は乾燥未利用地域での大規模緑化の他は現状ではあまり期待できない。また，農業分野で単位面積当たりの収量を増大させることも，肥料・農薬・機械力などの大量投入の伸びと比較して収量増加の伸び率が低く限界に来ており，逆に土地での物質循環・消費が充分行われず物質の蓄積・流出による土壌汚染，水域の富栄養化などの環境問題が発生している。また，森林伐採などによる生態系破壊は，森林や漁獲量の減少，自然浄化機能の低下による水質汚染，害虫や病気の発生など多くの問題が顕在化してきている。栽培する植物種，肥料の種類や投入量，灌漑による生産システム全体を制御するエネルギープランテーションや，海洋牧場といった考え方も提案されている。今後は収穫量増大のため品種改良，組織培養技術や，遺伝子組み換え技術などの適用がより重要になってくる。以下にバイオマス資源について概説する。

(1) **木質系資源**

　国連食糧農業機構(FAO)によると，全陸地面積は約149億haで，そのうち森林の占める割合は40億ha(陸地全体の27%)である。これをバイオマス量で測ると地球全体の9割を森林が占めている。とくに，開発途上国の森林は世界森林の約60%におよんでいるが，これらの国々では過去の数10年間に森林崩壊が加速的に進行してきた。統計によれば森林面積の減少は熱帯林を中心に，年間に約1,130万haにもおよんでいる。実に日本の総面積の約1/3の森林が年々失われていることになる。一方，砂漠化も著しく，年々約600万haの面積の砂漠化が進んでいるといわれており，四国地方の面積が毎年砂漠化されている計算になる。木材資源は40億haの森林に約3兆m^3が蓄積しており，年間の生長量は蓄積量の約4%にあたる1,300億m^3(700億ton乾物)と推定される。このうち年間約34億4千万m^3(約20億ton乾物)が利用されており，その他に枝葉等の林産廃棄物，間伐材，並びに道路建設に伴う樹木伐採や生態系破壊などにより年間20数億tonの発生があるといわれている。

(2) **農産物資源**

　世界の農業生産量は，毎年穀類が19億ton，イモ類が6億ton，その他の農産物が10億ton，肉類の2億tonを加えて合計約37億tonである。これらの生産に耕地・果樹園・放牧地の約45億ha(陸地の1/3)が使用されている。人口一人当たりの平均値にすると約500kg/年・人になり，食糧の増産がなく人口がこれ以上増えるとさらに深刻な食糧危機が起こる。しかし，今後，耕地に転換可能な残された土地の大部分はアフリカと中南米にあり，アジア地域にはあまり残されてはいない。また，経済の多様化に伴い都市化の拡大が進むに連れて，産業開発，住宅供給・道路建設により耕地が急速に失われる可能性がある。途上国の一部では食糧生産のための開墾が森林面積の減少に拍車をかけ大きな環境破壊をもたらしている。

　一方，農産物を燃料用エタノール生産などに利用する場合，農産物の生化学エネルギーを農産

物生産に投入するエネルギー(燃料,機械,肥料等)で割った値(農産物産出投入比)が1より小さくなって来ていることも課題である。バイオマスを利用するにはこれに加えて貯蔵,運搬,変換・製造などに必要なエネルギーを加味してエネルギー収支効率を改善する必要がある。従って,未利用農産副産物を利用することが現実的な対応になる。稲わらやさとうきびバガスの発生量は米や砂糖の生産量の約1.2倍,成長量は木材の約3倍量といわれている。これらの農産副産物や動物糞尿の発生量は年間で約40億tonといわれており,土壌に還元するものを除いた分が利用可能である。

(3) 水産物資源

FAOの統計によると,世界の総漁獲量は1995年に1億900万tonを記録し,これらのうち非養殖海洋漁業が約80%,内水面漁業が約10%,養殖漁業が約10%を占めている。一方,FAOの試算では,2000年までの食用としての需要は年間約8,000万ton,フィッシュミールとして約2,000～2,500万tonとなっている。海洋漁業では,主要漁業水域の多くで自然の許容限度を越えて乱獲されており,深刻な漁業資源の減少が起きている。また,内水面漁業も乱獲や環境汚染により減少している。将来的な人口増加を考慮すると一人当たりの漁獲量は2010年までに約10%減少すると推定されており,食糧以外の利用目的への水産資源増産は困難と思われる。

(4) 非木質系資源の有効利用

森林資源を保全するため,非木質系資源として,稲わら,麦わら,さとうきびバガス,ケナフ,スイートソルガム,ネピアグラス,コーン・ストーバー(トウモロコシのかす)等の未利用バイオマスの有効利用が注目を浴びており,今後有望な資源になると思われる。非木質系資源は木質系資源に匹敵する資源量を持つバイオマス資源で,全世界で毎年数百億ton生産されているが,現状では集積等の問題から10億ton/年程度しか利用されていない。このため,各国では地球環境保全を目的として,木材系資源に依存しない新しい資源の探索と用途開発の研究に歩み出した。未利用バイオマスである非木質系資源の大部分は木材と同じセルロース,ヘミセルロース,リグニンなどの成分で構成されており,これらをいかに有効利用するかということが重要な課題である。

2.4.3 光合成による植物の生産

1年間に地球表面に入射する太陽光エネルギーは約720×10^{18}kcalで,このうち210×10^{18}kcalが地表に届き,残りの510×10^{18}kcalが海洋にそそがれている。1年間に地球上に降る太陽エネルギーに対し,石油・石炭の埋蔵量,世界の年間エネルギー消費量,植物が光合成により固定するエネルギー量,および年間の食糧消費量はエネルギー換算で表2のようになっている。地球表面に入射する太陽光エネルギーが損失なくすべて有機物エネルギーになったとすると炭素換算値として約100×10^{12}tonになる。ただし,入射エネルギーの約半分を占める赤外線は光合成に利用できないから,残りの半分が光合成有効放射である(50×10^{12}ton asC)。植物が光合成により固定

第2章　バイオマス利用

表2　1年間に地球上に入射する太陽エネルギーに対する時間対応比較表

地球上に降りそそぐ太陽エネルギーの総量	720	×10^{18}kcal/y（1年分）
石油・石炭の推定埋蔵量	10	×10^{18}kcal/y（5日分）
世界の年間エネルギー消費量	72	×10^{15}kcal/y（1時間分）
光合成による年間太陽エネルギー捕捉量	720	×10^{15}kcal/y（10時間分）
年間食糧消費量	3.6	×10^{15}kcal/y（3分分）

柴田和男，太陽エネルギーの生物・化学的利用，学会出版センター（1980）より

するエネルギー捕捉量は年間で720×10^{15}kcalで，これはバイオマス量に換算すると約1,700億ton（乾物）になる。

地球上において光合成有効放射を実際に有機物に変換している割合，すなわち光合成効率は陸上で0.3％，海上で0.06％といわれているが，平均して地球全体で0.1～0.2％ということになる。ただし，この割合はまったく植物の育たない砂漠，効率の悪い外洋（0.1％以下）から，効率のよい森林（0.9％）などのすべての平均値であり，しかも生育の悪い時期も含めた年間の平均値である。実際に植物が生育できる地域についての年間の平均変換効率として，約0.3％という値が得られている。また，生育のよい植物の好条件，成長短期間の効率としては理論最高値（約10％）の半分に近い実測値（4～5％）も報告されており，地球全体の1次生産性はまだまだ高めることが可能である。

2.4.4　植物による光エネルギー利用効率

植物による光エネルギー利用効率とは，一定の土地に投下された日射エネルギーが，光合成によってどのくらいの割合で有機物中に貯えられたかを表わすもので，地球のいわば生命収容能力を決める重要な要因である。利用効率を考えるにあたって光合成に有効な光エネルギーについて考えてみる。光は一種の電磁波であり，電磁波にはエックス線や紫外線といった波長の短いものから，赤外線，ラジオ波といった波長の長いものまでいろいろな種類がある。我々の目に感じることのできる可視光線は400～700nmの波長域にある電磁波である。光合成有効放射（Photosynthetically active radiation：PARと略）はこの可視光線とほぼ一致する。

地表面に到達する太陽光の全日射エネルギーを100％とするとPARは約45％であり，残りの55％は主に赤外線であって光合成には利用されない。PARのうち15％は植物固体群から反射されたり，固体群を透過して地面に吸収されたりするため，固体群に吸収されるのは約85％である。この植物固体群に吸収された光エネルギーのうち，植物の体に固定されるエネルギー，つまり光合成によって炭水化物として固定されるエネルギーは6％前後しかない。しかし，この炭水化物として固定されたエネルギーの約40％は，呼吸によって植物体自体によって消費される。以上の過程を積算すると，理想的な太陽エネルギーの最終的な利用効率は1.4％となる。つまり植物固体群

は地球上に降り注ぐ太陽エネルギーの1.4%しか固定していないのである。太陽光の利用効率を図2に示す。さらにその植物固体群がイネのような作物の場合，穀粒のみが経済的には必要で，残りの根とか，わらといったものには経済的な価値が少ない。こうした収穫部分の収量を経済収量，全乾物収量を生物学的収量と呼ぶが，イネとかムギの経済収量は生物学的収量の約30～40%である。経済収量を最終産物と考えると，太陽エネルギー利用効率はさらに下がることになる。従って今後，未利用バイオマスの利用が化石資源の利用に伴う急激なCO_2増加に対応する一案として，ますます重要になってくる。

```
              太陽エネルギー
                  100
         ┌─────────┴─────────┐
         55                  45
       赤外線等             可視光線
      熱エネルギー    光合成に有効なエネルギー（45%）
                    ┌─────────┴─────────┐
                    7                   38
                 反射・透過      植物体に吸収されたエネルギー（85%）
                            ┌─────────┴─────────┐
                          35.7                  2.3
                        光合成ロス       植物体に固定されたエネルギー（6%）
                                      ┌─────────┴─────────┐
                                    0.9                   1.4
                                  植物の呼吸        生物学的収量（60%）
                                              ┌─────────┴─────────┐
                                             1.0                  0.4
                                            残渣             経済収量（30%）
```

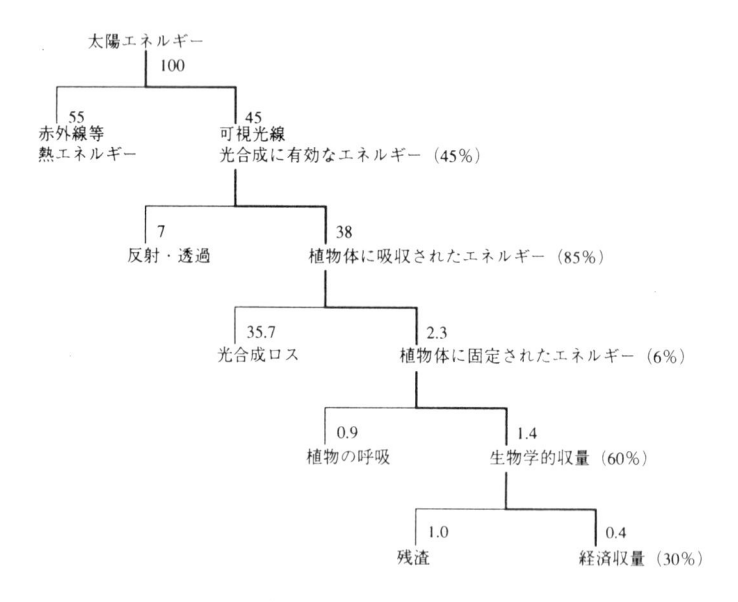

図2　植物による光エネルギー利用効率

2.5　バイオマス変換技術とその展望

　バイオマス資源は多種多様なものがあり，変換技術もそれに対応して様々なものがある。バイオマスはセルロースを主体とするもののその他に多種類の有用な化学成分を含有しており，多数の化学製品あるいは薬品類は，昔より人類の健康等に役立てられてきた。しかし，現在のところ，その需要量はバイオマスの生産量に比較して，著しく少なく量的な寄与は大きくない。

　有用物の利用としては，糖化，脱リグニン技術によりウッドケミカルズなどが生産され，化学工業原料はじめ医薬品としての利用が期待されている。

第2章　バイオマス利用

　一方，未利用バイオマスの主成分の一つであるセルロースについては，酵素あるいは酸分解によりグルコースとし，発酵によりエタノールが生産され，このエタノールからエチレン，ブタジエン等が誘導される。リグニンからはフェノール類が生産され，フェノール系レジン，ポリエステル，および芳香族誘導体が生産される。そのためには，木質系バイオマスの場合には木材液化，加水分解，リグニン低分子化などの変換利用技術の改良や開発が必要である。

　バイオマスエネルギーへの変換技術は直接燃焼プロセス，化学的変換プロセス，生物的変換プロセスの3つに大別される。人類の歴史において石炭の使用が一般化する以前は消費されるエネルギーはバイオマスの直接燃焼によって供給されてきた。現在でも一部で発電などに利用されているが量的には制限される。主な変換プロセスとしては，嫌気的発酵によるメタンガスの生産，あるいはデンプン質の酵母やバクテリアによるエタノール・ブタノール発酵，ガス化による合成ガス（$CO + H_2$）の生成，それによるメタノールやガソリンの合成，熱分解による可燃性ガス，重質油，またこれから開発が期待される水素や炭化水素類（エチレンなど）の生産などがある。バイオマス資源の種類およびそれから得られるエネルギー種についてのまとめを表3に示す。

　バイオマスは大量に使用することが前提であり，これにはバイオマスをエネルギーとして利用するのが一番よい方法で，化石燃料代替によるCO_2削減効果は高い。エネルギーへの変換法としての燃料電池，燃焼発電，ガス化発電，熱分解，液化などのプロセスについては，一部で実用化が始まっており，実用化を前提とした実証段階のものもある。現時点での世界のエネルギー供給に占めるバイオマスの割合は少ないが，今後大幅に増加することが予想されている。

2.6　バイオマス利用の研究開発動向 [3～5]

　バイオマスは直接燃焼やアルコール生産などのエネルギー利用，あるいはアミノ酸や抗生物質などの生産に利用されている。また，有機性都市廃棄物や汚泥，家畜のし尿の発酵により発生するメタンガスなどを燃料電池発電に有効利用する技術，植物や微生物によるCO_2固定などの環境浄化と組み合わせた技術が注目されている。しかし，有機性都市廃棄物の埋め立てや水田から自然に発生するメタンガスは，温暖化現象など自然のバランスを著しく損なう可能性があり，地球環境保全を考える上で，無視できない排出源である。CO_2固定についてはLCA（ライフサイクルアセスメント）的な検討や，CO_2の実質的な排出量を比較するペイバックタイムの考え方についての検討が多くなされている。

　JICSTなどのデーターベースによる文献調査によれば，過去10年間にバイオマスの利用に関する文献が多く登録されている。バイオマスの利用形態による分類では，①エネルギー利用，②浄化およびCO_2固定化，③コンポスト化技術，④生物指標いわゆるバイオセンサー，⑤食品およびファインケミカル，⑥農業および飼料，⑦微生物などによる変換技術などが主な項目である。特

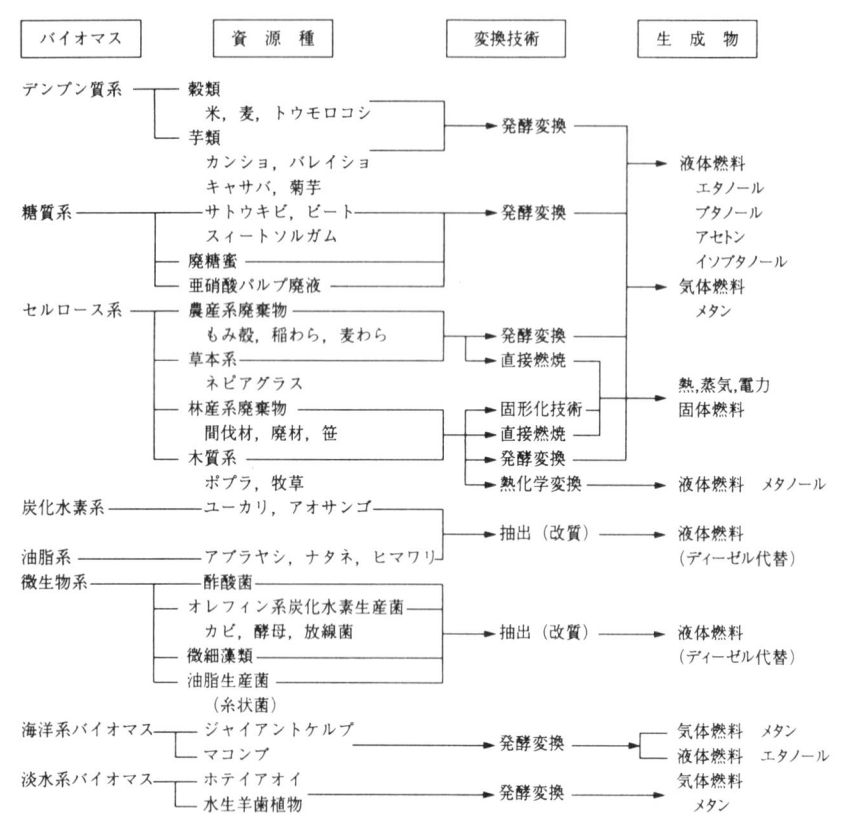

表3 バイオマス資源の種類およびそれから得られるエネルギー種

バイオマス	資源種	変換技術	生成物
デンプン質系	穀類（米，麦，トウモロコシ） 芋類（カンショ，バレイショ，キャサバ，菊芋）	発酵変換	液体燃料（エタノール，ブタノール，アセトン，イソブタノール） 気体燃料（メタン）
糖質系	サトウキビ，ビート スィートソルガム 廃糖蜜 亜硝酸パルプ廃液	発酵変換	
セルロース系	農産系廃棄物（もみ殻，稲わら，麦わら） 草本系（ネピアグラス） 林産系廃棄物（間伐材，廃材，笹） 木質系（ポプラ，牧草）	発酵変換 直接燃焼 固形化技術 直接燃焼 発酵変換 熱化学変換	熱,蒸気,電力 固体燃料 液体燃料 メタノール
炭化水素系	ユーカリ，アオサンゴ	抽出（改質）	液体燃料 （ディーゼル代替）
油脂系	アブラヤシ，ナタネ，ヒマワリ		
微生物系	酢酸菌 オレフィン系炭化水素生産菌 カビ，酵母，放線菌 微細藻類 油脂生産菌 （糸状菌）	抽出（改質）	液体燃料 （ディーゼル代替）
海洋系バイオマス	ジャイアントケルプ マコンブ	発酵変換	気体燃料 メタン 液体燃料 エタノール
淡水系バイオマス	ホテイアオイ 水生羊歯植物	発酵変換	気体燃料 メタン

出典：NEDO 平成7年度調査報告書「バイオマスエネルギーの開発状況調査」

にエネルギーに変換して利用する形態が注目されており，その分野における研究開発が進められている。現状ではバイオマスをエネルギー利用する形態が経済性および技術的可能性などから現実的である。CO_2問題を前提としたバイオマスのトータルシステム利用の構築に向けての開発項目を以下に示す。

1) バイオマスの有効利用技術・リサイクル技術の開発
2) 持続可能な土地の利用と収量が多く利用価値の高い植物の生産・利用
3) 原料の集荷，輸送，貯蔵の低コスト化と効率的なバイオマス変換技術の開発
4) 環境浄化機能の高い植物の利用（CO_2固定，水質浄化等）

第2章　バイオマス利用

5）亜熱帯地域の半乾燥，乾燥地域の大規模緑化の推進
6）材料転換技術の開発（木材の代替，植物の石油製品等への代替）

その他，CO_2固定やNO_x除去などで注目をあびている微細藻類は有望なバイオマス資源であるが，それについては第3章に詳しく述べられているのでそちらを参照されたい。

2.7 おわりに

最近，植林，再生可能，砂漠緑化，貯蔵性・代替性，カーボン・ニュートラルなどバイオマスに関するキーワードがよく使用されている。バイオマスは再生可能であり，大気中のCO_2を吸収・固定する。バイオマスはCO_2の大きな吸収帯になり大気中のCO_2濃度を下げることが可能である。近年，地球温暖化が大きな問題となるにつれ，バイオマスの持つこの特性の重要性が再認識されるようになってきた。一般的には育成したバイオマスを最終的に燃焼させても，大気中に放出されるCO_2量はバイオマス育成時に光合成により固定されるCO_2により相殺される。バイオマスは使用しなければいずれ熱を発しつつ徐々にCO_2に変換されてしまう物質であり，それを人類の役に立てられることができれば，CO_2の自然循環にとり込まれるシステムであり環境負荷への影響は極めて低い。バイオマスの利用はCO_2削減や廃棄物処理などの環境への貢献度の観点より今後は確実に増加するものと思われる。

　CO_2固定化技術開発は，固定された生産物をいかに利用し，また利用されていない物をいかに効率よく処理するかにかかっているといえよう。今後，これらを考慮した総合的な利用システムの検討が重要になってくる。また，バイオマス資源は，エネルギーとしてはもとよりファインケミカルズとして利用することも重要で，人類にとって有用な医薬品，化学薬品などのより付加価値の高い物を得る新しい技術開発が望まれる。

　近い将来，現代の進んだ科学技術で，特に遺伝子組み換え技術などのバイオテクノロジー技術を大いに活用して，栽培技術の効率化，変換技術の見直しが行われ，環境調和型の新しい産業のトータルシステムとしての利用体系が完成・構築される日もそんなに遠くないと思われる。

文　　献

1）田中正之，"温暖化する地球"，読売新聞社（1989）
2）㈶エンジニアリング振興協会，"地球環境研究部会報告書"（1995～1998）
3）横山伸也，"バイオマスエネルギーによるCO_2削減"，日本機械学会誌，Vol. 100 , No. 947, P1059-1062（1997）

4) 池上雄二, "生物的CO_2固定化技術の現状と課題", 環境技術, Vol. 28, No.4, P287-292 (1999)
5) ㈶RITE, "細菌・藻類を利用した新しい二酸化炭素固定技術の動向調査(Ⅱ)", 新エネルギー・産業技術総合開発機構(1999)

第3章　微細藻類によるCO_2固定

宮本和久[*1], 藏野憲秀[*2]

1　はじめに

産業革命以後の大気中のCO_2濃度が，石炭・石油・天然ガスなどの化石燃料の消費と平行して増加している事実をみると，これらの使用を削減する以外にCO_2問題の根本的な解決はないことが分かる。しかしながら，予見可能な近未来における人類の存続が，化石燃料の使用に直接依存せざるを得ないことも事実であろう。われわれは，1970年代のエネルギー危機を経験し，発電効率や自動車燃費の向上，製造工程の短縮や連続化など，省エネ技術を開発する努力を続けてきた。しかし，依然としてCO_2濃度の増加は止まることがなく，再生可能なエネルギーの開発が強く望まれている。

産業革命以前の空気中のCO_2濃度は，280 ppmとほぼ一定値を保っていたが，これには光合成生物が重要な役割を担っていた。光合成は，陸上の植物だけでなく水圏生態系（主として海洋）における微細藻類（植物プランクトン）によっても行われている。光合成によって固定された炭素は，自然界における様々な分解作用によって，再びCO_2に戻る運命にあるが，バイオマスを積極的に利用し，エネルギーや化学素材を生産する技術が確立できれば，地球上の炭素循環の定常化，ひいては地球生態系の健全性を保つことに寄与できよう。

藻類と呼ばれる多様な生物群は，クロレラ（*Chlorella*）やスピルリナ（*Spirulina*）などのミクロンオーダーの微細藻類と，食用にするコンブ（*Laminaria*）や数10mにも及ぶジャイアントケルプ（*Macrocystis*）のような大型海藻に大別される。藻類の中には，時として異常な大増殖を起こす渦鞭毛藻類やアオコなどのように，「赤潮」や「水の華」の原因となって環境問題を引き起こすこともあるが，藻類全体としては地球上の光合成の約3分の1を担っており，一次生産者として水圏生態系での重要な役割を演じている。微細藻類が関わるCO_2対策としては，1) 植物プランクトン（浮遊性の微細藻類）が仲介者となる海洋におけるCO_2固定，2) 再生可能エネルギーとしての微細藻類バイオマスの有効利用による化石燃料消費の低減，などを挙げることができる。ここでは，CO_2固定高効率株の探索・育種と，多様な特性をもつ微細藻類の有効利用を中心に，

---

*1　Kazuhisa Miyamoto　大阪大学大学院　薬学研究科　教授
*2　Norihide Kurano　㈱海洋バイオテクノロジー研究所　釜石研究所

微細藻類 CO_2 固定に関連する最近の研究成果を紹介した[1,2]。

2 海洋微細藻類による CO_2 固定

米国のマーチン博士らは，7,000フィートの深さまで南極の氷床を探り，16万年前まで遡って大気中のCO_2濃度と海水中の鉄分の濃度との関係を調べた。その結果，鉄を含んだエアロゾルが南氷洋に多量に落下したときには，大気中のCO_2濃度が低下し，逆に海水中の鉄濃度が低下した場合には，CO_2濃度の上昇が認められた。鉄により植物プランクトンの増殖が促進され，そのプランクトンは食物連鎖により魚や大型生物に取り込まれ，その屍骸や排泄物として深海に移行していく。海洋におけるこのような一連の現象の結果として大気中のCO_2濃度が低下すると考えられる。現在，世界の海洋には，硝酸塩やリン酸塩が年間を通じて豊富に存在するにもかかわらず，クロロフィル（植物プランクトンの指標）濃度の低い海域が存在している。そのような "high-nitrate, low-chlorophyll" 海域では，鉄が植物プランクトンの増殖制限因子になっている。したがって，鉄を散布すれば，植物プランクトンの増殖が促進され大気中のCO_2濃度が低下する，というのがマーチン博士の仮説である[3]。

この仮説に基づいた大がかりな海洋施肥実験が2回にわたって行われた[4,5]。Iron Ex I と名付けられた最初の実験（1993年）では，赤道付近の太平洋に64km^{2}の実験海域を設定して鉄を散布したが，顕著なCO_2の減少は認められなかった。第2回目の実験(Iron Ex II, 1995年)では，72km^{2}の海域に3回に分けて硫酸鉄を施肥したところ，植物プランクトンの比増殖速度が2倍になり，珪藻を主体とするバイオマス量が20倍以上に増加した。その結果，実験海域中心部のCO_2分圧が急激に低下したと報告されている（図1）[6]。しかし，このような広域的な環境修復事業が，人間の制御のもとで安全かつ効果的に実施できるまでには，効率的な施肥方法や環境影響評価手法の確立など，多くの技術的課題を解決しておかなければならない。

3 微細藻類の大量培養による CO_2 固定技術

3.1 微細藻類による CO_2 固定

高等植物の中ではC_4植物（トウモロコシなど）が他に比べて高い光合成能を有するといわれるが，緑藻 *Chlorella* 属等では，それよりも高い光合成活性を示す。CO_2と水から太陽エネルギーを利用して有機物を合成し細胞数を増加させるのが植物の生育過程であるが，単一個体の重量が倍になる時間をごく単純に比較しても，微細藻類の場合は最短2時間であるのに対し，高等植物の場合は少なくとも24時間はかかるであろう（トウモロコシで数日）。この，微細藻類が示す高い

第3章 微細藻類によるCO₂固定

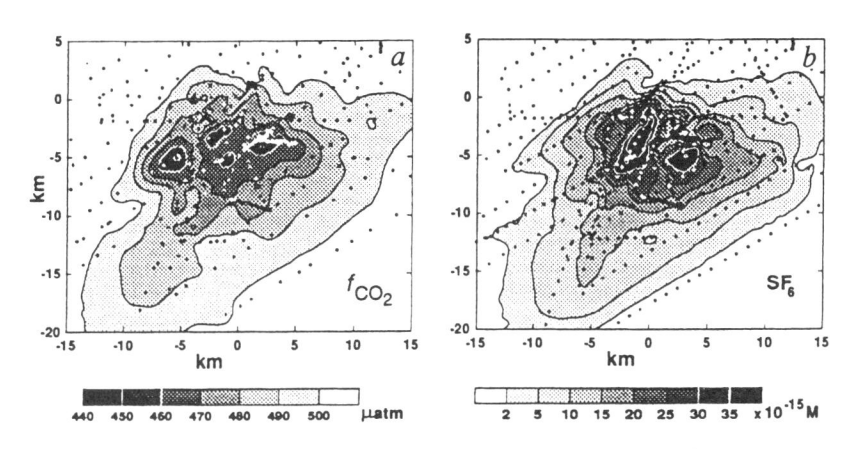

図1 施肥海域におけるCO₂のフガシティーおよびSF₆濃度の分布[6]
鉄と六フッ化硫黄（SF₆）を海域に注入したのち，4日から6日後に得られたデータをもとに作図した。実験海域の中心部近傍でCO₂分圧が低下している（左図）。トレーサーとして鉄とともに添加した化学的に安定なSF₆の濃度分布を示す右図と比較すると，CO₂分圧の低下が自然的な変動に起因するものではないことが分かる。

光合成能力に着目して，太陽光を利用して効率よく大量培養し，集中発生源（例えば火力発電所）から排出されるCO_2を藻類バイオマスあるいは有用物質に変換することを目的とする研究開発プロジェクトが実施された。㈶地球環境産業技術開発機構（Research Institute of Innovative Technology for the Earth, RITE[7]）が主体となって，「細菌・藻類等利用二酸化炭素固定化有効利用技術研究開発」というタイトルで，新エネルギー・産業技術総合開発機構（NEDO）および通産省の支援のもと平成2年度から10年間の計画で研究開発が行われた[2]。ここでは，このいわゆる「生物的CO_2固定化プロジェクト」の概要を紹介する。

単一個体が倍になる時間は高等植物より微細藻類の方が速いが，微細藻類の単一個体の重量は非常に小さい。したがって，高い光合成能力という特性を生かすためには，高密度かつ大量に培養可能な微細藻類と高密度大量培養の技術の両者が要求される。したがって，「生物的CO_2固定化プロジェクト」では，技術開発の焦点が以下の2つに絞られた。

テーマ1：高効率光合成細菌・微細藻類等の研究開発（図2）
テーマ2：二酸化炭素固定化・有用物質生産等のための高密度大量光培養システムの研究開発
テーマ1は，環境からの微生物の採取，スクリーニング，生育特性評価，分子育種等の課題を含み，テーマ2はフォトバイオリアクターの開発，集光・伝送技術の開発，CO_2固定生成物の有効利用検討，リアクター建設から生成物利用までの全体のエネルギー・炭素収支などの検討

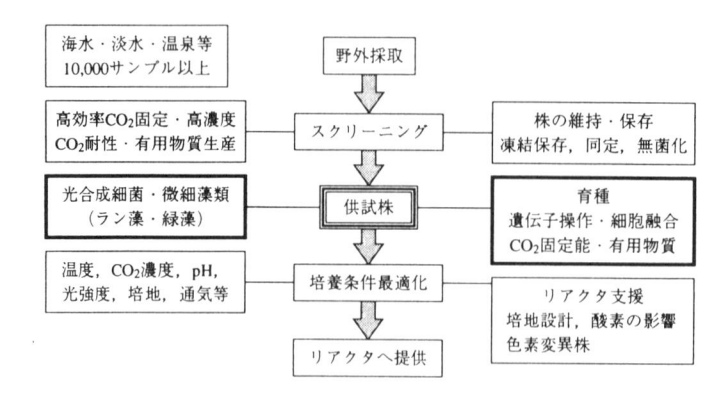

図2 高効率光合成細菌・微細藻類等の研究開発の概要

（トータルシステム検討）等の課題から構成されている。両者の成果を統合して，最終的に，$1m^2$あたり，1日あたり，50gのCO_2を固定するシステムを開発するのがこのプロジェクトの目標とされた。この値は，平均的な森林の10倍の能力に匹敵する。言葉を換えれば，光合成微生物の能力を活用した森林の10倍のCO_2固定能力を有する人工物の構築が狙いと言えよう。

3.2 高効率株の探索

微細藻類によるCO_2処理の対象としての各種集中発生源の排ガスの特性を検討した結果，LNG火力発電所からの排ガスが選択された。LNG排ガスの性質として，高温，高CO_2濃度，窒素酸化物の含有等が微細藻類培養の上で問題点となろう。既知の微細藻類ではこれらのハードルをクリアーできない可能性が高く，自然環境中から目的に合致した株の探索が試みられた。微細藻類はその分類群も多様であり（例えば陸上植物はほとんどが緑色植物門に属するが，微細藻類は11の植物門に分類される），生息環境も多岐にわたっている。この多様性も，探索の動機の一つであり，実際に，スクリーニングの過程で種々の分類群が認められたが，40℃，20%CO_2と言った選択圧のもとではラン藻（cyanobacteria），緑藻が主として選抜された。

考えられる限り多様な環境から採取した1万以上のサンプルの中から30数種の株がプロジェクトで使用されるべき株として選択されたが，中でもCO_2固定能力が高いものとして次の3種について簡単に特徴を述べる。

(1) *Chlorella* sp. UK001（緑藻）[8]

炭酸を含む温泉からの分離株。最短の倍加時間は2.1時間で真核の光合成生物としてはもっとも速い分裂速度を示す部類に属する。培養も容易で，大型リアクターや，屋外培養においても安

第3章 微細藻類によるCO$_2$固定

定して高いCO$_2$固定能力（最大固定速度0.12 g CO$_2$ l^{-1} h^{-1}）を示した。生産された藻体バイオマスの有効利用に関する検討も進んでおり，「生物的CO$_2$固定化プロジェクト」の標準株とされた。

(2) *Synechocystis aquatilis* SI-2（ラン藻）[9]

海水が流入する温泉から採取された。最短の倍加時間は1.8時間である。45℃まで生育可能であり，また，海水ベースの培地での培養も可能である。*Chlorella* sp. UK001と同等のCO$_2$固定能を有しており，やはり，大型リアクターや屋外培養にも適していた。

(3) *Botryococcus braunii* SI-30（緑藻）

緑藻*Botryococcus braunii*は細胞外に大量の石油類似の炭化水素を蓄積することが知られており，石油ショック後，代替燃料としての利用が可能であるかどうかの観点から盛んに研究が行われたが，増殖速度が遅い点が災いして経済的に引き合わないとされ，その後，研究開発のはかばかしい進捗がみられなかった。しかし，本プロジェクトにおいて探索された*B. braunii* SI-30株は，対数増殖期の増殖速度は遅いが細胞濃度が高くなった直線増殖期には最大固定速度0.13 g CO$_2 \cdot$ l$^{-1} \cdot$ h^{-1}という高いポテンシャルを示した。

3.3 高効率株の育種

原核の微細藻類(ラン藻類)の場合，すでに，全ゲノムが解読されたものもあり（*Synechocystis* sp. PCC6803），分子生物学的な研究は非常に多いが，真核微細藻類の分子生物学的・細胞生物学的改変技術はまだ端緒に付いたばかりで，技術としては未熟な段階である。しかし，光合成微生物によるCO$_2$固定技術を実用的なレベルまで高めるためには，光合成能力や物資生産性の人為的な向上は不可欠なプロセスであるといえる。この観点に基づいて，「生物的CO$_2$固定化プロジェクト」では育種につながる技術開発課題として，

1) 微細藻類の無機炭素親和性の改変（図3）
2) 緑藻類の遺伝子導入系の検討と不飽和脂肪酸組成の改良
3) 緑藻*Chlorella*属の細胞融合技術開発
4) 光合成細菌のCO$_2$取り込み機構の検討と改変

が採り上げられた。以下に，成果の概要を総括する。

大気中のCO$_2$濃度は年々増加しているとはいえ，光合成生物が出現する以前に比べれば数百分の一程度であり，微細藻類の光合成にとって十分な濃度であるとは言えない。一部の微細藻類は細胞内に無機炭素を濃縮する機構を発達させており，重炭酸イオンと分子状のCO$_2$の間の平衡を司る炭酸脱水酵素（carbonic anhydrase，CA）も重要な役割を果たしている。このCAをクローニングし，高発現させた結果，ラン藻の無機炭素親和性の改変に成功したことが報告されている[10]。

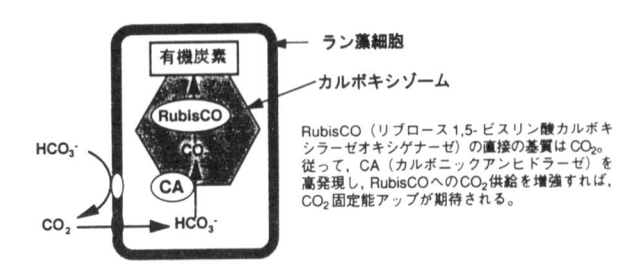

図3 ラン藻の炭酸固定メカニズム（模式図）

図中テキスト：
- ラン藻細胞
- 有機炭素
- カルボキシソーム
- RubisCO
- CA
- HCO_3^-
- CO_2
- HCO_3^-
- RubisCO（リブロース1,5-ビスリン酸カルボキシラーゼオキシゲナーゼ）の直接の基質はCO_2。従って、CA（カルボニックアンヒドラーゼ）を高発現し、RubisCOへのCO_2供給を増強すれば、CO_2固定能アップが期待される。

　CO_2固定の結果として大量に生産されるバイオマスは，何らかの形で有効に活用する必要があるが，高度不飽和脂肪酸の含量が高いと飼料・餌料価値が高まる。プロジェクト標準株の付加価値を高める目的で脂肪酸代謝の検討を行い，*Chlorella* の飽和脂肪酸を不飽和化する酵素のクローニングが報告された。

　動物細胞や植物細胞においては普遍的な技術となった細胞融合であるが，微細藻類における成功例は紅藻 *Porphyridium* で報告されている以外は極めて稀である。プロジェクト標準株において細胞融合が可能となれば，有用形質付与によって得られる付加価値の向上はトータルシステム全体のコストパフォーマンスの向上に大きく寄与するであろう。これまで困難とされてきた *Chlorella* 属細胞のプロトプラスト化に成功し，無菌化，栄養要求性変異株の作成，プロトプラスト化，融合処理，細胞壁再生，融合細胞選抜，コロニー形成，16S rRNA 遺伝子配列解読による融合の確認など，一連のステップが滞り無く進行し，確実に融合細胞が得られる技術が確立されている[2]。

　光合成細菌においても，確実な遺伝子導入系を構築し，遺伝子破壊株等の作成の結果，3種のRuBisCO（リブロース1,5-ビスリン酸カルボキシラーゼオキシゲナーゼ）の確認，CO_2固定へのカルビン-ベンソン回路の関与，CO_2取り込みへのCAの関与などの新しい知見が得られている[2]。

4　微細藻類バイオマスの変換・有効利用

4.1　有効利用の可能性

　集中発生源から排出されるCO_2を藻類バイオマスの形で人為的に有機物に変換した場合，大量のバイオマスは何らかの形で再利用されなければすぐにCO_2として大気へ戻ってしまう。しかし，これまで化石燃料を消費してCO_2を放出しながら生産されている有用物質を微細藻類による生産で代替できれば，直接的CO_2排出抑制につながる。さらに，肥料，飼料としての利用が可能にな

第3章　微細藻類によるCO$_2$固定

れば，CO$_2$以外の温室効果ガス（メタンなど）の土壌からの発生や飼料作物生産増大による森林伐採を抑制できるなど，間接的に温暖化抑制に寄与できる効果も秘めている。CO$_2$固定生成物の有効利用法は，重要な検討課題である。

　緑藻 *Chlorella* sp. UK001について，藻体のアミノ酸組成の分析値から産卵鶏の飼料としての使用可能性が示唆されたので，実際に給与してその飼料としての可能性を調査したところ，配合飼料の一成分として十分に使用可能なことが示された。また，乾燥藻体をコンポスト化した後植物栽培試験に供試したところ，適切な熟成過程を経れば肥料としての使用が可能であることを示すデータが得られた。その他，既存のプラスチックに乾燥藻体を混合して成形した結果，建材として利用が可能であることも示された。

　細胞外に高分子の多糖類を蓄積あるいは放出する特徴をもつ微細藻類（*Prasinococcus capsulatus* 等）も，微細藻類スクリーニングの過程で見つかっており[11,12]，これらの多糖類の利用法を検討したところ，コンクリートの分離を低減する特性があることが判明した。光合成産物の多糖類がコンクリート分離低減材として使用可能であることを実証したのは世界初の成果である。このような多岐にわたる有効利用法の開拓は，石油や天然ガスに依存した物質生産体系からの漸次脱却の可能性を高めることになろう。しかしながら，温暖化問題解決への寄与を考えると，微細藻類の光合成を基盤とするエネルギー生産への応用にまで踏み込まなければならないであろう。

4.2　バイオマスエネルギーシステム

　地球面積の約30％を占める陸地における一次生産，すなわち光合成による有機物の純生産量は，年間880億トンで，これは地球全体の62％に相当する。残りは海洋における，主として植物プランクトンによる一次生産であり，全体の38％を占めている。地球全体では，毎年1,438億トンの有機物（バイオマス）が生産されているが，乾燥したバイオマスの重量の約2分の1が炭素であるから，二酸化炭素の固定量としては，毎年 $1,438 \times (1/2) \times (44/12) = 2,636$ 億トンと計算される。このように，地球全体で生産されるバイオマスの量は莫大なものであり，毎年生産されるバイオマスは，世界の年間エネルギー消費量の約10倍のエネルギーに相当する。したがって，このバイオマスをエネルギーとして実際に利用できれば，「CO$_2$を増加させない」エネルギーシステムが成立することになる[13]。

　藻類（植物プランクトン）のバイオマスは，水分を多く含んでいるから，木材のように直接燃料とするには適していない。しかし，藻類や微生物の特別な機能に着目すると，興味深い利用法が考えられる。すなわち，バイオテクノロジーの諸技術を駆使すれば，藻類の細胞内に蓄えられた炭水化物，脂質などの有機物から，エタノール，ガソリン，ディーゼル油などの液体燃料，水素やメタンガスなどの気体燃料などを生産することが可能である（図4）。

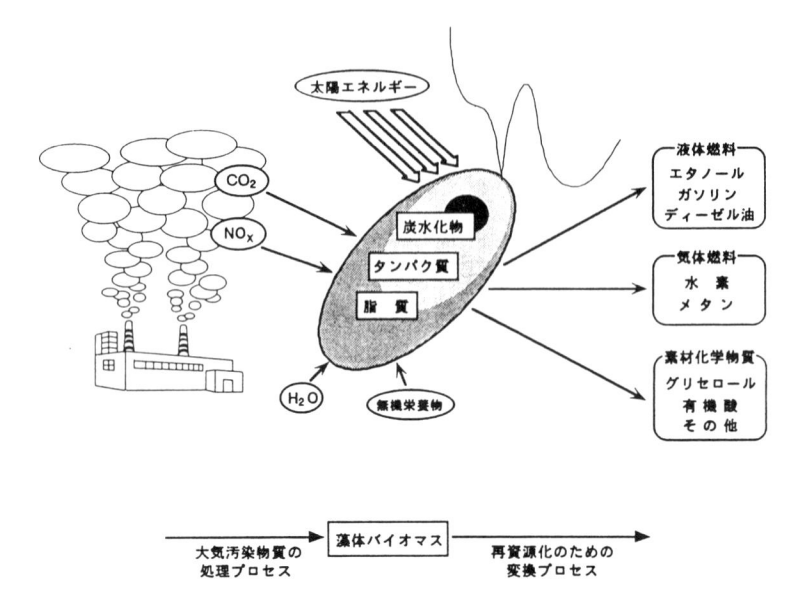

図4 微細藻類によるCO₂固定とバイオマス再資源化プロセスの概要[18]

4.3 オイルへの変換

大量培養された微細藻類からエネルギーを生産するアイデアは，40年以上も前にカリフォルニア大学のオズワルド教授らによって提唱されている。すなわち，廃水処理を主たる目的として微細藻類を大量培養し，得られたバイオマスを基質とするメタン発酵プロセスが検討された[14]。このアイデアは，アメリカ合衆国デンバー近くの太陽エネルギー研究所（SERI，現在のNREL：National Renewable Energy Laboratory）のプロジェクトに引き継がれた。SERIでは，ガソリンやディーゼルオイルの代替物を生産するために，微細藻類の培養研究を1979年から行ってきた。その概要を説明すると，まず太陽エネルギーとCO_2を利用して微細藻類を増やし，ついで，細胞の中の脂質の含量を高めたのちに，脂質成分を抽出して液体燃料を生産するプロセスの開発研究であった。水や無機栄養物がリサイクルされるこのシステムの入力は，CO_2と太陽エネルギーだけであり，液体燃料が製品として取り出せることになる[15]。同様に，微細藻類の細胞内に多量の多糖類を蓄積させて，これを原料に糖化・発酵を行い，アルコール燃料を生産することも可能である。

直接炭化水素を生産する微細藻類の利用にも強い関心が示されている[16]。RITEプロジェクト

第3章　微細藻類によるCO_2固定

が見出した炭化水素蓄積性の *Botryococcus braunii* SI-30 の乾燥藻体は石炭よりも発熱量が高く，また，低窒素，低硫黄という特色を持っているので，そのまま固体燃料として使用することが考えられる。この炭化水素を有機溶剤によって抽出して得られるオイルは，発熱量が石油に匹敵し，硫黄や窒素の含量が極めて少ない液体燃料である。このように多くの特徴をもつ藻類であるが，生産された固体または液体燃料の経済性が現時点における実用化を阻んでいる。

4.4 微細藻類バイオマスを原料とする水素生産

　微細藻類や細菌の優れた機能をうまく利用すると，未来のエネルギーとして注目されている水素を生産することも可能である[17]。水素は燃やしても水ができるだけで，有害な排ガスを出さないクリーンなエネルギーとして，大きな期待が寄せられている。現在，水素は石油などの化石燃料を消費して作られているが，製品である水素がいかにクリーンであっても，それを作る過程で環境を汚しては論外である。環境に調和した製造法の開発が望まれる所以である。微細藻類や細菌の中には，水や有機物を分解し，特殊な酵素（ヒドロゲナーゼまたはニトロゲナーゼ）の働きで水素を発生することのできる種類が知られている（図5）。光合成細菌は水を電子供与体として利用することはできないが，有機物を分解して水素を生産することができる。この光合成細菌プロセスではCO_2の発生を伴うが，利用される有機物が藻類や植物の光合成によるCO_2固定産物であるから，生物機能を利用した水素製造法は，CO_2を増やさない環境調和型の製造技術として研究開発の目標になっている[18,19]。

　これまで，種々の農産廃棄物や食品工場の廃水を原料にした水素生産が試みられてきたが，利用できるバイオマスの量に限界があり，エネルギー生産には規模が小さいという問題が指摘され

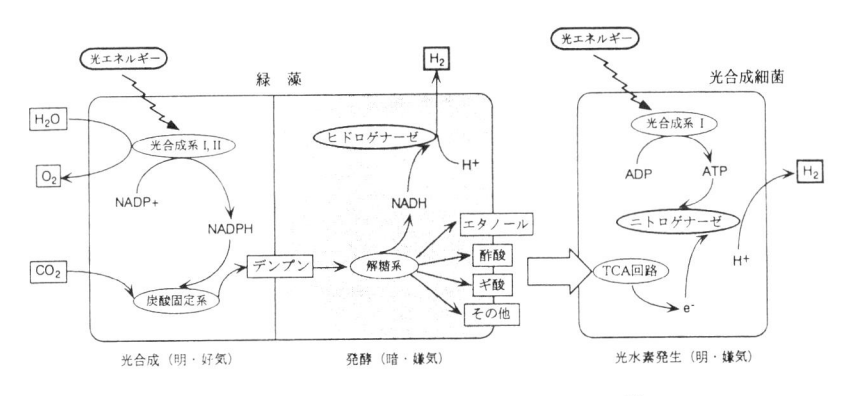

図5　緑藻および光合成細菌のエネルギー代謝の概要[18]

てきた。池らは[20-24)]，生物的CO_2固定により量産される微細藻類バイオマスに注目し，その基質化と水素生産への応用について検討している。

　淡水性緑藻 Chlamydomonas reinhardtii および海産性緑藻 Dunaliella tertiolecta のバイオマス組成を分析したところ，両株は光合成産物であるデンプンをそれぞれ55%および25%蓄積していた。これを光合成細菌の水素生産基質として効率よく利用するためには，藻類の細胞を破砕し，細胞に蓄えられたデンプンを低分子化する，いわゆる「基質化」の過程が必要である。まず最初に，塩酸存在下，高温高圧で反応させる熱酸処理により藻体バイオマスの基質化を行ったところ，水素生産の基質となる有機酸の生成量は少なく，水素生産の阻害物質であるアンモニアの溶出濃度が高いため，水素生産のための基質化方法としては好ましくないことが分かった。

　つぎに，熱酸処理に比べて消費エネルギーが著しく少なく，デンプンを光合成細菌の水素生産の理想的な基質の一つである「乳酸」に変換することを試みた。乳酸発酵による基質化では，デンプン資化性の乳酸菌 Lactobacillus amylovorus を用いると，C. reinhardtii あるいは D. tertiolecta のバイオマスに蓄積されたデンプンを，90%以上の収率で乳酸に変換することができた。また，アンモニアの溶出濃度も低く，本法が理想的な基質化方法であることが明らかにされた。また，藻体に蓄えられた窒素，リンなどの栄養源が乳酸菌に有効に再利用されるので新たな栄養源の添加が不要であった。つぎに，5種類の光合成細菌を用いて乳酸発酵液からの水素生産が試みられ，C. reinhardtii または D. tertiolecta のバイオマスの乳酸発酵液を基質としたとき，海産性の Rhodobium marinum を用いた場合に最も高い水素収率が得られた。このとき，藻体バイオマスのデンプンを構成するグルコース 1 mol から，最大 7.9 mol の水素が生産されていた。

　基質の変換と水素の生産を2段階で行うシステムを簡略化するため，異なる役割を担う微生物の共生系を用いて，基質化と水素生産が単一の培養過程により遂行できる1段階変換システムが構築された。海水による希釈処理を行うし尿処理場の汚泥より分離した耐塩性微生物共生系 BC1 は，デンプンより直接水素を生産するほか，グルコース，マルトース，セロビオース，ショ糖，酢酸，乳酸，リンゴ酸およびグリセロールも水素へ変換する能力を有していた(表1)。これらのうちデンプン，セロビオース，酢酸は，BC1から単離された光合成細菌であるA-501株の単独培養では水素に変換されなかった。また，乳酸あるいはグリセロールから生成される水素の量は，共生系であるBC1を用いた場合に，A-501株単独培養の場合の約2倍であった。これらの基質から水素が生産されるときには，BC1を構成する他の微生物と光合成細菌A-501株との間に，何らかの相互作用が働いていることが示唆された。なお，BC1の構成菌株の単離，同定および特性評価を行ったところ，BC1 は光合成細菌 Rhodobium marinum A-501，通性嫌気性細菌 Vibrio fluvialis および Proteus vulgaris を主に含んでいることが明らかとなった。

　また，単離された V. fluvialis T-522 と R. marinum A-501 との再構成系 BC2 を用いて，水素生

第3章 微細藻類によるCO$_2$固定

表1 微生物共生系BC1および光合成細菌 *Rhodobium marinum* A-501 単独による種々の基質からの水素生産[24]

Substrate	H$_2$ production by R. marinum A-501 (mmol/ℓ)	H$_2$ production by BC1 (mmol/ℓ)
Starch	0.0	39.1
Glucose	21.6	19.9
Maltose	13.4	17.6
Cellobiose	0.0	21.7
Sucrose	12.3	18.3
Acetic acid	0.2	56.1
Lactic acid	37.3	82.9
Malic acid	23.4	26.4
Glycerol	8.3	15.9

産の速度やメカニズムを解析したところ，デンプン分解を担うT-522株と光水素生産を担うA-501株の最適培養条件が異なるために，1段階変換システムでは，水素生産に2倍以上の時間が必要であった。今後，培養条件の再検討，微生物の改良などにより水素生産速度の改善を図らなければならない。

5 おわりに

本章では，微細藻類の光合成を基盤とするCO$_2$の固定と，得られた微細藻類バイオマスの有効利用を中心に話を進めてきた。微細藻類をはじめとする光合成微生物の機能開発に関する今後の研究は，環境問題と深く関わりつつ，食糧バイオマス，生物肥料（窒素固定），エネルギー生産（バイオマス変換）など，多様な応用目的のために発展するものと思われる。しかし，CO$_2$問題の解決に直接寄与しうるまでには，多くの課題をクリアーしなければならない。生物の側面からは，光合成効率の大幅な向上が最大の課題であろう。太陽電池のエネルギー変換効率が20%を越すのに対して，生物化学的変換過程（光合成）では10%が現状での上限といわれている。光合成機構に関する基礎研究の進展と，分子生物学的育種技術の向上に期待したい。

探索・育種によって得られた高効率CO$_2$固定株の潜在能力を最大限に引き出すには，培養環境を最適化する必要がある。したがって，変動の激しい気象条件の下で光合成能を安定かつ最大限に発揮させる屋外のフォトバイオリアクターの開発も非常に重要になる。一例として，粗放的なopen pond型のフォトバイオリアクターによる，発電所排ガス中のCO$_2$固定に必要とされる設置面積を概算してみた。京都府下のある火力発電所（75万kW）の敷地面積は45haであり，発電所

CO_2固定化・隔離の最新技術

ボイラーからのCO_2排出量は一日に約1万トンである。微細藻類の光合成によるCO_2固定速度を,$1m^2$あたり,一日あたり,50gとしたとき,排出されるCO_2の5%を固定するに要するリアクター設置面積は,発電所敷地面積の20倍以上であった。遠隔地でCO_2を固定することを想定したとしても,リアクター性能の大幅な向上が必要であることが分かる。

1970年代の後半から使われだした「持続可能な発展(sustainable development)」の理念は,その後,国連など,いろいろな機関でホットな議論の対象となっている。化石燃料の消費を削減する以外にCO_2問題の根本的な解決がないことを認識するならば,資源を浪費し,環境を破壊してきたエネルギー・物質生産体系を変革し,物質循環型社会を構築する努力が必要である。微細藻類バイオマスは太陽エネルギーが変換されたものであり,典型的な再生可能エネルギーであるから,微細藻類バイオマスの有効利用は,その努力の一つと位置づけられる。

文　献

1) 宮本和久, バイオサイエンスとインダストリー, 53, 1029-1035(1995)
2) (財)RITE「細菌・藻類等利用二酸化炭素固定化・有効利用技術開発(仮題)」(1999印刷中)
3) Martin, J.H. and Fitzwater, S.E., *Nature*, 331, 341-343(1988)
4) Martin, J.H. *et al.*, *Nature*, 371, 123-129(1994)
5) Coale, K.H. *et al.*, *Nature*, 383, 495-501(1996)
6) Cooper, D.J. *et al.*, *Nature*, 383, 511-513(1996)
7) http://www.rite.or.jp/
8) Murakami, M. *et al.*, In Inui, T. *et al.* (ed.), *Advances in Chemical conversions for Mitigating Carbon Dioxide*, Studies in Surface Sciences and Catalysis, vol. 114, Elsevier Science B. V., 315-320 (1998)
9) Zhang, K. *et al.*, *Appl. Microbiol. and Biotech.*, in press
10) Murakami, M. *et al.*, In Inui, T. *et al.* (ed.), *Advances in Chemical conversions for Mitigating Carbon Dioxide*, Studies in Surface Sciences and Catalysis, vol. 114, Elsevier Science B. V., 629-632 (1998)
11) Miyashita, H. *et al.*, *J. Gen. Appl. Microbiol.*, 39, 571-582 (1993)
12) Miyashita, H. *et al.*, *J. Mar. Biotechnol.*, 3, 136-139 (1995)
13) Miyamoto, K., *Renewable biological systems for alternative sustainable energy production*, FAO Agricultural Services Bulletin 128 (1997)
14) Oswald, W.J. and Golueke, C.G., *Adv. Applied Microbiol.*, 2, 223-262 (1960)
15) Johnson, D.A., *Overview of the DOE/SERI Aquatic Species Program FY 1986*, February (1987)
16) 岡田茂, 日本水産学会誌, 65, 621-625(1999)
17) Miyamoto, K., In Murooka, Y. and Imanaka, T. (ed.), *Recombinant Microbes for Industrial and Agricultural Applications*, Marcel Dekker, Inc., 771-786 (1994)

第3章 微細藻類によるCO_2固定

18) 宮本和久, 平田収正, 生産と技術, **48**, 59-63 (1996)
19) Asada, Y. and Miyake, J., *J. Biosci. Bioeng.*, **88**, 1-6 (1999)
20) Ike, A. *et al.*, *J. Marine Biotech.*, **84**, 428-433 (1997)
21) Ike, A. *et al.*, *J. Ferment Bioeng.*, **84**, 606-609 (1997)
22) Ike, A. *et al.*, In Zaborsky, O.R. *et al.* (ed.), *BioHydrogen*, Plenum Press, New York, 265-271 (1998)
23) Ike, A. *et al.*: In Zaborsky, O.R. *et al.* (ed.), *BioHydrogen*, Plenum Press, New York, 311-318 (1998)
24) Ike, A. *et al.*, *J. Biosci. Bioeng.*, **88**, 72-77 (1999)

第4章 植物の利用

北島佐紀人[*1]，富澤健一[*2]，横田明穂[*3]

1 はじめに

地球上に普遍的に存在する植物の光合成機能を最大限に引き出して利用することは，地球規模でのCO_2の固定化のためにもっとも有効な手段の一つである。効率的な光合成を行うためには，豊富な太陽エネルギーとこれを受ける広大な面積が必要である。地球上の陸地面積の約1/3を占めると言われる砂漠地域は，これらの条件を満たす地域であるが，生命活動が希薄で，植物もきわめて少ない。植物のバイオテクノロジー技術を用いて，こうした地域における緑化を図ることが地球規模のCO_2固定化と温暖化防止に有効である。

砂漠地域において植物が曝される高温，強光，乾燥，あるいは塩などの環境ストレスから植物を守るバイオテクノロジー研究は，新しい研究分野であり，まだ緒についたばかりであるが，すでにこれらのストレスへの抵抗性を付与すると思われるいくつかの遺伝子が単離同定され，遺伝子導入による一定の成果が得られつつある。また，植物のCO_2固定酵素RuBisCOの酵素機能を向上させる試みも着実に成果を上げている。ここでは，バイオテクノロジー技術を用いた，近年の研究成果を紹介する。

2 砂漠環境下における植物と光合成

高等植物の光合成反応は葉緑体で行われ，太陽光エネルギーを生物が利用可能な化学エネルギーに変える過程（明反応）とその化学エネルギーを利用してCO_2を固定還元しデンプン等有機化合物を生成する過程（暗反応）からなる（図1）。明反応においては，葉緑体のクロロフィル分子によって集められた光エネルギーを利用して，光化学系と呼ばれる電子伝達系により水分子を酸素分子，電子およびプロトンに分解する。これらのうち電子とプロトンを利用して，暗反応に

---

* 1 Sakihito Kitajima （財）地球環境産業技術研究機構　植物分子生理研究室
* 2 Ken-ichi Tomizawa （財）地球環境産業技術研究機構　植物分子生理研究室
* 3 Akiho Yokota 奈良先端科学技術大学院大学　バイオサイエンス科　教授；
　　　　　　　　（財）地球環境産業技術研究機構　植物分子生理研究室

第4章 植物の利用

必要なNADPHとATPの合成を行う。一方，暗反応においては，気孔と呼ばれる葉の表面の微細な孔を通って植物体内に入った大気中のCO_2は，葉緑体内でCO_2固定酵素，リブロース1,5-ビスリン酸カルボキシラーゼ／オキシゲナーゼ（RuBisCO，ルビスコ）によってリブロース1,5-ビスリン酸と反応して3-ホスホグリセリン酸となる。この反応産物は，さらにカルビン回路と呼ばれる一連の酵素反応によって，NADPHとATPを反応のエネルギー源として利用しながら再びリブロース1,5-ビスリン酸となるが，この過程でトリオース3-リン酸が生成し，これがデンプンあるいは葉緑体外へ輸送されてショ糖となる。

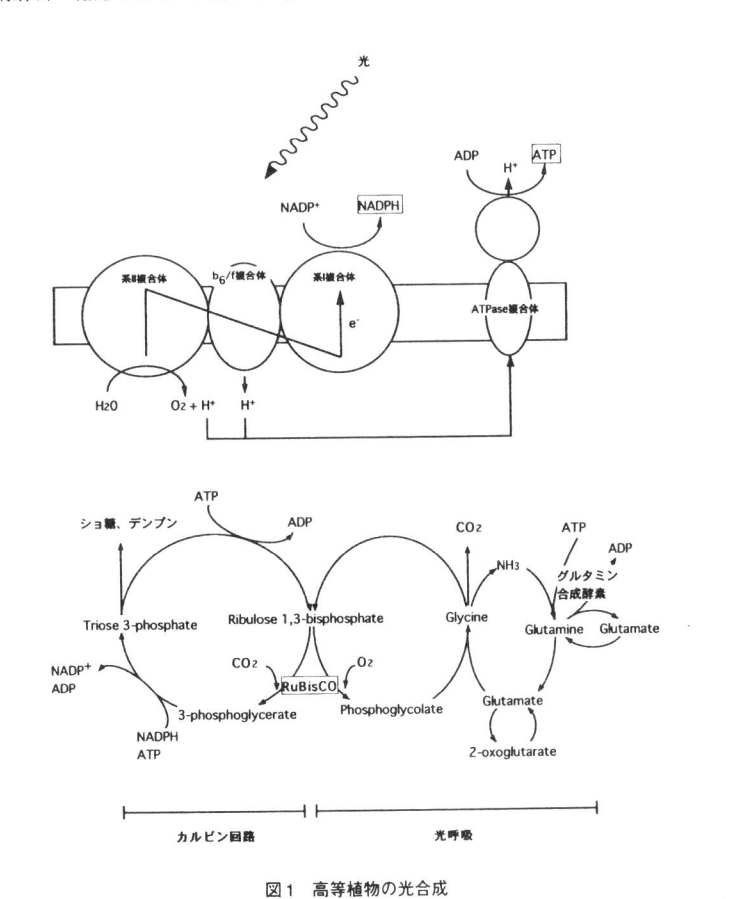

図1 高等植物の光合成

上；明反応。光化学系は光エネルギーを利用して水分子を分解し，CO_2固定に必要なATPとNADPHを合成する。下；暗反応。RuBisCOにより固定されたCO_2はカルビン回路により糖となる。RuBisCOによりO_2が固定された場合にはCO_2が放出される（光呼吸）。回路の途中の中間体化合物は省略した。

CO$_2$固定化・隔離の最新技術

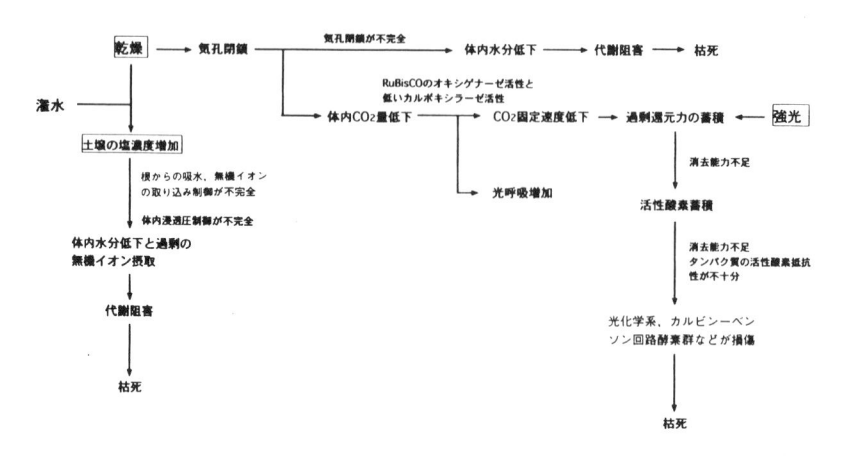

```
乾燥 ─→ 気孔閉鎖 ─ 気孔閉鎖が不完全 ─→ 体内水分低下 ─→ 代謝阻害 ─→ 枯死
                              RuBisCOのオキシゲナーゼ活性と
                              低いカルボキシラーゼ活性
濯水                    体内CO₂量低下 ─→ CO₂固定速度低下 ─→ 過剰還元力の蓄積 ← 強光
 │
土壌の塩濃度増加                                                │
  │ 根からの吸水,無機イオン                                    消去能力不足
  │ の取り込み制御が不完全          光呼吸増加                    │
  │                                                         活性酸素蓄積
  体内浸透圧制御が不完全                                           │
  │                                                         消去能力不足
  体内水分低下と過剰の                                           タンパク質の活性酸素抵抗
  無機イオン摂取                                               性が不十分
  │                                                           │
  代謝阻害                                                    光化学系,カルビン-ベン
  │                                                          ソン回路酵素群などが損傷
  │                                                           │
  枯死                                                         枯死
```

図2　砂漠環境から受けるストレスによる高等植物の影響
□；想定される環境ストレス

　植物は，環境ストレスにさらされるとこれを関知し，生体防御遺伝子を発現するなど，抵抗を試みる。しかし，砂漠のような過酷条件下においては，多くの植物が本来備える防御機構では不十分であり，そのため光合成をはじめとする物質代謝が阻害され枯死に至る。分子レベルでのストレスの影響と植物の応答は多岐に渡り，その知見はきわめて限られている。図2に，現段階での我々の知見を模式的に示した。CO$_2$を取り込むために開いた気孔からは，同時に体内水分が空気中に蒸散する。乾燥条件下においては，植物は気孔を閉じること水分の蒸散を防ごうとするが，一方で体内へのCO$_2$の供給が減少する。このためCO$_2$固定能が低下し，強い太陽光によって光化学系から供給されるNADPHが消費されず過剰な還元力が蓄積される。その結果光化学系は，酸素分子を一電子還元し，スーパーオキシド（O_2^-）を生成する。スーパーオキシドは，葉緑体に存在する酵素スーパーオキシドディスムターゼ（SOD）によって不均化され，過酸化水素となる（図3）。これらの分子種は活性酸素分子種とよばれ，膜脂質，核酸あるいはタンパク質をはじめとする生体成分を速やかに酸化分解しそれらの機能を損なう。植物には本来，これら過剰な還元力を熱として逃がしたり，生成した活性酸素分子種を消去して無毒化する機構が備わっているが，砂漠の過酷な乾燥，強光下ではあまりにも力不足であり，最終的に細胞は死に至ることとなる。

　CO$_2$の取り込みの低下によって，CO$_2$固定が低下するのは，RuBisCOの性質に問題があるためである。RuBisCOはその名の通り，CO$_2$をリブロース1,5-ビスリン酸と反応させる一方で，ある一定の割合でリブロース1,5-ビスリン酸とO$_2$分子を反応させてホスホグリコール酸を生成する。ホスホグリコール酸はパーオキシゾームとミトコンドリアにおいてさらに代謝され，再びカルビ

第4章　植物の利用

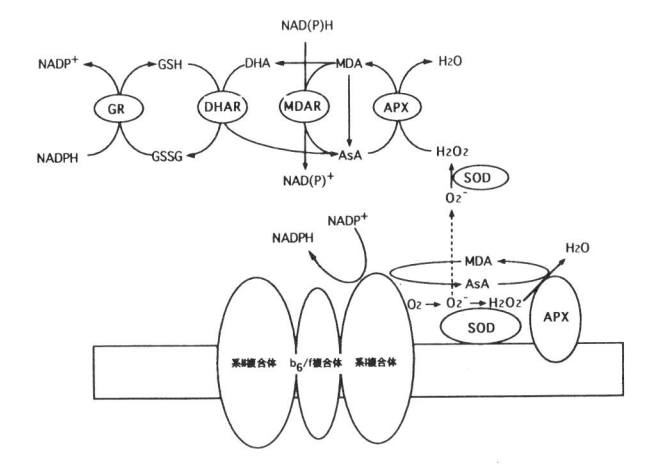

図3　高等植物葉緑体の活性酸素生成と消去機構

SOD；スーパーオキシドディスムターゼ，APX；アスコルビン酸パーオキシダーゼ，AsA；アスコルビン酸，MDA；モノデヒドロアスコルビン酸ラジカル，DHA；デヒドロアスコルビン酸，MDAR；モノデヒドロアスコルビン酸ラジカルレダクターゼ，DHAR；デヒドロアスコルビン酸レダクターゼ，GSH；グルタチオン，GR；グルタチオンレダクターゼ

ン回路に合流する過程でCO_2を放出する(図1)。光呼吸と呼ばれる，この一見無駄な現象が，植物の光合成効率を60％まで低下させていると言われている。RuBisCOのオキシゲナーゼ反応は，CO_2に対するRuBisCOの親和性が，O_2に対する親和性に比べ十分に高くないために起こるのであり，さらにオキシゲナーゼ反応はカルボキシラーゼ反応に対して拮抗的に起こる。このためにRuBisCOによるCO_2固定が効率的に起こるためには高い濃度のCO_2が必要とされるのである。

気孔はCO_2の取り込みばかりでなく，根からの吸水，無機塩類の吸収あるいは体内水分の保持にも密接に関係している。乾燥時には気孔を閉じて体内水分の蒸散と土壌からの過剰の塩類の摂取を防ごうとする。しかし，その開閉制御は不完全であるため蒸散を十分に抑制できず，このため体内の水分含量の低下，塩濃度と浸透圧の上昇，ひいては細胞内の代謝阻害を引き起こし，これが枯死の原因となる。砂漠環境においては土壌の塩濃度自身も，植物体内の浸透圧上昇の原因となる。カザフスタンで1960年代から行われた大規模灌漑農業では，アラル海などの内陸湖沼に流入する河川から灌漑水路を砂漠地域に引き込み，大規模な灌漑を行った。しかし，1980年代後半から土壌中にナトリウム，マグネシウム，カルシウムの塩化物，硫酸塩，炭酸塩が集積した結果として土壌の塩類化が顕在化してきた。このような条件下では，植物体内の浸透圧上昇と吸水の阻害が起こる。

砂漠環境下において植物が受ける以上のようなストレスを緩和する方法が，分子遺伝学あるいは分子生物学などの手法を用いて研究されている。以下に，いくつかの研究成果を紹介する。

3 活性酸素除去系の改善

植物の葉緑体が本来備える活性酸素分子種の消去系には，スーパーオキシドディスムターゼ，アスコルビン酸パーオキシダーゼ，そしてアスコルビン酸再生に必要なグルタチオンリダクターゼなど数種の酵素が関与するアスコルビン酸-グルタチオンサイクルが存在する（図3）。植物のパーオキシソームには，過酸化水素を水と酸素に変換する酵素カタラーゼも存在している。これらの酵素遺伝子を単独または複数導入して高発現させることにより，葉緑体の活性酸素消去能を改善する試みが行われてきた。異種植物由来のスーパーオキシドディスムターゼ遺伝子を導入し，ミトコンドリアあるいは葉緑体のスーパーオキシドディスムターゼ量を向上させた形質転換植物は，乾燥，低温[1]あるいはメチルビオローゲン処理[2]といった活性酸素の生成を伴うとされるストレスに対する抵抗性が向上した。大腸菌由来のグルタチオンリダクターゼとイネ由来のスーパーオキシドディスムターゼを細胞質で同時に高発現させた形質転換タバコを用いた研究では，光化学系と反応して活性酸素を生成する試薬パラコートによる細胞膜の損傷を指標にして形質転換植物の活性酸素抵抗性を検証したところ，野生型タバコの葉が1μMのパラコート処理により損傷を受けるのに対し，形質転換タバコではその50倍濃度にも耐性であった。また，その耐性はそれぞれの遺伝子を単独にもつ形質転換タバコよりも高かった[3]。高等植物の葉緑体が本来もたないカタラーゼを葉緑体に蓄積する形質転換タバコを作成した例も報告されている[4]。野生型タバコは，砂漠環境を模した強光かつ乾燥条件下で72時間後には深刻な葉の壊死を示したが，形質転換タバコへの影響は外見上認められなかった（写真1）。また，48時間後のCO_2固定を測定したところ，野生型では顕著に低下していたが，形質転換体においてはなお50%の固定能を有していた。一般にO_2^-と過酸化水素の濃度比が1:1であると障害が大きくなり，その比率が1:1から離れるようになると障害が軽減される傾向にある。したがって，遺伝子導入等により特定の酵素だけを高めるのではなく，バランスよく他の酵素も同時に高めることで，初めて耐性植物が作製できるものと思われる。

4 RuBisCO の改良の試み

砂漠環境のようにCO_2を気孔から十分に取り込めない条件下においても十分に光合成を行わせるには，取り込んだCO_2を効率良く固定還元する必要がある。これまでの研究からRuBisCOが光

第4章 植物の利用

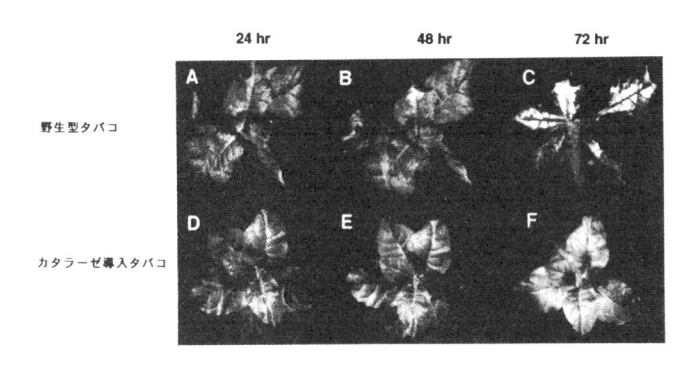

写真1 強光,乾燥処理を施した野生型タバコ(上)とカタラーゼ遺伝子導入タバコ(下)
野生型タバコは処理後72時間後には深刻な壊死を起こすが,カタラーゼ遺伝子導入タバコは健全である。文献4) より改変。

合成CO_2固定代謝を律速することが明らかとなっている。この原因は,1) RuBisCOのCO_2に対する親和性が非常に低いこと,2) 酵素反応における速度が自然界に見いだされている一般の酵素の1/1000から1/100と,きわめて低いこと,3) CO_2固定反応に加えて,これを拮抗的に阻害しながらO_2が反応し,光合成によって固定された炭素を再度CO_2として放出するため,炭素ならびにエネルギーの浪費代謝の原因となることなどである。これらRuBisCOの劣悪な諸性質を改善できたとすると,そのようなルビスコを持つ植物は乾燥に耐え,現在の大気中で光合成の速度は50%以上上昇すると予測され,乾燥時に葉緑体内CO_2濃度が低下しても十分なCO_2固定が期待できる。こうしたRuBisCOそのものの性質を改良する試みも活発になされている。

光合成細菌と緑色植物のRuBisCOのCO_2/O_2識別能力は進化に従い上昇する傾向が見られるが,高等植物でさえその識別能力は先述のとおり不完全である。様々な生物のRuBisCOを解析した結果,紅藻,褐藻などの非緑色植物のRuBisCOは,高等植物のそれらを上回る高い識別能力を持つことが明らかとなった。特に好熱性紅藻Galdieria partitaのRuBisCOは高等植物のそれに対し2倍以上の高い識別能力を示す[5]。G. partitaのRuBisCOの結晶構造の解析結果から,G. partita RuBisCOの独特な立体構造と性質との相関を明らかとする研究が進行中である。将来,こうした研究成果をもとに,さらにCO_2/O_2識別能力の高いRuBisCOの開発が可能になることが期待される。

反応速度の改善についても研究成果が得られている。高等植物のRuBisCOは反応中に活性が低下する,いわゆる履歴現象を起こすが,この現象にはRuBisCO大サブユニットの21位と305位のリジンが関連している。一方,ラン藻,緑藻あるいは光合成細菌のRuBisCOは履歴現象を示さず,これらのリジンに相当する部位はアルギニンやプロリンに変化している。光合成細菌

49

*Chromatium vinosum*のRuBisCOの相当する部位もそれぞれアルギニンとプロリンであるが，これらをリジンに変異させたRuBisCOを作製したところ，反応速度は触媒部位あたり16回転/秒にまで倍増した[6]。この人工ルビスコは，高等植物の5倍のCO_2固定能力を持つが，これは地球上で最も高速で反応するルビスコである。

5 光呼吸系の向上の試み

光呼吸は，RuBisCOのオキシゲナーゼ活性で生成したグリコール酸リン酸の代謝によって起こる。光呼吸全体の収支をみると，1分子のCO_2の放出に2分子のATPと1分子の還元型フェレドキシンを消費する。気孔が閉じて葉内CO_2分圧が低下する乾燥条件下において，光呼吸により放出されるCO_2が再びRuBisCOによって固定されると考えると，光呼吸は，カルビン回路にCO_2を供給しつつ，光化学系で生成する過剰の還元力とATPをカルビン回路とともに消費することで，強光に対する防御を担っているかもしれない。光呼吸が光傷害回避に大きく寄与している可能性は光呼吸酵素の欠損突然変異体の解析からも示唆されていたが，実際にこの代謝経路を強化することで，強光照射による障害を軽減することに成功した報告例がある。光呼吸の鍵酵素と考えられる葉緑体局在性グルタミン合成酵素の活性を増大させた形質転換タバコでは，短時間の強光照射による光化学系の失活と24時間の強光照射による葉の退色とがともに抑えられた[7]。

6 CO_2濃縮機構の導入の試み

現在の大気条件下では，一般の植物の葉緑体内部CO_2濃度は，O_2濃度の約1/50分の1と見積もられている。このためCO_2/O_2分圧比の低下に伴い光呼吸が活発に行われ，光合成効率の低下をきたす。また，光呼吸は温度の上昇によっても増大する。トウモロコシに代表されるC4植物と呼ばれる植物は，光呼吸による光合成効率の低下を克服するためC4経路と呼ばれるCO_2濃縮機構を備えることで強光，高温の環境に適応している。C4植物では，葉肉細胞において炭酸固定酵素ホスホエノールピルビン酸カルボキシラーゼ（PEPC）の働きでCO_2から生じるHCO_3^-はオキサロ酢酸へ固定される。このオキサロ酢酸は葉肉細胞から維管束鞘細胞に移動し，ここで脱炭酸され，生じたCO_2はRuBisCOにより再固定されカルビン回路に取り込まれる。維管束鞘細胞内部のCO_2濃度（0.25〜0.30％）は普通の植物のそれに比べ一桁高く，この結果，C4植物では光呼吸を効果的に抑え，高い効率の光合成を行うことができる。こうした，CO_2の固定と還元を空間的に分離して行うC4植物の光合成速度は気孔開度の影響を受けにくく，その水利用効率はC3植物の2倍といわれている。KuらはC4植物であるトウモロコシのPEPCのゲノム遺伝子をイネに導

第4章 植物の利用

入し,野生型イネに対して80倍というきわめて高いPEPC活性を有する形質転換イネを作出することに成功した[8]。野生型イネにおける大気中の酸素による光合成の阻害は30%に達するが,この植物においては阻害が20%まで低下していた。PEPC活性がこの形質転換植物のそれの1/2.5～1/3程度であるトウモロコシでは阻害がほぼ0%であることを考慮すると,まだ改善の余地があるが,C4回路の導入の有効性を示した研究である。

7 気孔を介した蒸散と CO_2 取り込みの制御の改良

気孔を介した蒸散とCO_2取り込みは主に,気孔の開閉によってなされている。気孔は,それを構成する2つの孔辺細胞が膨張することで開き,逆に収縮すると閉じる。乾燥時には,植物ホルモンの一種アブシジン酸が引き金となり,プロテインフォスファターゼ,プロテインキナーゼの活性変化を経て,カリウムチャンネルが活性化し,孔辺細胞内のカリウムイオンが細胞外に放出される。浸透圧の低下した孔辺細胞からは水分が流出し,孔辺細胞は収縮することとなる。植物の表皮をアブシジン酸で処理すると気孔は閉鎖するが,プロテインフォスファターゼの一種ABI1あるいは2に突然変異を起こしたアラビドプシスは,アブシジン酸による気孔の閉鎖が見られなかった[9]。逆に,制御因子の一種と思われるプロテインファルネシルトランスフェラーゼ遺伝子に突然変異を起こしたアラビドプシスでは,アブシジン酸に対する感受性が増加している。通常光条件下での乾燥処理4～5日後の気孔開度が野生型の$1.24\mu m$に対してこの変異体では$1.08\mu m$まで低下しており,10日後の蒸散率は野生型の30%程度であった。12日後には野生型は深刻なしおれと葉の退色を示したが,変異体は健全で,葉は緑色のままであった[9]。このような気孔の開閉に関わる細胞内情報伝達因子を環境の変化に応じて巧みに制御することが,植物の耐乾燥性とバイオマスの増加を両立させることになると期待される。また,研究はまだほとんどなされていないが,気孔の数を環境に応じて変化させることも重要であろう。

8 耐塩性の向上の試み

4級アミン,アミノ酸あるいは糖アルコールなどのいわゆる適合溶質は,塩類化した土壌に対して細胞内の浸透圧を調節するか,もしくは細胞内のタンパク質や膜脂質の構造を安定化することで植物に耐塩性を付与すると考えられている。これまでに,グリシンベタイン[11],プロリン[12],マンニトール[13,14],トレハロース[15]あるいはフラクタン[16]の合成酵素遺伝子を植物に導入することで耐塩性を付与することに成功している。

Murotaら[17]は,200mMのNaCl存在下でも生育することができる耐塩性タバコ培養細胞を用

いてこの細胞の耐塩性の原因を解析した。この細胞から単離した光化学系は高濃度のNaCl存在下でも高い酸素発生能力を保持しており，水分子を分解する酸素発生系の構成成分の一つ，23kDaタンパク質が光化学系の反応中心に対して高い親和性を獲得していた。このことは，酸素発生系の保護が植物の耐塩性向上の重要な研究課題であることを示唆している。

9 組み換え遺伝子の葉緑体ゲノムへの組み込み

葉緑体は，太陽エネルギーを化学エネルギーに変え，この化学エネルギーを使って第1次生産を行う場であるが，乾燥，強光，塩などの環境要因葉緑体をターゲットに攻撃することが知られている。その結果として葉の部分的枯死や全体的な枯死が起こり，生産性を減じる原因になっている。葉緑体の化学過程の環境ストレスからの保護のために，核に遺伝子を導入して，細胞質でそのタンパク質を作らせ，葉緑体に移行させる方法は，単一遺伝子では容易であるが，乾燥，強光，塩害などの葉緑体への複合ストレスを防止するには，その効果を期待できない。もっとも有効な手法は，これらの耐性遺伝子群を直接葉緑体ゲノムに導入して，これらの乾燥，強光，塩害など複合環境ストレスを駆逐する方法である。葉緑体への遺伝子導入手法は1990年代に報告され始めた比較的新しい手法である[18]。SvabとMaligaは異種生物由来の薬剤耐性遺伝子をタバコ葉緑体に導入し，薬剤耐性タバコの作出に成功した[19]。この葉緑体への遺伝子導入は，相同組み換えによるため葉緑体ゲノム内の特定の場所に遺伝子導入が可能であること，葉緑体ゲノムへ組み込まれた遺伝子は母性遺伝をするため，花粉の飛散等による異種遺伝子の環境への拡散が抑えられることなど利点が多く，除草剤耐性遺伝子の導入による特定除草剤耐性植物の作出[20]および虫害抵抗性遺伝子導入植物の作出[21]が実用化に向かっている。

10 今後の技術的課題

本章では，植物の砂漠における環境ストレスの耐性とCO_2固定の向上の試みについて紹介した。砂漠環境で植物が受けるストレスは多岐にわたっており，それらによる植物の損傷と抵抗機構はそのごく一部が解明されたに過ぎない。植物の抵抗性の実用化に向けたさらなる向上のためには，植物の影響の分子レベルでの理解と，新規な抵抗性関連遺伝子の探索，機能解明および改良が不可欠である。こうしてみるとこの研究の現状は基礎的な段階といえる。しかしながら，ここ数年の研究から，砂漠緑化の実現の可能性が飛躍的に高まったことも事実である。

CO_2固定能力の改良に向けては，RuBisCOのみならず，カルビン回路あるいは関連の他の酵素遺伝子の改良も必要となるかもしれない。植物を炭素資源として利用するなら，それに適した炭

第4章　植物の利用

素化合物を貯蔵させるための遺伝子の導入も必要となろう。しかし，個体は本来微妙なバランスを保ちつつ物質を代謝しているのであり，部分的な代謝の人為的な変動は，期待した結果を与えないばかりか，反応低下，遺伝子抑制あるいは有害物質の蓄積などにより相殺あるいはかえって植物の生育に悪影響をもたらしかねないし，実際そのような例も報告されている。ある遺伝子を導入することによりどのような悪影響が出るのかを正確に予測することは，現在の我々の知識では非常に困難であり，導入してみるまでわからないのである。植物の生理の分子レベルのさらなる理解が必要であるが，一方で，生育段階あるいはストレスの程度に応じた，かつ組織特異的な厳密な導入遺伝子の発現制御系と，より迅速かつ効率的な遺伝子導入技術の開発はこのような問題の有効な解決策の一つとなるであろう。

　実際の砂漠緑化を考える場合，炭素以外の必須元素の供給も大きな問題である。例えば，窒素の供給が不十分だと，新芽，葉や花芽の数や発達が低下し，総じて貯蔵，生産物利用組織が不足する。また，葉の色素やタンパク質の補充も低下し結果として光合成によるCO_2固定能力は低下することが懸念される。植物は空気中の窒素を固定することができないため，土壌中の窒素源に乏しい地域で適切なC/N比を保つには人間が施肥しなくてはならない。しかし，植物に吸収されずに窒素肥料から大気中に放出される亜酸化窒素等は，CO_2以上の地球温暖化効果を持つとの指摘もあり，根粒菌やある種のラン藻のように大気中の窒素ガスを直接固定する植物の作出が望まれる。

　このように，形質転換植物による砂漠緑化を現実のものとするためには，活性酸素消去，吸水，蒸散，CO_2固定と有機物の代謝，耐乾燥性，耐塩性，炭素以外の栄養素の吸収など複数の生理現象を改善する必要があり，それは一遺伝子導入だけでは不可能である。現在広く用いられる遺伝子導入においては，形質転換体選抜用の薬剤耐性遺伝子を除けば導入できる遺伝子はわずか一つである。このため，それぞれ異なる遺伝子を一つずつ導入した形質転換植物を作製し，これらを交配することで複数遺伝子を持つ植物を作出するという手法が主に用いられているが，例えば10個の導入遺伝子をもつ植物をこの方法で得ることは，それに要する時間を考慮すれば，現実的なものではない。複数遺伝子を同時に導入する技術の開発は，砂漠耐性植物の作出に向けて個々の研究室，企業，国で蓄積しつつある研究成果を統合する上で今後の大きな研究課題といえる。

CO_2固定化・隔離の最新技術

文　　献

1) B. D. MkKersie et al., Plant Physiol., 111, 1177 (1996)
2) W. Van Camp et al., Plant Physiol., 112, 1703 (1996)
3) M. Aono et al., Plant Cell Physiol., 36, 1687 (1995)
4) T. Shikanai et al., FEBS Letters, 428, 47 (1998)
5) K. Uemura et al., Biochem. Biophys. Res. Commum., 233, 568 (1997)
6) A. Yokota, Advances in Chemical Conversions for Mitigating Carbon Dioxide, pp. 117, Studies in Surface Science and Catalysis, 114, Elsevier Science B.V., Tokyo (1998)
7) A. Kozaki and G. Takeba, Nature, 394, 557 (1996)
8) M.S.B. Ku et al., Nature Biotechnology, 17, 76 (1999)
9) Z.-M. Pei et al., Plant Cell, 9, 409 (1997)
10) Z.-M. Pei et al., Science, 282, 287 (1998)
11) G. Lilius, et al., Biotechnology, 14, 177 (1996)
12) K. Kavi et al., Plant Physiol., 108, 1387 (1995)
13) J.G. Thomas et al., Plant Cell Environ., 18, 801 (1995)
14) M. Tarczynski and H. Bohnert, Science, 259, 508 (1993)
15) K.-O. Holmströn et al., Science, 379, 683 (1996)
16) E.A.H. Pilon-Smits et al., Plant Physiol., 107, 125 (1995)
17) K. Murota et al. Plant Cell Physiol., 35, 107 (1994)
18) P. Maliga, TIBS, 11, 101 (1993)
19) Z. Svab and P. Maliga, Proc. Natl. Acad. Sci. USA., 90, 913 (1993)
20) H. Daniell et al., Nature Biotech., 16, 345 (1998)
21) M. Kota et al., Proc. Natl. Acad. Sci. USA., 96, 1840 (1999)

第5章 海洋生物の利用

松永 是[*1], 竹山春子[*2]

1 はじめに

1997年京都で行われた地球温暖化防止のための会議により，CO_2削減量が1990年度比で欧州連合が（EU）8％，米国7％，日本6％と決定されて以来，省エネルギーを実践することと同時にCO_2の吸収源の拡大を図る必要が強く指摘されている。そのためには，森林の保護や植林，砂漠の緑化等により，陸上における地球上でのCO_2の吸収源の拡大を行うのと同時に，地球の7割を占める海洋の有効利用が期待されている。

海洋は，地球生態系において物質循環だけでなく生物の源としての重要な役割を果たしてきた。そこには，様々なユニークな環境が存在し，多種多様な生物がそれぞれの機能を進化させながら適応し存在している。海洋環境の精力的な研究により，様々な海洋生物の存在やその生息域が次々と明らかになってきている。マリンバイオテクノロジーの発展に伴いこれら生物の特殊機能を様々な分野で応用する研究も進展している。特に，海洋微生物の環境修復（バイオレメディエーション）への応用が盛んに行われている。CO_2サイクルの中で大きな役割を海洋が行っているのは，その表面積と容量からも容易に推測ができる。海洋表面での微細藻類量を増加させることによって，CO_2量を減少させることが可能であるというフィールド実験結果も得られており[1]，CO_2固定への微細藻類の役割が期待されている。

本章では，海洋環境のなかで一番バイオマスの多い一次生産者である光合成微生物，特に海洋微細藻類（シアノバクテリアを含む）のCO_2問題への応用について述べる。

2 海洋生物のスクリーニング

筆者らは，光合成微生物である微細藻類の海洋環境からの単離を長年行ってきており，それらのカルチャーコレクッションを構築している。特に，海洋シアノバクテリア（藍藻）からは，多くの有用物質を分離しており，その有用性が示唆されている。しかしながら，必ずしも分離され

---

*1 Tadashi Matsunaga 東京農工大学 工学部 生命工学科 教授
*2 Haruko Takeyama 東京農工大学 工学部 生命工学科 助教授

CO_2固定化・隔離の最新技術

てくる株は、そのサンプル中のポプレーションを反映しているとは限らず、設定した一定の選択条件下で生存するもののみが得られてくるのが現状である。様々な生育条件を設定し選択するが、それでもそのサンプルの多様性を把握するのは難しい。サンプル中の多様性を把握することは、それらの単離のための条件を検討するための重要な情報を与えるものである。

　環境生物の多様性解析や生物種の検出・同定等は、現在分子生物学的手法を用いることにより、より簡便・迅速に行えるようになってきた。さらに、ヒトゲノム解析の進展に伴い、DNAチップや全自動化技術が発展し、ハイスループット遺伝子解析が可能となってきた。しかしながら、再現性や感度の点でまだ改良すべき点は多く、様々なアイデアのもと新規技術が展開されている。ここでは、海洋シアノバクテリアの遺伝子を利用した属判別について述べる。

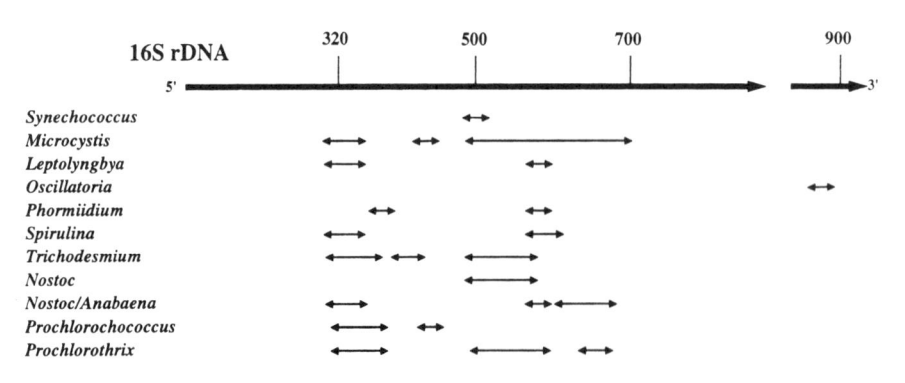

2.1 シアノバクテリア16S rDNA における属特異的領域の検索

　シアノバクテリアを属レベルで検出するために本研究室カルチャーコレクッションや様々なデーターベースからのシアノバクテリア12属、計148株の16S rDNAのシークエンス配列より属特異的領域の検索を行ったところ、特異的領域を検出することが可能であった（図1）。そこで、*Anabaena, Oscillatoria, Nostoc, Synechococcus* 4属を対象として属判別DNAプローブ(18-23 mer)をデザインし、判別システムの構築を行った。ただし、*Anabaena*と*Nostoc*のシークエンス配列は非常に類似しており、*Nostoc*用プローブでは*Anabaena*を識別できないが、*Anabaena*用プローブとの併用によって判別が可能である。

図1 シアノバクテリア16Sr DNAにおける属特異的領域

2.2 MAGDNAマイクロアレイシステムによる自動属判別システム

　筆者らは、磁性細菌が生成する粒径50-100nmの微粒子（図2）が、脂質二重膜で覆われてお

第5章　海洋生物の利用

り，磁気特性や分散性に優れていることを示してきた[2]。これらの利点を利用し，抗体や種々の有用タンパク質を架橋した機能性磁性細菌粒子を作製し，免疫測定やmRNAの回収等へ利用することが可能であることも示してきた[3,5]。本システムにおいては，この磁性細菌粒子上にビオチン-アビジン結合を利用し上記でデザインした種特異的DNAプローブを固定化したDNA-磁性粒子複合体を用いた。この複合体とシアノバクテリアDNAからPCR増幅した蛍光標識16S rDNAとの間でハイブリダイゼーション反応を行わせ，磁気回収された複合体の蛍光を観察することによって，シアノバクテリアの属判別を行った。そのフローを図3に示す。また，これら一連の反応はロボットを用いることにより自動化した。蛍光検出は，ハイブリダイゼーション後の各DNA-磁性粒子複合体をマイクロアレイ上の微少ウエルに別々に導入後，その蛍光を観察することにより行った。結果，図4に示すように属特異的に蛍光が検出された。本MAGDNAマイクロアレイシステムでシアノバクテリアの属判別が可能であることが示唆された。さらに，このような種判別は，単一細胞からも可能であり[6]，サンプル海水に含まれるシアノバクテリアを高感度で識別できると考えられる。

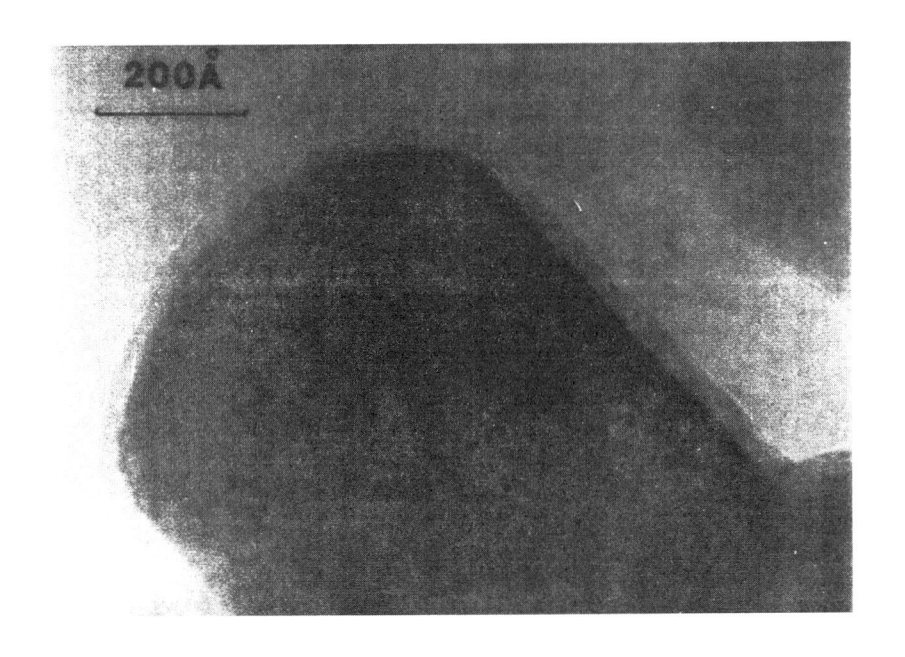

図2　磁性細菌の磁気微粒子の電気顕微鏡写真

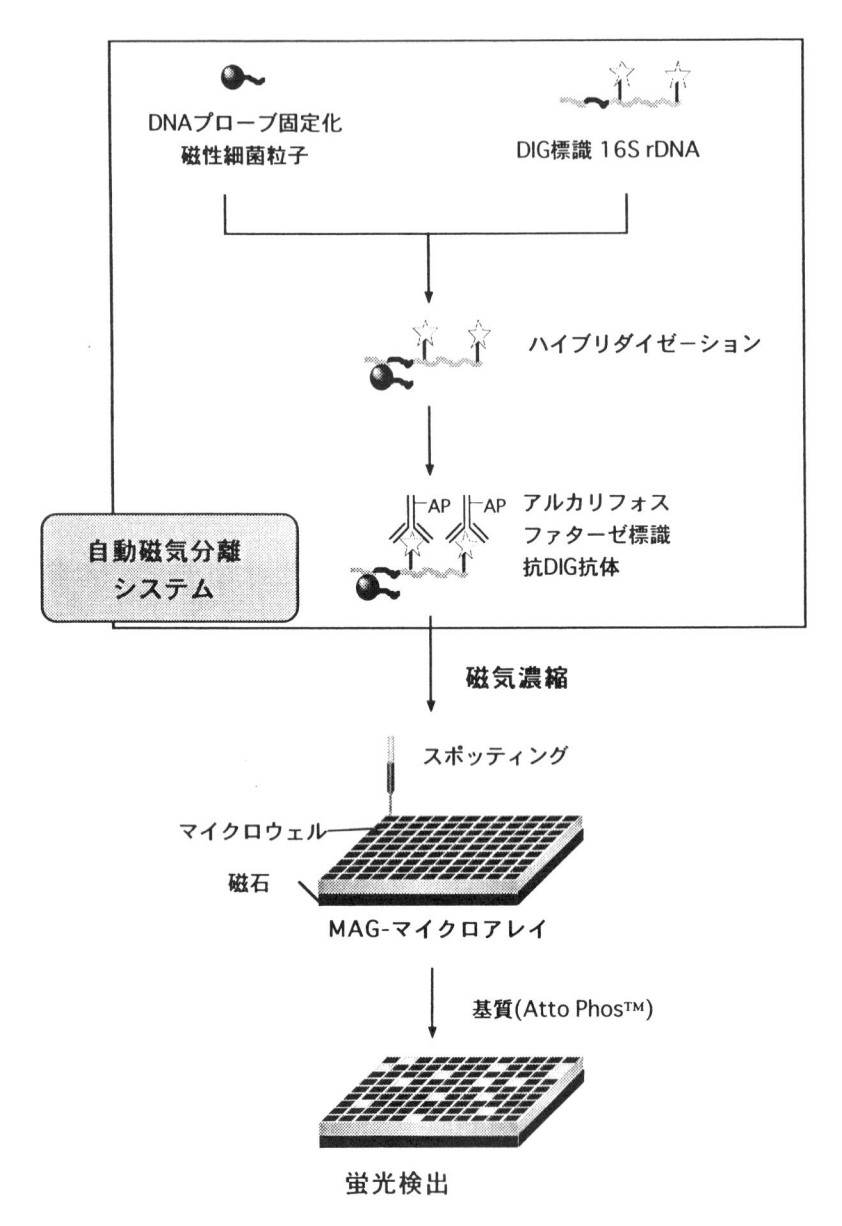

図3 MAGDNAマイクロアレイシステム

第5章 海洋生物の利用

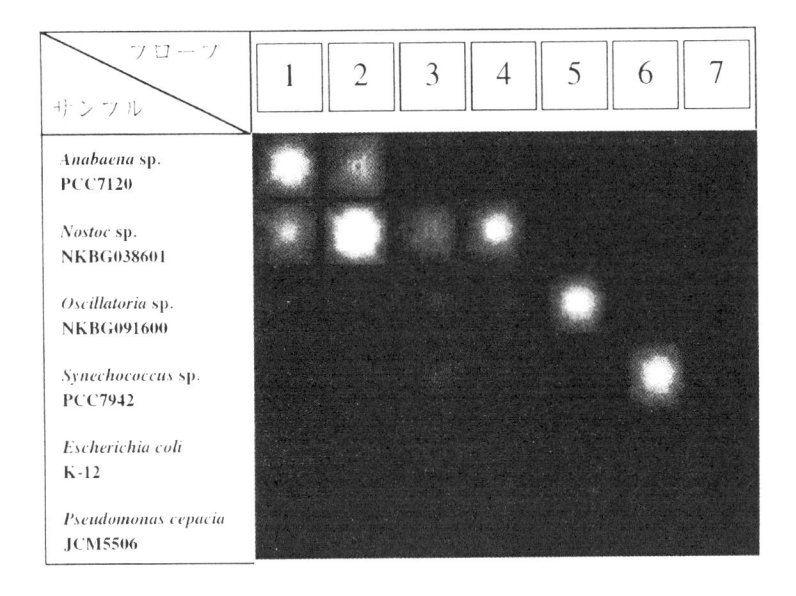

図4 MAGDNAマイクロアレイシステムを用いたシアノバクテリア属特異的検出
プローブ1：Anabaena 1 (18 mer)，プローブ2：Anabaena 2 (19 mer)，プローブ3：Nostoc 1 (17 mer)，
プローブ4：Nostoc 2 (16 mer)，プローブ5：Oscillatoria (23 mer)，プローブ6：Synechococcus (18 mer)．

3 海洋微細藻類によるCO_2の有用物質への変換

余剰CO_2の有効利用の方法として，筆者らは，海洋微細藻類を用い，CO_2を有用物質に変換する研究を行ってきた。表1に示すように様々な新規有用物質を生産する海洋微細藻類を海洋からスクリーニングしており，ユニークな機能の発見も同時に行っている。その中でいくつかここに紹介する。

3.1 円石藻によるCO_2固定とコッコリス生産

ハプト藻に属する円石藻はコッコリスと呼ばれるプレート状の炭酸カルシウム粒子を細胞表層に形成する。円石藻 Emiliania huxleyi と Pleurochrysis carterae を用いてCO_2固定とコッコリス粒子の生産について検討したところ[7-10]，回分培養では，E. huxleyi は6日間で 98 mg/ℓ の $CaCO_3$ 微粒子を生成し，CO_2 が 369 mg/ℓ 固定された。藻体当たり37%が$CaCO_3$として固定され残りの63

CO_2固定化・隔離の最新技術

表1 海洋微細藻類からの有用物質生産

生産物	微細藻類株	生産量 (mg or unit*/g dry wt.)	参考文献
Coccolith	Emiliania huxleyi Pleurochrysis carterae	740	7-10)
γ-Linolenic acid	Chlorella sp. NKG 042401	9.5	11, 12)
Palmitoleic acid	Phormidium sp. NKBG 041105	47	13)
Docosahexaenoic acid (DHA)	Isochrysis galbana UTEX LB 2307	15.7	14, 15)
Polysaccharide	Aphanocapsa halophytia	45	16)
Glutamate	Synechococcus sp. NKBG040607	15.4	17, 18)
Phycocyanin	Synechococcus sp. NKBG042902	150	19)
UV-A absorbing biopterin glucoside	Oscillatoria sp. NKBG 091600	0.2	20, 21)
Antimicrobial compound	Chlorella sp. NKG 0111	—	22)
Plant growth regulator	Synechococcus sp. NKBG 042902	—	23-25)
Lactic acid bacteria growth regulator	Synechococcus sp. NKBG 040607	—	—
Tyrosinase inhibitor	Synechococcus sp. NKBG 15041c	—	26)
SOD	Synechococcus sp. NKBG 042902	107*	27)

%はバイオマスとして有機物になった。一方, P. carteraeでは43mg/ℓの$CaCO_3$微粒子が371mg/ℓのCO_2が固定され, 藻体当たり17%だけが$CaCO_3$に固定された。次に, E. huxleyiを閉鎖型のフォトバイオリアクターを用いて培地の一部を抜き取り新鮮培地を加えるという反復培養と培地成分を添加するという流加培養を行い$CaCO_3$微粒子と藻体の生産性を比較検討した。その結果, 培地交換によって培地中のDIC, Ca^{2+}及び栄養塩濃度を維持することにより連続的に$CaCO_3$微粒子と藻体生産が行えることが示された。$NaHCO_3$溶液, 栄養塩溶液, カルシウム溶液を流加し培養した時は, $CaCO_3$微粒子の生産性は反復培養の半分であった。さらに, $CaCO_3$微粒子及び藻体

第5章　海洋生物の利用

生成の最大速度を得るために，高濃度培養を行った。初期藻体濃度を5.3g/ℓまで高めることにより610mg/ℓ/dと高い生産性が得られた。

自然界で円石藻が$CaCO_3$を生成するのに利用する無機炭素（HCO_3^-）やカルシウムは主に炭酸塩岩やケイ酸塩岩の化学風化によって供給される。そして，コンクリートがCO_2を吸収するという性質を利用し，廃コンクリートの人工風化と円石藻の培養を組み合わせたCO_2の固定方法を考案した。粉砕した廃コンクリート0.25gを海水1000mlに懸濁し，懸濁液中のDIC濃度よりCO_2吸収量を算出した。pH7.0において計算上求めたCO_2吸収量に近い312 mg CO_2/(g コンクリート)が吸収されていた。また，懸濁海水容量当たりの最大CO_2吸収量は，コンクリート懸濁濃度100 g/ℓ，1時間で1.5 g/ℓとなった。また，コンクリート風化海水を用いて E. huxley の培養を行ったところ，コンクリート人工風化によって吸収されたDICはすべて$CaCO_3$微粒子及び藻体有機成分として固定され，同時に大気中のCO_2も固定されることが明らかになった[8]。このことより，セメント製造プロセスにおける$CaCO_3$のリサイクルが可能であると考えられる。

3.2　高度不飽和脂肪酸の生産

DHA（ドコサヘキサエン酸），EPA（エイコサペンタエン酸），GLA（γ-リノレン酸）などの高度不飽和脂肪酸は，生体の代謝生理に大きく関与し，生体の正常な機能発現に重要な働きを有していると考えられている。DHAは，脳の神経組織やヒトの網膜，心臓，精子，母乳中に多く含まれており，細胞膜の脂質二重膜に主にリン脂質として組み込まれている。DHAの薬理作用としてはコレステロール及び中性脂質低下作用，制ガン作用，抗アレルギー作用，学習機能向上作用，健脳作用，老人性痴呆症などに対する効果などが言われている。これらの高度不飽和脂肪酸は，化学合成が困難なため天然物から摂取しなくてはならない。現在これらの高度不飽和脂肪酸の供給源は主に魚油であるが，これらの粗精製物は魚臭が強いため食品などに効果の期待できる量添加するには精製もしくは悪臭を伴わない生物での生産・抽出が望まれる。

これら高度不飽和脂肪酸の起源は魚の餌となる微細藻類などの海洋微生物であると考えられている。単細胞藻類のなかにはこれらEPA，DHAやγ-リノレン酸などの高度不飽和脂肪酸を多量に含むものが知られており，そこから抽出された脂肪酸には魚臭のような悪臭はない。そして，海洋より得られる微細藻類には特にこれら高度不飽和脂肪酸を含有するものが多い。

3.2.1　海洋微細藻類 Isochrysis galbana による DNA 生産と応用

海洋微細藻類 I. galbana は真核藻類のハプト藻に属する。また，高度不飽和脂肪酸含量が高く，他の海洋微細藻類に比べてDHA生産量も高い。このような I.galbana のDHA生産効率を高めるために培養液内に発光体を挿入した光供給効率の高いリアクターを用いて I.galbana の高密度培養を行った。光強度が4.5 μ E/m^2/sの時，1日当たりの藻体増殖量は0.36g/ℓと最大となりDHA生産

CO₂固定化・隔離の最新技術

量も最大15.7 mg /g dry weight，1日当たり4.3 mg/ℓの増加が見られた。さらに，CO_2固定量に合わせて，培地のpHの上昇を指標としてCO_2ガス量を調整した結果，DHA生産量は4.3mg/ℓ/dから5.2mg/ℓ/dayに増大した。また，DHAの生産性の向上を目的とし，生育したI.galbanaの細胞に対する暗処理や低温処理を試みた。その結果，低温(17℃)処理及び暗処理を同時に12時間行うことによって，DHA含有量を最大1.7倍の20.4 mg/ g dry weightまで増加させることが可能であった[14]。

DHAやEPAの高度不飽和脂肪酸は，種苗生産において稚魚の生存率を高めることが知られているが，特にDHAはその効果が高いことが報告されている。そこでDHA生産微細藻類I. galbanaを稚魚の初期餌料として用いられるワムシの栄養強化に用いた。通常用いられるクロレラに比べてI. galbanaを給餌したワムシの成長は遅いため，一次培養にクロレラを用い，二次培養にI. galbanaを用いてワムシの栄養強化を行った。1日のI. galbanaによる二次培養でクロレラだけでは強化されなかったDHAがワムシ中で2.2 mg /g dry weight，ω3系の高度不飽和脂肪酸も5.2 mg/ g dry weightに達することが示された。これにより，I. galbanaを用いて効率よく餌料価値の高いワムシの生産が可能となった[15]。

3.2.2 遺伝子組み換え技術を用いた海洋シアノバクテリアSynechococcus sp.によるEPAの生産

単細胞藻類の緑藻，ケイ藻，真眼点藻などではEPAを，渦鞭毛藻ではDHAを多く含有するものが報告されている。さらに，海産魚の腸内に共生する細菌からEPA合成遺伝子が単離されており，その遺伝子群をクローニングすることにより大腸菌内でのEPA合成が確認されている[28]。これらの微細藻類はEPAの供給源とはなるが必ずしも高密度培養が可能ではないことより，遺伝子組み換え手法を用いて高密度培養が容易な海洋シアノバクテリアでEPA合成を試みた。

シアノバクテリアの脂肪酸組成は主に炭素数16と18のものより成りリノール酸やリノレン酸を含む。海洋シアノバクテリアの中でパルミトレイン酸を総脂肪酸の50％以上も占める株も見つかっている[13]。しかしながら，EPAやDHAを生産するシアノバクテリアはまだ見つかっていない。そこで，魚の腸より分離された細菌より得られたEPA合成遺伝子群を海洋シアノバクナリア内で発現させる系を構築した。海洋シアノバクテリアSynechococcus sp. NKBG042902をホストとした遺伝子組み換え系はすでに確立しているが，導入するべき遺伝子群（約38kb）が大きいため複製がすでに確認されているコスミドベクター（RSF1010由来の複製領域を有するグラム陰性細菌広域宿主コスミドベクター pJRD215：Km^r, Sm^r,10.2kb）を用い，EPA合成遺伝子群を保有する組み換えプラスミド pJRDEPA を作製した。そして，接合伝達法によって pJRDEPA を NKBG042902 に導入しEPAの発現を検討したところ，増殖の速い29℃下では0.12 mg/g dry cellsのEPAの合成が確認された[29]。温度を23℃に下げて培養を行ったところ，4.7倍生産性の向上が

見られた。現在，高発現のための改良を試みており，導入遺伝子の大きさを小さくし，ホスト株を検討することで生産量が10倍近く向上することが見出されている。

3.3 海洋シアノバクテリア *Oscillatoria* sp. からの UV-A 吸収物質

地球上に到達する紫外線は近紫外線である320-400nmの波長を持つUV-Aと290-320nmの波長のUV-Bである。海洋シアノバクテリアはその起源も古く，地球環境の大きな変動に適応しながら進化してきており，新規UV-A吸収物質が得られる可能性が考えられた。そこで，著者らの保有する保存株よりUV-A照射（300mW/cm^2）下で生育可能なシアノバクテリアを選抜したところ，*Oscillatoria* sp. NKBG091600がUV-A耐性を示し，さらにはUV-A吸収物質ビオプテリングルコシド（図5）を生産することが見出された。ビオプテリングルコシド生成はUV-A照射下5－6時間の導入期を経て細胞内に蓄積が始まり，またUV-A強度の上昇に従って生産量も増加することが示された[20,21]。

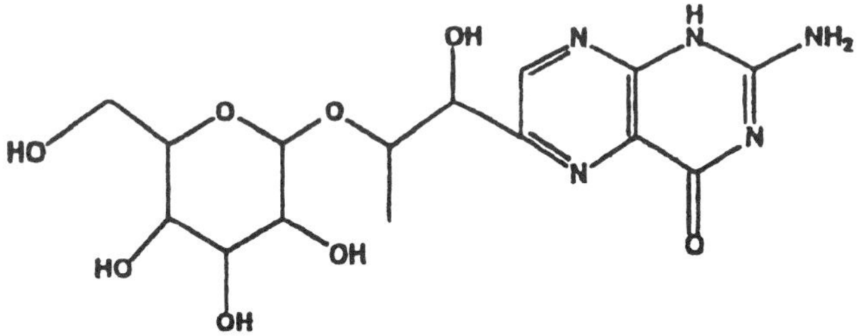

図5　UV吸収物質ビオプテリングルコシド

この株のUV-A耐性メカニズムを解明するために，UV-A照射下で誘導されるタンパク質の単離・同定を行ったところ，UV-A照射下でビオプテリングルコシドが誘導されるのとほぼ同時に約60KDaの大きさのタンパク質が誘導されることが発見された（図6）。このタンパク質のN末端アミノ酸配列を決定した結果，細胞内で重要な働きをしているGroELタンパク質であることが見出された。GroELタンパク質は，熱ショックタンパク質として知られているが，ダメージによって不活性化した酵素の再活性化を行うシャペロニンとして機能することも知られている。UV-A照射下でこのタンパク質が誘導されることにより，おそらくUV-Aによって引き起こされるダメージの修復を行っているのではないかと考えられる。さらに，このタンパク質の誘導メカニズムを解析するために，上流域のプロモーター，オペレーター配列の検索を行ったところ，SOS Box

に類似した配列および 9 bp の逆向き繰り返し配列(TTAGCACTC N9GAGTGCTAA)を有する CIRCE (Controlling Inverted Repeat of Chaperone Expression) 配列が見出されたほか,いくつかのプロモーター配列の存在が示唆された。UV-A 照射下での転写開始点を調べたところ,SOS Box 様配列のすぐ下流に開始点が存在することが示された。シアノバクテリアを含め,多くの細菌での groESL オペロンの発現制御には,CIRCE 配列が関与することが知られている。UV-A 耐性シアノバクテリア Oscillatoria sp. NKBG 091600においては,異なった発現制御機構を有することが

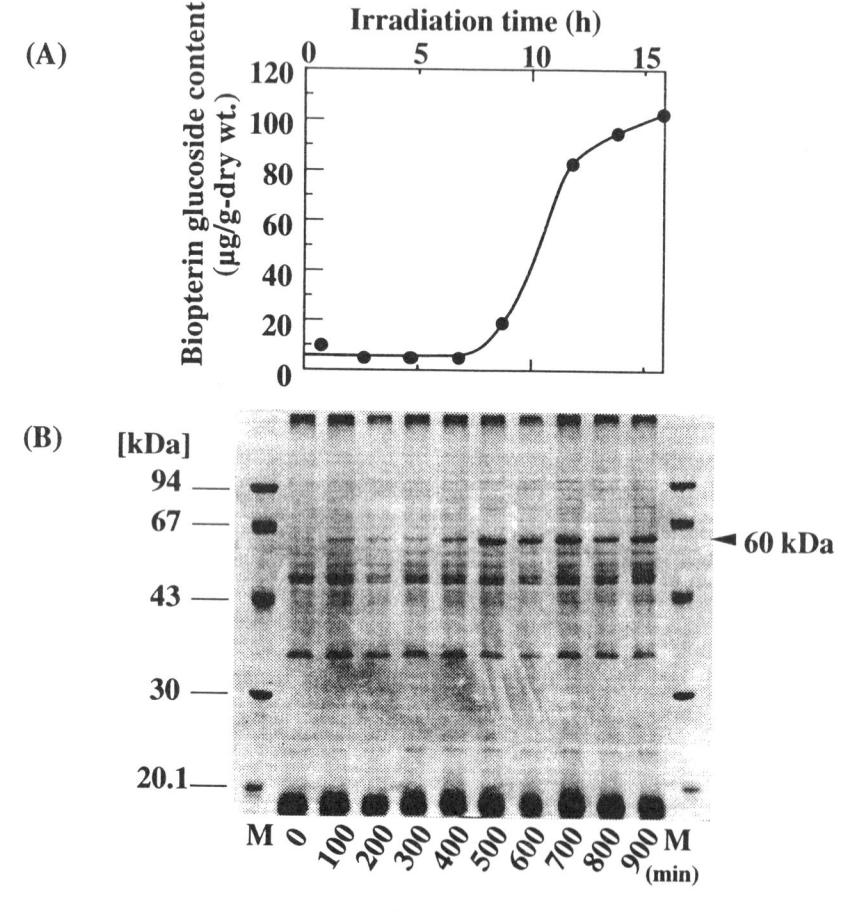

図6 UV-A 照射下 (900 μ Wcm^{-2}) において特異的に誘導されるタンパク質
A:細胞内ビオプテリングリコシド含量変化
B:細胞水溶性画分の SDS-PAGE 解析
Lane M:サイズマーカー

示唆された[30]。

4 おわりに

様々なプラントから排出されるCO_2量が将来的に規制されることになれば,より積極的なCO_2問題解決のためのアプローチがなされるであろう。オンサイトでの排ガス処理に用いることのできる微細藻類のスクリーニングが行われてきたが,それら微細藻類は排ガス中に含まれるSOxやNOxに耐性でありかつ高CO_2分圧下でも十分に生育可能である等の特徴を備えていることが必要となってくる。いかに,有効な微細藻類を自然界から分離してくるかは研究成果に大きく影響を及ぼすところである。また,自然界環境中のCO_2シンクを増加することは重要であるが,バイオマスとして蓄積されたCO_2は,いずれ分解過程で大気中に再放出される。この点を考慮すると,CO_2を有用物質に変換することによって有効利用することは,重要なアプローチとして位置づけることができる。

海洋は,まだまだ未知の機能を有する生物が豊富に存在する。いかにこれらの生物を利用することができるかは,彼らの多様性を把握し,効率よく分離する技術を開発することに大きく依存する。現在海洋生物の遺伝子情報を解析するマリンゲノムの研究が発展しつつあるが,これらの情報は,この点で大いに活用されるであろう。また,将来的にはゲノム情報をもとに効率的なCO_2固定と有用物質への変換系を構築することが期待される。

文　　献

1) K.H.Coale et al., Nature, 383, 495-501 (1996)
2) T.Matsunaga, S. Kamiya, Appl. Microbiol. Biotechnol., 26, 328-332 (1987)
3) N. Nakamura, T. Matsunaga, Anal. Chim. Acta, 281, 585-589 (1993)
4) K. Sode, S. Kudo, S. Sakaguchi, N. Nakamura, T. Matsunaga, Biotechnol. Techniques, 7, 688-694 (1993)
5) T. Matsunaga, M. Kawasaki, X. Yu, N. Tsujimura, N. Nakamura, Anal. Chem., 68, 3551-3554 (1996)
6) H. Takeyama, T. Matsunaga, In Bioydrogen, (Ed) O.R. Zaborsky, Plenum Press, pp.197-202 (1998)
7) H.Takano, H.Furuune, J.G.Burgess, E.Manabe, M.Hirano, M.Okazaki, T.Matsunaga, Appl. Biochem. Biotechnol., 39/40, 159 (1993)
8) H.Takano, E.Manabe, M.Hirano, M.Okazaki, J.G.Burgess, N.Nakamura, T.Matsunaga, Appl. Biochem. Biotechnol., 39/40, 239 (1993)
9) H.Takano,J.Jeon,J.G.Burgess,E.Manabe,Y.Izumi,M.Okazaki,T.Matsunaga, Appl. Microbiol. Biotechnol.,

40, 946 (1994)
10) H.Takano, R.Takei, E.Manabe, J.G.Burgess, M.Hirano, T. Matsunaga, *Appl. Microbiol. Biotechnol.*, 43, 460-465 (1995)
11) M.Hirano, H.Mori,Y.Miura, N.Matsunaga, N.Nakamura,T. Matsunaga, *Appl. Biochem. Biotechnol.*, 24/25, 183-191 (1990)
12) Y.Miura, K.Sode, N.Nakamura, N.Matsunaga, T.Matsunaga, *FEMS Microbiol. Lett.*, 107, 163-168 (1993)
13) T.Matsunaga, H.Takeyama, Y.Miura,T.Yamazaki, H.Furuya, K.Sode, *FEMS Microbiol. Lett.*, 133,137-141 (1995)
14) J.G.Burgess,K.Iwamoto,Y. Miura, H.Takano,T. Matsunaga, *Appl. Microbiol. Biotechnol.*, 39, 456 (1993)
15) H.Takeyama, K.Iwamoto, S. Hata, H.Takano, T.Matsunaga, *J. Mar. Biotechnol.*, 3, 244-247 (1996)
16) H.Sudo, J.G.Burgess, H.Takemasa,N. Nakamura,T. Matsunaga, *Current Microb.*, 30, 219 (1995)
17) T.Matsunaga,N. Nakamura, N.Tsuzaki,H. Takeda, *Appl.Microbiol.Biotechnoliol.*, 28, 373 (1988)
18) T.Matsunaga, H.Takeyama,H. Sudo, N.Oyama, S.Ariura, H.Takano, M.Hirano,J.G.Burgess, K.Sode,N.Nakamura, *Appl. Biochem.Biotechnol.*, 28/29, 157 (1991)
19) H.Takano, T.Arai, M.Hirano,T. Matsunaga, *Appl. Microbiol.Biotechnol.*, 43, 1014-1018 (1995)
20) T.Matsunaga, J.G.Burgess, N.Yamada,K. Komatsu,S. Yoshida,Y. Wachi, *Appl. Microbiol. Biotechnol.*, 39, 250 (1993)
21) Y.Wachi,J.G.Burgess,K. Iwamoto,N. Yamada, N.Nakamura,T. Matsunaga, *Biochim. Biophys. Acta.*, 1244, 165 (1995)
22) Y.Miura, K.Sode, Y.Narasaki, T.Matsunaga, *J. Mar. Biotechnol.*, 1, 143 (1993)
23) H.Wake, H.Umetsu, Y.Ozeki, K.Shimomura,T.Matsunaga, *Plant Cell Reports*, 9, 655 (1991)
24) H.Wake, A.Akasaka,H.Umetsu, Y.Ozeki, K.Shimomura, T.Matsunaga, *Plant Cell Reports*, 11, 62 (1992)
25) H.Wake, A.Akasaka,H.Umetsu, Y.Ozeki, K.Shimomura, T.Matsunaga, *Appl. Microbiol. Biotechnol.*, 58, 686 (1992)
26) Y.Wachi, J.G.Burgess, J.Takahashi, T.Matsunaga, N.Nakamura, *J. Mar. Biotechnol.*, 2, 210 213 (1995)
27) Y.Wachi, J.G.Burgess, J.Takahashi,N.Nakamura, T.Matsunaga, *J. Mar. Biotechnol.*, 3, 258 261 (1996)
28) T. Watanabe, M.S. Izquierdo, T.Takeuchi, S.Satoh, C.Kitajima, *Nippon Suisan Gakkaishi*, 55, 1635 (1989)
29) H.Takeyama, D.Takeda, K.Yazawa, A.Yamada, T.Matsunaga, *Microbiology*, 143, 2725-2731 (1997)
30) A.Yamazawa, H.Takeyama, D. Takeda, T. Matsunaga, *Microbiology*, 145, 949-954 (1999)

【CO_2固定化・隔離の物理化学的方法　編】

第6章　二酸化炭素の分離

1　膜分離

真野　弘[*]

1.1　はじめに

地球温暖化対策として二酸化炭素（CO_2）を隔離するには，あるいは化学反応原料として利用するには，いずれも排出されたCO_2を分離濃縮して回収する必要がある。このためのCO_2回収は，CO_2の濃度と量が大きい大規模固定発生源を対象にするのが効率的である。なかでも化石燃料の燃焼排ガスが最も集中して排出されている火力発電，鉄鋼，セメント等のプラントでのCO_2回収が適当である。しかしながら，これらの燃焼排ガスは通常の化学プラントで取り扱う物質量とは桁違いの莫大な量であること，また，CO_2濃度も従来からの深冷分離法に直接かけて分離できるほどは高くないことから新たな技術開発が望まれている。

ここでは，燃焼排ガス中のCO_2を分離するための技術として検討されている膜分離，吸着分離，吸収分離の3種の技術について最近の開発動向を紹介する。

膜分離法はガスの種類により透過する速度に差がある膜を用いて圧力差（個々のガスの分圧差）を推進力に分離する方法であり，次のような特徴がある。

・分離のための所要エネルギーを小さくし得る可能性が高い。
・設備およびその操作が簡単である。
・クリーンなプロセスであることから新たな環境負荷がない。

したがって，CO_2の分離回収という地球環境問題に対処するための技術として適していると言える。

膜によるガス分離の原理は古く1800年代から知られていたが，実用に供されるガス分離膜が開発されたのは最近のことであり，市販膜としては，酸素富化膜，水素分離膜，水蒸気分離膜等がある。CO_2分離膜は化学合成プロセスでのCO_2分離用，天然ガス中のCO_2除去用に一部開発されているのみで，燃焼排ガス中のCO_2の分離回収に供される分離膜に関しては基礎的研究を除いてほとんど開発がなされていない。膜分離法はまだ開発途上にあり，今後さらなる技術進歩が期待されている。

---

[*]　Hiroshi Mano　㈶地球環境産業技術研究機構　化学的CO_2固定化研究室　主任研究員

(財)地球環境産業技術研究機構(RITE)では、CO_2固定発生源の排出ガスから分離膜を用いて連続的にCO_2を分離濃縮し、回収したCO_2を水素と反応させてメタノール等の有用化学物質を合成するプロセスを開発する「接触水素化反応利用二酸化炭素固定化・有効利用技術研究開発」(化学的CO_2固定化プロジェクト)[1]を1990年度からの10年間の新エネルギー・産業技術総合開発機構(NEDO)の委託研究事業として実施して来た。その要素技術の1つであるCO_2の膜分離技術の開発動向について RITE における研究開発を中心に紹介する。

1.2 高分子膜の開発

高分子膜の気体透過は膜中に気体が溶解し拡散することにより透過する機構で特徴付けられ、各気体の透過速度の差を利用して分離を行うものである。図1に高分子膜の気体透過概念図を示す。RITEでは高分子膜の中でも主としてカルド型ポリマー膜の開発を行った。カルド型ポリマーはループ状の嵩高い化学構造を有するポリマーであり、RITEで検討したものはビスフェニルフルオレン構造を有するものである。その特徴は、嵩高い構造に由来する高い気体透過性と有機溶媒への高い溶解性(中空糸膜への加工性)、および芳香族構造に由来する高い耐熱性にある。このカルド型ポリマーを素材としてこれのCO_2分離機能を高める研究を行った。

カルド型ポリマーとしては、図2に示すようにポリイミド、ポリアミド、ポリスルホン等多くの種類を合成することができる。多数のカルド型ポリマーを合成してスクリーニングした結果、カルド型ポリイミドが最も高いCO_2/N_2分離係数(理想分離係数、透過速度比)とCO_2透過速度(単位膜面積、単位時間、単位分圧差当たりのガス(STP)透過量)を示したので、カルド型ポリイミドを中心にさらに化学構造とCO_2/N_2分離係数、CO_2透過速度の関係を調べた[2,3]。図3にそ

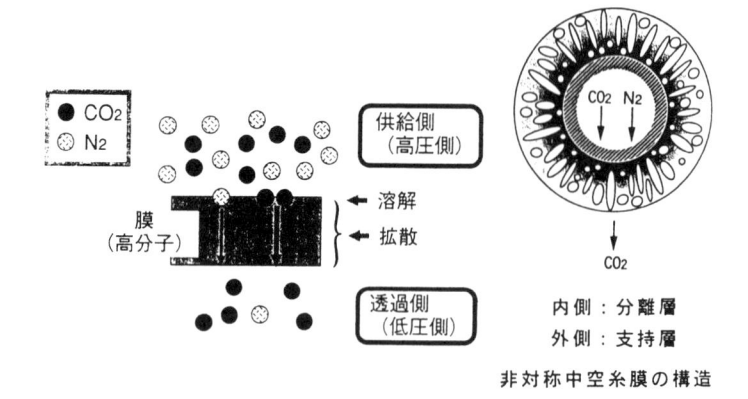

図1 高分子膜の気体透過概念図

第6章　二酸化炭素の分離

RITEのカルド型ポリマー
・ビスフェニルフルオレン構造を有する

例

ポリイミド（PI）

ポリアミド（PA）

ポリスルホン

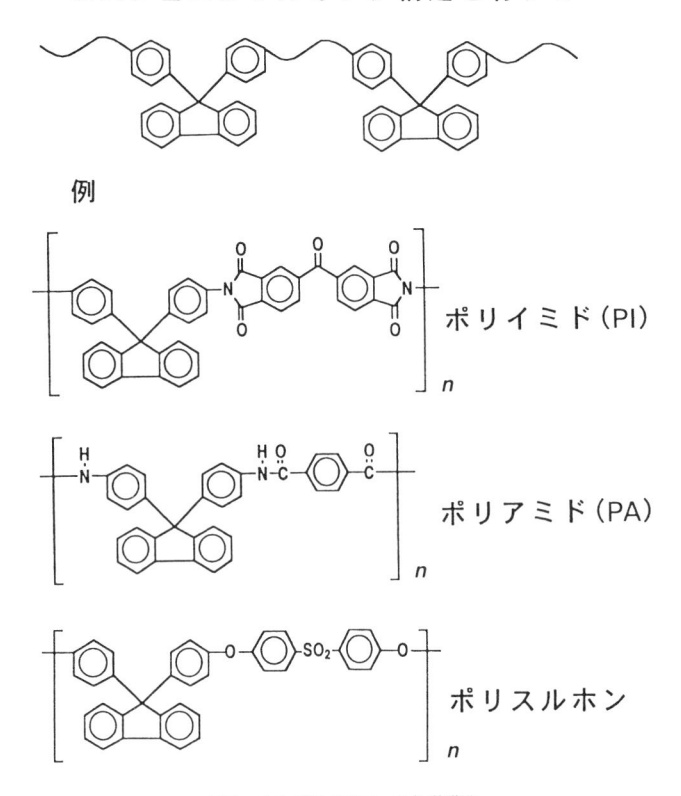

図2　カルド型ポリマーの化学構造

の結果を示す。カルド型ポリイミド PI-BT-COOMe と PI-PMBP64 が CO_2/N_2 分離係数と CO_2 透過速度のバランスがとれて優れている。カルド型ポリイミド PI-BT-COOMe の CO_2/N_2 分離係数の高さは、CO_2 親和性構造を有することに起因すると推定される。

PI-PMBP64 の CO_2/N_2 分離係数と CO_2 透過速度をさらに上げるために、まず芳香環側鎖メチル基を導入して非常に高い CO_2 透過速度を示す PI-PMBP64（4Me）を得た。これをベースに、臭素原子の嵩高さによる CO_2 透過速度の維持と臭素原子の電気陰性度に基づく CO_2 親和性の効果による CO_2/N_2 分離係数の向上を企図して、該メチル基に臭素を導入した臭素変性カルド型ポリイミド PI-PMBP64（4Me）-Br を膜素材として新規に合成した。図4にその構造を示す。これにより、$CO_2/$

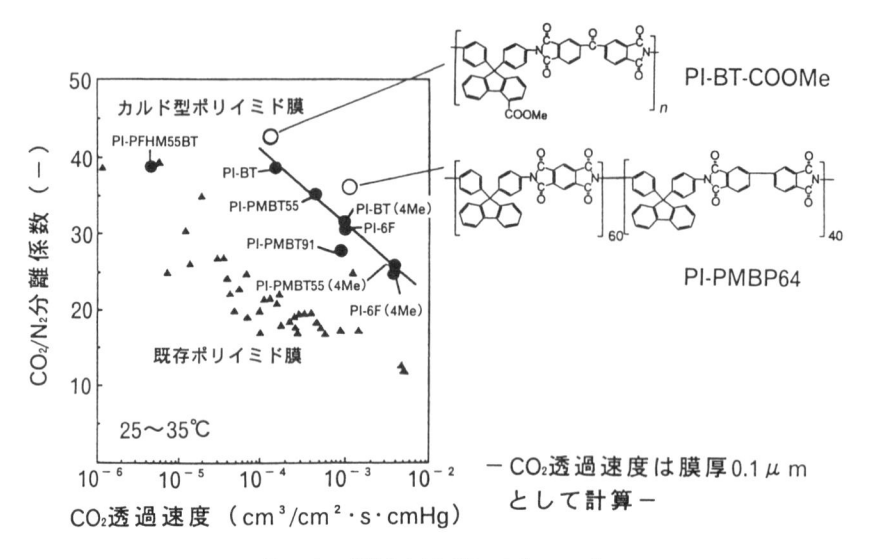

図3 カルド型ポリイミドのスクリーニング

N_2 分離係数と CO_2 透過速度が共に優れた PI-PMBP64(4Me)-Br 膜を得るに至った。
　これらの3種類のカルド型ポリイミド（PI-BT-COOMe, PI-PMBP64, PI-PMBP64(4Me)-Br）を

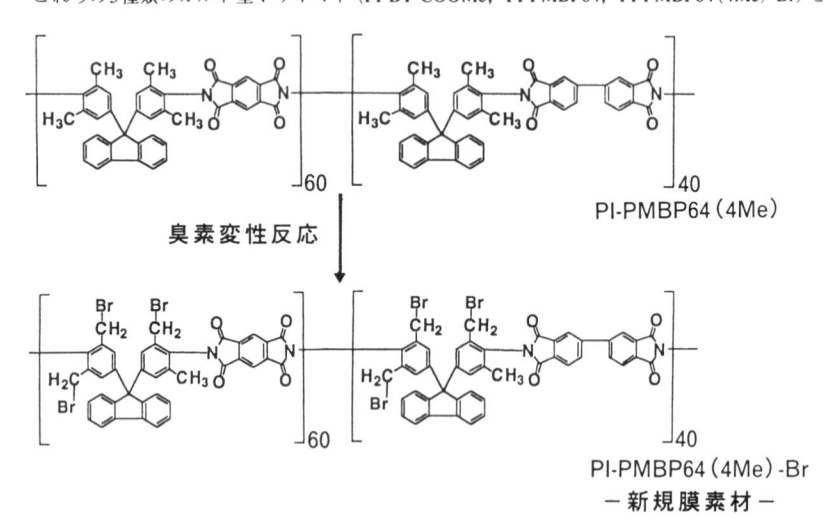

図4 臭素変性カルド型ポリイミドの合成

第6章 二酸化炭素の分離

溶液にして芯液（凝固用水）と共に二重管ノズルから押し出し，水中で凝固させることにより，非対称中空糸膜にする湿式紡糸技術を開発した[3,4]。図5に非対称中空糸膜の試作工程を示す。PI-BT-COOMeについては単独での紡糸ではモジュールへの組み込みに必要な中空糸強度を確保することができなかったが，カルド型ポリアミドPAを少量混合して紡糸する方法を開発してこの問題を解決することができた。3種類のカルド型ポリイミド全てについて湿式紡糸により非対称中空糸膜の分離活性層厚さを$0.1\mu m$以下にする製造条件を見出したことにより，CO_2透過速度を大きく向上させることができた。

次に，開発した中空糸膜を組み込んだ膜モジュールを製作してそのCO_2/N_2分離係数，CO_2透過速度を測定した。表1にカルド型ポリマー中空糸膜モジュールの特性を示す。カルド型ポリイミドPI-PMBP64（4Me）-Br膜モジュールはCO_2透過速度が高いという特徴を示している。特に，25℃で中空糸膜のCO_2透過速度が$10^{-3} cm^3/cm^2 \cdot s \cdot cmHg$のオーダーに達した例は従来見当たらず，開発したカルド型ポリイミド膜がCO_2/N_2分離膜として世界最高水準の性能（CO_2/N_2分離係数およびCO_2透過速度）を示すものである。

カルド型ポリイミドPI-PMBP64中空糸膜モジュールの50℃での長時間試験では，12,000時間以上CO_2/N_2分離係数が維持されることを確認した。同様に40℃で8,000時間以上CO_2/N_2分離係数の維持，即ち，CO_2濃縮度の持続を確認した[4,5]。図6にカルド型ポリイミド中空糸膜の長時間試験の結果を示す。これは膜分離法のシステム設計に活用し得るデータである。

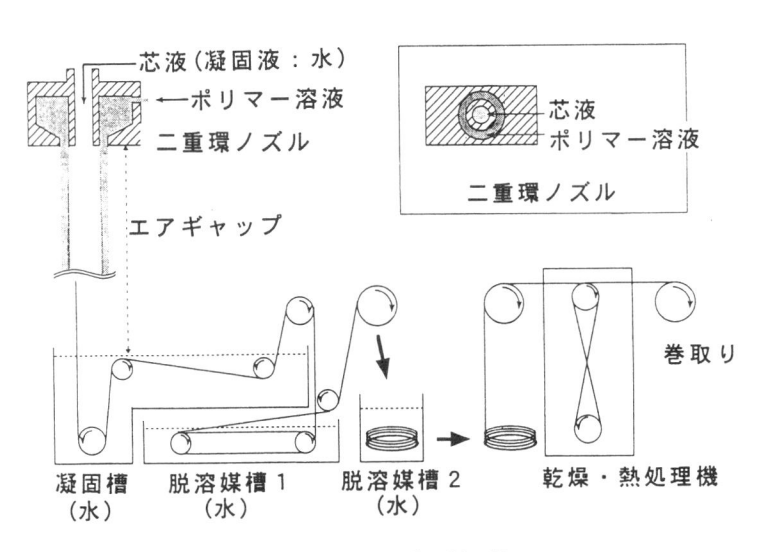

図5　非対称中空糸膜の試作工程

CO_2固定化・隔離の最新技術

表1 カルド型ポリマー中空糸膜モジュールの特性

	CO_2/N_2 分離係数	CO_2透過速度 ($cm^3/cm^2 \cdot s \cdot cmHg$)	温度 (℃)	備 考
PI-PMBP64(4Me)-Br	41	13.2×10^{-4}	25	
PI-PMBP64(4Me)-Br	42	10.2×10^{-4}	25	水蒸気共存
PI-PMBP64(4Me)-Br	34	8.3×10^{-4}	40	水蒸気共存
PI-PMBP64(4Me)-Br	35	5.7×10^{-4}	40	水蒸気共存
PI-PMBP64	34	3.0×10^{-4}	40	
PI-PMBP64	35	1.6×10^{-4}	40	水蒸気共存
PI-BT-COOMe+PA	33	1.2×10^{-4}	40	

次に,燃焼排ガスを模擬した組成の混合ガスを$1.6m^3/h$のスケールで供給し得る膜分離ベンチ試験装置を製作し,膜モジュールのスケールアップの影響およびガスフロー条件の影響を把握するために,開発したカルド型ポリイミドPI-PMBP64中空糸膜モジュール(中空糸内径0.20～0.35mm,長さ500mm,本数1,820～25,600本,膜面積1～$8m^2$)を用いてベンチスケール試験を

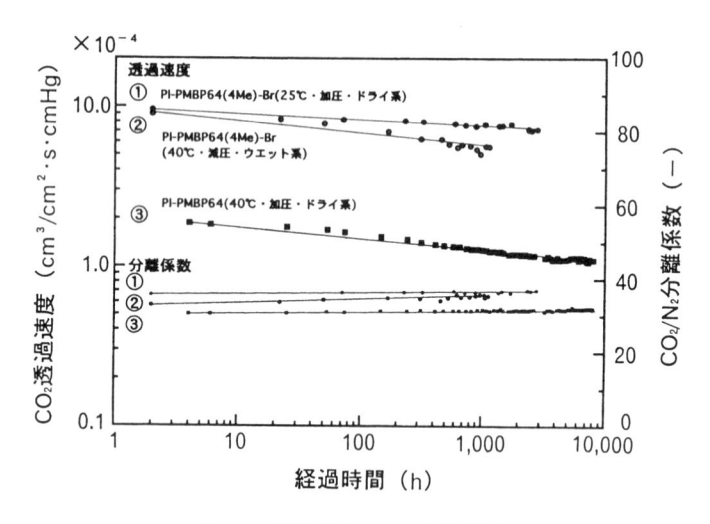

図6 中空糸膜モジュールの長時間試験

行った。この結果,供給ガス量を最大$1.6m^3/h$までスケールアップしても中空糸膜の性能低下が観測されないこと,および石炭火力発電燃焼排ガスを対象とした実機の設計値である約60%の

第6章　二酸化炭素の分離

CO_2 回収率における膜分離による CO_2 濃縮を確認することができた。

さらに，開発したカルド型ポリイミド PI-PMBP64 膜モジュールに実排ガスを供給する試験を行った。微粉炭火力発電所の脱硫処理後の排煙，および国内製鉄所の転炉ガスの燃焼排煙に対する試験をそれぞれ予備的に実施して実排ガス耐性の基礎データを得た。カルド型ポリイミド PI-PMBP64 中空糸膜モジュールに鉄鋼排ガスを供給する 3,500 時間の試験で，ボンベガスを供給する試験と同様に CO_2/N_2 分離係数が維持されることが分かった。所期の CO_2 濃縮が実排ガスでも達成されることを意味しており，実用化に際して有用な知見である。

高分子膜の開発ではカルド型ポリマー膜以外に，ポリエチレンオキシド（PEO）含有架橋高分子膜が高い CO_2/N_2 分離係数を示すことを見出し[6]，さらに深く追究した結果，特定鎖長のポリエチレングリコール ジアクリレート モノマーの溶液をコート法により薄く流延し，これに紫外線照射することにより重合および架橋した薄膜として膜厚 $1.1\,\mu m$ の欠陥のない単体平膜を得るに至った。この薄膜は表2に示すように CO_2/N_2 分離係数が非常に高く，特に室温での CO_2/N_2 分離係数 68 は従来皆無の高い値である。

表2　ポリエチレンオキシド架橋高分子膜の特性

	CO_2/N_2 分離係数	CO_2 透過速度 ($cm^3/cm^2 \cdot s \cdot cmHg$)	温度 (℃)
平膜 A1000架橋	68	0.7×10^{-4}	25
A1000架橋	36	1.4×10^{-4}	50

A1000：ポリエチレングリコール ジアクリレート ($n=23$)

1.3　促進輸送膜の開発

促進輸送膜は CO_2 を選択的に輸送する物質であるキャリアを保持した膜であり，通常，キャリアを多孔膜に保持した液膜の形で用いられる。図7左側に促進輸送膜（液膜）の気体透過概念図を示す。高分圧側で CO_2 を選択的に反応吸収したキャリアは膜中を移動して低分圧側で CO_2 を放出して元のキャリアに戻って高分圧側に移動する。したがって，この促進輸送膜は分離選択性に優れるという特徴を有するが，反面，溶液を用いることから乾燥すると機能が低下するので安定性に劣り，膜厚を薄くすることが困難なことから透過速度が通常の高分子膜に比べて劣るとされていた。

これらの課題の打開策を検討し，CO_2 キャリアとして乾燥に対する安定性と溶液中でのキャリアの拡散性の点からアルカリ金属炭酸塩（炭酸カリウム，炭酸セシウム）を選択した。このキャ

CO$_2$固定化・隔離の最新技術

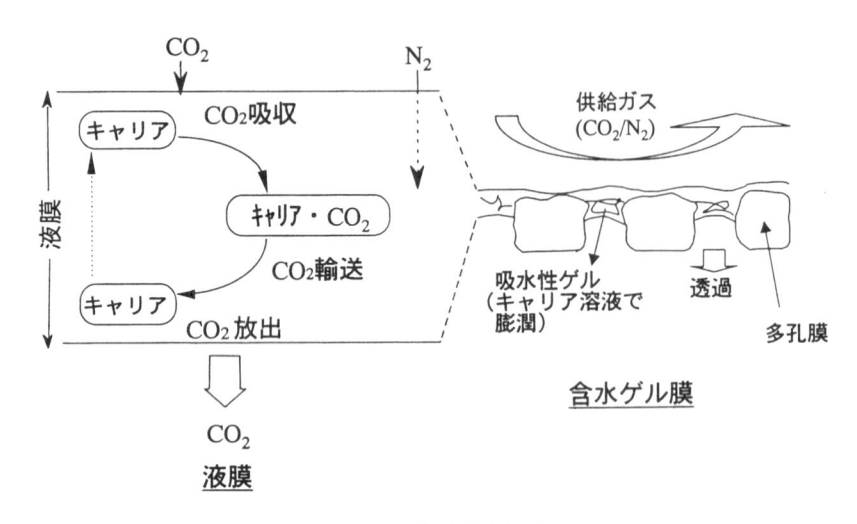

図7 促進輸送膜の気体透過概念図

リアを高吸水性高分子であるアクリル酸・ビニルアルコール共重合体の含水ゲルに保持させて支持体である多孔膜の上に薄く積層した構造の膜を開発した。図7右側に含水ゲル膜を示す。ここで支持体となる多孔膜として疎水性の強いフッ素樹脂（ポリテトラフルオロエチレン）製を採用してゲルが多孔膜の孔内に入り込むのを抑制したことにより含水ゲル層を薄くすることが可能になり，その結果，薄くても安定性が保たれる膜を得ることができた。炭酸カリウムをキャリアとしたこの構造の促進輸送膜にて4,500時間以上の透過側減圧下連続試験を行い，これを確認した。

CO_2透過速度を向上させるためにCO_2キャリアの探索を続け，炭酸カリウム溶液にカリウムイオンと多座配位錯体を形成する能力のある添加剤を加えるとCO_2/N_2分離係数とCO_2透過速度が共に大きく向上することを見出し[7]，引き続きこのような機能を示す化合物としてアミノ基を有するものを検討した結果[8]，2,3-ジアミノプロピオン酸（以下DAPAと略記する）が単独でもまた炭酸塩との混合でもCO_2キャリアとして有効であることを見出した。DAPAキャリアは，表3に示すように25℃から70℃に渡り高い膜性能を発揮することを確認した。膜の安定性に重要な保水性の点からは炭酸セシウムとの混合溶液が優れており，膜モジュールにはこれを用いた。

多孔膜へ薄くゲルを塗布して長尺の含水ゲル平膜を作製する技術およびモジュール化技術も新たに開発し，単位平膜を積層した膜モジュールを製作して透過側減圧条件（供給ガス圧1.033kgf/cm^{2}A，透過ガス圧0.103kgf/cm^{2}A）で評価を行い，表3に示すように高い膜性能の発現を確認した。なお，促進輸送膜で減圧下，長期に機能した例は皆無であり，本プロジェクトで開発した膜

第6章 二酸化炭素の分離

表3 促進輸送膜の特性

	CO_2/N_2 分離係数	CO_2透過速度 $(cm^3/cm^2 \cdot s \cdot cmHg)$	温度 (℃)	備考
平膜 Cs_2CO_3＋DAPA DAPA DAPA	300 140 350	1.1×10^{-4} 1.7×10^{-4} 2.5×10^{-4}	25 25 50	水蒸気共存 水蒸気共存 水蒸気共存
平膜モジュール Cs_2CO_3＋DAPA	200	1.4×10^{-4}	25	水蒸気共存

DAPA：2,3-ジアミノプロピオン酸

が世界初である。

促進輸送膜の耐SO_x性については，CO_2キャリアにSO_2キャリアとして作用する亜硫酸塩を共存させると効果があることを見出した他，10ppmのSO_2を含む混合ガス（実排ガス中SO_2濃度はこれ以下）を供給する場合には亜硫酸塩の添加なしでもDAPAキャリアがCO_2分離性能を発揮することを確認した。図8に試験結果を示す。NO_xの影響はほとんどないことも実験で確認した。

1.4 膜分離プロセスの検討

次に，1,000MW石炭火力発電プラント排ガスを対象とし，これに開発した分離膜（CO_2/N_2分離係数＝35の膜）を適用して純度99.9%以上のCO_2を得る場合のプロセス検討を行った。ここでCO_2純度を高める理由はCO_2を水素と反応させてメタノールを合成する原料とするためであり，単にCO_2を回収して隔離するのであればここまでの純度は要求されない。

システムの検討対象である1,000MW石炭火力発電プラント排ガスに開発した分離膜を適用し，膜分離と液化を組み合わせて純度99.9%以上のCO_2を得る場合のプロセスについて全体の試設計を含む最適化検討を行った[5,9]。膜分離と液化の負荷配分，膜分離の供給側と透過側の圧力比をシミュレーションにより検討し，分離・液化工程全体の所要エネルギーの最小化を図った結果，膜分離ではCO_2濃度を約60%に濃縮するに止め，供給側（ほぼ常圧）と透過側（減圧）の圧力比を0.13とする1段分離が有利になることを見出した。膜分離工程の温度については，50℃の排ガスを35℃で除湿し，熱交換により40℃にして膜モジュールに供給するプロセスとした。図9にCO_2分離回収プロセスを示す。CO_2回収率については図10に示すように，40～60%が所要エネルギーの面で有利であることが分かり，この範囲で最も回収率の高い60%を採用した。

これらの検討の結果，CO_2/N_2分離係数が35の膜（カルド型ポリマー膜）を使用した場合，CO_2分離・液化エネルギーとして0.41kWh/kg-CO_2の値を得た。これは種々の分離法の中で相対的に低

CO_2固定化・隔離の最新技術

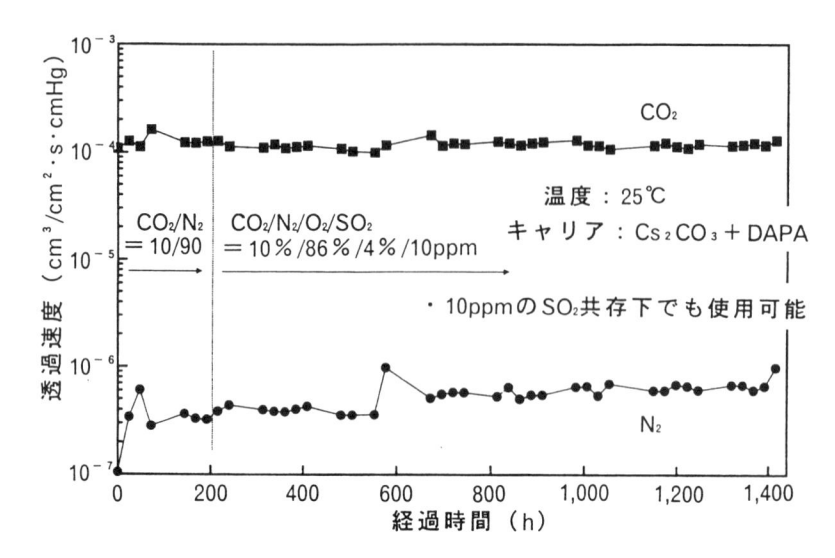

図8 促進輸送膜の耐SO_2性試験

い値である。ちなみに，CO_2/N_2分離係数が100の膜を使用した場合のCO_2分離・液化エネルギーは0.36kWh/kg-CO_2となった。

さらに，CO_2分離回収の対象となる他の固定発生源排ガスへの膜分離法の適用を検討した。CO_2/N_2分離係数が35の膜を使用した場合のCO_2分離・液化エネルギーの例（いずれも濃度99.9％以上のCO_2を得る）をあげると，

セメントプラント排ガス（CO_2濃度25％）の場合：0.29kWh/kg-CO_2

鉄鋼プラント排ガス（CO_2濃度27％）の場合：0.28kWh/kg-CO_2

となり，これらの高CO_2濃度排ガスに適用すれば，膜分離法の所要エネルギーは石炭火力排ガスに適用した場合より一段と低くなる。

開発した膜分離法を国内の石炭火力発電，鉄鋼，セメントプラント排ガスに適用すると，これのみで国内の総CO_2排出量（1995年）の約17％を回収し得る計算になり，膜分離法がCO_2分離回収の広範な分野で効果を発揮すると言える。

1.5 他の分離膜の開発状況

二酸化炭素高温分離・回収再利用技術研究開発[10]が1992年度からの8年間のNEDOの委託研究事業として(財)ファインセラミックスセンターと(社)日本ファインセラミックス協会で進められて

第6章　二酸化炭素の分離

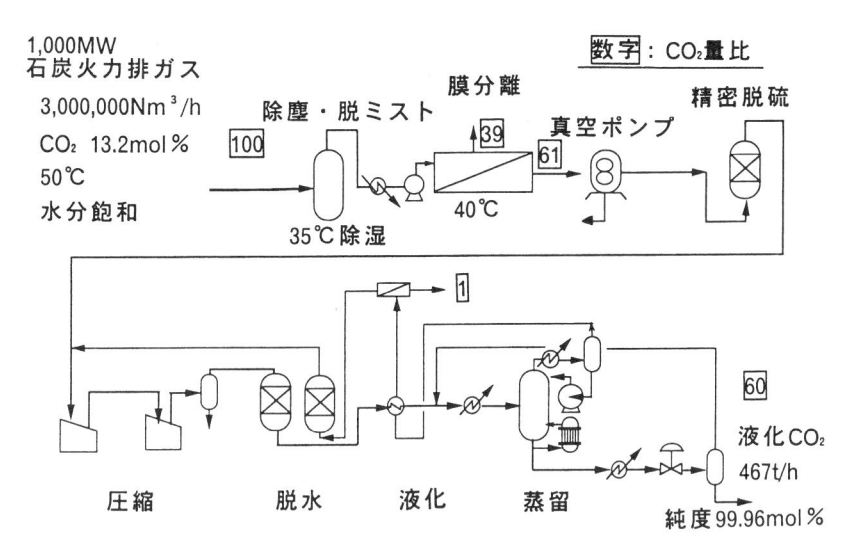

図9　CO₂分離回収プロセス（石炭火力排ガス）

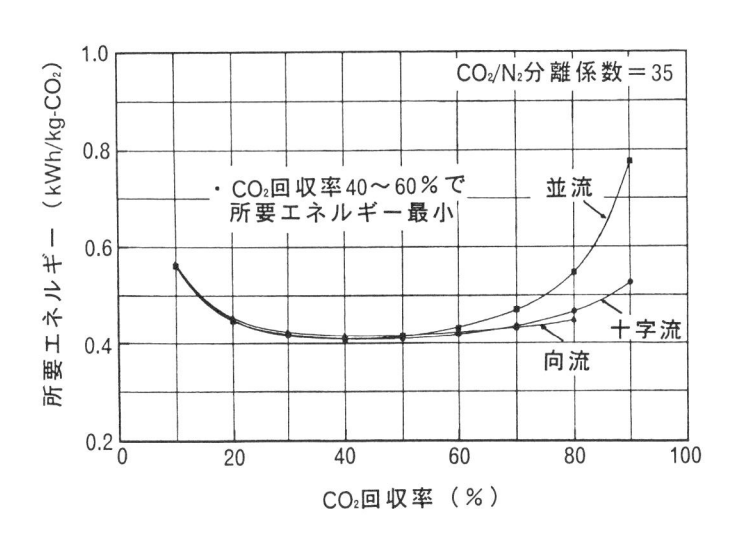

図10　CO₂分離回収所要エネルギー（石炭火力排ガス）

いる。セラミックスの耐熱性，耐食性，機械強度に優れた性質を活かし，300℃以上の高温ガスからのCO_2の回収を可能とする無機分離膜の開発が行われている。CO_2と細孔壁との化学的親和力を利用する表面修飾型分離膜，微小な分子径の違いに基づく分子ふるい効果を利用する細孔制御型分離膜，CO_2の液体中への選択溶解・拡散を利用する液体担持型分離膜の3つの原理を異にする分離膜が開発対象とされている。分離した高温CO_2の顕熱を活用することを目指しており，広い範囲への膜分離技術の展開が期待されるものである。

1.6 おわりに

RITEで開発した膜分離技術の実用化のためには，膜性能の一層の向上を図ると共に，さらにスケールアップした膜分離プロセスとその他のプロセスも連結したパイロットプラント試験，およびそれに続く実証試験を実施してシステムとしての確認を行う必要があるが，化学的CO_2固定化プロジェクトの全体システムが実現できれば，CO_2とメタノールを媒体にした自然エネルギーの遠距離輸送が可能となり，化石燃料消費量の削減，即ち，CO_2排出量の削減に大いに寄与できるものとなる。さらには石油資源の涸渇後も有用な液体燃料（メタノール）を確保できることになる。

本膜分離技術はこの全体システムだけでなく，他のCO_2分離の必要なシステム，例えば，CO_2の海洋・地中隔離にも有効なものである。また，改良を加えれば，天然ガス随伴CO_2ガスの分離にも応用できる。この場合，天然ガスの自噴圧を利用でき，膜分離工程はほとんど所要エネルギーなしで行える利点がある。したがって，それぞれの実ガスに応じたさらなる技術開発の継続が望まれる。

文　　献

1) NEDOパンフレット，「接触水素化反応利用二酸化炭素固定化・有効利用技術研究開発」
2) Y. Hirayama et al., Energy Convers.Mgmt., 36, No. 6-9, 435 (1995)
3) Y. Tokuda et al., Energy Convers. Mgmt., 38, Suppl., S111 (1997)
4) S. Karashima et al., Greenhouse Gas Control Technologies, 1035 (1999)
5) 高木建次ほか，膜工学の新しい挑戦－1998，化学工学会　p.22 (1999)
6) Y. Hirayama et al., J. Membrane Science, 160, 87 (1999)
7) M. Nakabayashi et al., Energy Convers. Mgmt., 36, No.6-9, 419 (1995)
8) S.Matsufuji et al.,Greenhouse Gas Control Technologies, 1031 (1999)
9) 松宮紀文ほか，化学工学論文集，25, No.3, 367 (1999)
10) NEDOパンフレット「二酸化炭素高温分離・回収再利用技術研究開発」

2 吸着分離

真野　弘*

2.1 はじめに

吸着分離法は特定のガスを吸着する吸着剤を用いてガス分離を行う方法であり，次のような特徴がある。

・乾式法でクリーンなプロセスである。

・比較的高濃度のガスを対象とすると分離エネルギーが小さくなる。

吸着分離法の種類としては，吸着剤からガスを脱着させるために圧力差を利用するPressure Swing Adsorption (PSA) 法，脱着に温度差を利用するThermal Swing Adsorption (TSA) 法，圧力差と温度差の両方を併用するPTSA法がある。1950年代から開発が始まり，窒素，酸素，水素，一酸化炭素，水分等の分離で実用化されている。稼動しているのは時間サイクルを短くできるPSA法がほとんどである。吸着剤としては，ゼオライト，アルミナ，シリカゲル，活性炭等が使用される。

排ガスからのCO_2の分離回収に関しては，鉄鋼プラントの排ガスからPSA法により商業的にCO_2が回収され，液化CO_2あるいはドライアイスとして市販されている。鉄鋼排ガスはCO_2濃度が約27%と高く，吸着分離が適した分離対象ガスであると言える。

CO_2濃度が鉄鋼プラント排ガスより低い火力発電プラント排ガス(最も高い石炭火力排ガスでCO_2濃度13%)からのCO_2の分離回収に関しては，電力会社が試験を行っており，ここではこれらの開発動向を紹介する。

2.2 CO_2吸着分離プロセス

石炭火力発電プラント排ガスを対象とし，これにPSA法を適用して純度99.9%以上のCO_2を得る場合のプロセスを考える。PSA法によるCO_2分離プロセスフローの一例を図1に示す。脱硫設備からの排ガスは，まず，脱湿装置に導入されて水分が除去される。脱湿装置は前段・後段に分かれており，前段では冷凍機による冷却除湿が行われる。合成ゼオライト吸着剤の保護のために，さらに後段で脱湿機により吸着除去が行われる。水分が除去された排ガスはPSA部へ導入され，CO_2は合成ゼオライトに吸着され，他の非吸着ガスはオフガスとして排気される。吸着されたCO_2は真空ポンプにより脱着された後，回収ガスとして液化装置へ送られる。このプロセスの主要機器は次の通りである。

・冷却除湿機

＊　Hiroshi Mano　(財)地球環境産業技術研究機構　化学的CO_2固定化研究室　主任研究員

CO_2固定化・隔離の最新技術

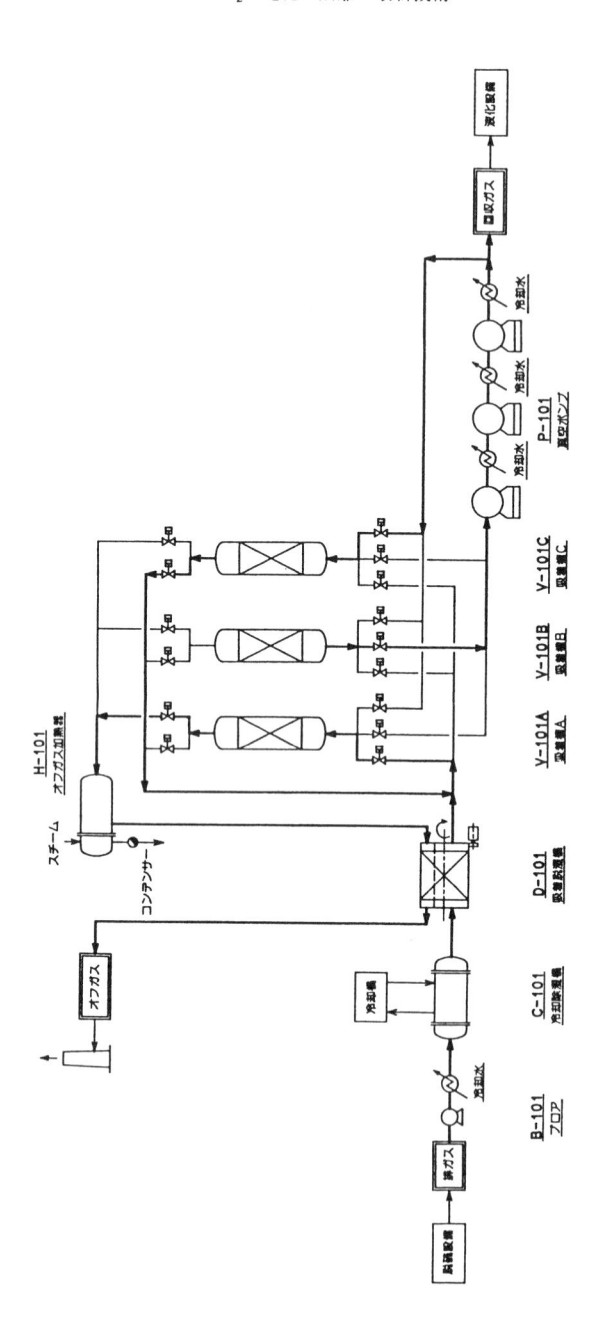

図1 PSA法によるCO_2分離プロセスフロー

第6章　二酸化炭素の分離

排ガスを冷凍機で冷やし，ガス冷却機で温度10℃まで下げて水分を除去する。
・吸着脱湿機
　吸着剤（吸湿剤）を装着したハニカムローター型の脱湿機であり，連続的に水分を除去する。吸湿剤の再生は高温ガスを供給して行う。
・吸着槽
　小さい場合は円筒縦型であるが，大きくなると円筒横型となる。3槽で1式となる。
・自動切替弁
　ガスの流れを切り替えるために使用し，設定されたシーケンスプログラムにより制御され，自動的に開閉する。
・真空ポンプ
　吸着剤に吸着したCO_2を真空脱着して回収し，同時に吸着剤を再生する。回収ガスへの水分の侵入を防ぐため乾式型とし，効率的に真空を得るためにルーツ型3段とする。
　PSAの各工程を次に示す。
・昇圧工程
　脱着完了後の吸着槽に排ガスあるいはオフガスを導入することにより，吸着槽の圧力を吸着圧まで上げる。
・吸着工程
　吸着槽に排ガスを導入し，CO_2を合成ゼオライトに吸着させると共に，他の非吸着ガスをオフガスとして排気し，CO_2を分離する。
・濃縮（洗浄）工程
　脱着ガスの一部を吸着完了後の吸着槽に洗浄ガスとして再導入し，共吸着している不純成分を追い出すことにより，吸着槽内のCO_2の濃度をさらに高くする。
・脱着（再生）工程
　真空ポンプにより吸着槽を真空に吸引して吸着しているCO_2を脱着すると共に吸着剤を再生する。脱着したガスの一部は洗浄ガスとして使用し，残りが回収ガスとなる。
　CO_2-PSA用吸着剤の主なものとして，分子ふるい活性炭と合成ゼオライトの2種類がある。工業的規模のCO_2-PSA用吸着剤としては，ガス中の水分の影響が少ないことから疎水性の分子ふるい活性炭が主として採用されている。しかし，吸着容量，分離性能で優れている合成ゼオライトも，前処理としての脱湿と組み合わせることで使用することが可能となった。吸着剤の特性比較を次に示す。
・分子ふるい活性炭
　疎水性で非極性の分子ふるい作用を持つ吸着剤であり，吸着速度差，分子径の差，ファン・

CO_2 固定化・隔離の最新技術

デル・ワールス力の差によりガスの分離を行うが，CO_2 分離回収の場合はファン・デル・ワールス力による物理吸着力の差を利用して分離を行う。吸着容量は小さいが，酸性ガス等微量の不純ガスに対する耐性を有するという利点がある。

・合成ゼオライト

合成して得られるシリカ・アルミナを主成分とする吸着剤であり，ミクロ細孔を持ち，極性物質を選択的に吸着する。8員環の環状構造を持つA型と12員環の環状構造を持つX型がある。細孔径は4Å（Na-A型），5Å（Ca-A型），8Å（Ca-X型），10Å（Na-X型）が主である。CO_2 は極性吸着剤であるゼオライトによく吸着され，特に低圧領域で圧力差に対する吸着量差が大きいため，分子ふるい活性炭に比し，燃焼排ガスのような CO_2 濃度の低い領域での吸着に適している。PSAでは吸着特性と共に再生のための脱着特性も性能に大きな影響を与える。CO_2 分離回収においては脱着性能のよい細孔径が10Åである Na-X型が使用される。酸性ガスに対する耐久性は分子ふるい活性炭に比べて弱い。

次に，1,000MW石炭火力発電プラント排ガスを対象とし，上記のPSAプロセスを適用して CO_2 回収率60％で純度99.9％以上の CO_2 を得る場合の試設計を行い，CO_2 分離・液化エネルギーとして0.61kWh/kg-CO_2 の値を得た。

2.3 火力発電プラントでの試験例

火力発電の燃焼排ガスから CO_2 を吸着分離で回収する例は世界的にもなかったが，最近，日本の電力各社で研究開発が行われるようになった。主な例について以下に述べる。

東北電力㈱では1990年9月から仙台火力発電所に処理ガス量2m³/hのベンチスケールの装置を設置してPSA法による CO_2 除去技術の確認を行い，見通しが得られたことから，総合的な特性を把握できる1,700m³/h規模のパイロットプラントにスケールアップし，同発電所3号機（石炭専焼）においてボイラ排ガスから CO_2 を除去する試験ならびに CO_2 を液化する試験を三菱重工業㈱と共同で実施し，PSA法による CO_2 除去システムの総合特性の把握，大容量化に伴う技術的諸課題の抽出を行ってきた。一連の試験とシステム評価研究（電力共同研究）は1996年度で終了した。パイロット CO_2 除去装置の仕様を表1に示す[1]。

東京電力㈱では1991年に横須賀火力発電所構内に CO_2 総合研究施設を設置し，CO_2 の分離・除去や処分・固定等の研究を進めている。CO_2 分離については吸着法と吸収法のパイロットプラントを併設し

表1　東北電力㈱ CO_2 除去装置の仕様[1]

ボイラ排ガス	石炭焚きボイラ排ガス
処理ガス量	1,700m³N/h
CO_2 回収率	90％
CO_2 回収量	400kg/h
吸着塔温度	40～60℃
吸着圧力	1.1atm
脱着圧力	0.2atm
CO_2 濃度	99％
吸着剤	ゼオライト

第6章 二酸化炭素の分離

表2 東京電力㈱吸着法 CO_2 除去プラントの仕様[2]

ボイラ排ガス	COM焚き1・2号ボイラ排ガス（各265MW）
排ガス処理量	1,000m³N/h（各ボイラの1/1,000スケール）
排ガス温度	110℃
排ガス圧力	大気圧
CO_2除去率	90%（設計値）
除去CO_2量	4.6トン／日（設計値）
除去CO_2純度	99%dry（設計値）
機器構成	4塔2段式（第一段PTSA＋第二段PSA）
	［以下（　）内第二段PSA］
機器サイズ	塔径約1.6m×高さ約4.9m（約1.0m×約2.4m）
吸着剤充填量	約8t（約2t）
運転条件	
吸着圧力	約1.1〜1.2atm（約1.1〜1.2atm）
吸着温度	約50〜60℃（約40〜50℃）
脱着圧力	約0.3〜0.5atm（約0.3〜0.5atm）
脱着温度	約70〜80℃（約40〜50℃）
サイクルタイム	約3〜10min（約3〜5min）

て実験している。吸着法は三菱重工業㈱との共同研究である。吸着法CO_2除去プラントの仕様を表2に示す[2]。このプラントでの2,000時間連続運転において性能は一定しており、システムの安定性が示された。一連の実験の結果、パイロットプラントでの所要動力は約520kWh/t-CO_2（＝0.52kWh/kg-CO_2）となり、大きく改善された[3]。

　北陸電力㈱では1991年から千代田化工建設㈱と共同で循環流動層方式の吸着法によるCO_2回収の研究を行い、その成果を踏まえて1996年に移動床循環再生方式の吸着法によるCO_2回収テストプラントを富山新港共同火力発電所構内に設置して実証試験を行っている。移動床循環再生方式は、排ガスからCO_2を吸着したゼオライトを吸着塔から抜き出し、再生塔で温度と圧力を同時に変化させてCO_2を脱着させ、再生したゼオライトを再び吸着塔に戻して循環させる工程により、吸着塔に排ガスを連続的に通せるようにした。回収率は90%、回収したCO_2の純度は99%を目指している。プラントの特徴は、吸着剤を循環することでガス系統の切り替え弁を無くしたことである。これによりコンパクトな設備となりスケールアップに結び付けられることと、CO_2回収に要するエネルギー消費量を少なくできることを利点としている。テストプラントの仕様を表3に示す[4]。

　中部電力㈱ではボイラ排ガスを対象に、複数の分離法を効果的に組み合わせた大容量で効率的なCO_2分離複合システムの開発を1990年から行っている。㈶国際環境技術移転研究センターが国から補助金を受けて実施する地球環境保全関係産業技術開発促進事業に参加して実施したもの

CO$_2$固定化・隔離の最新技術

表3 北陸電力㈱CO$_2$回収テストプラントの仕様[4]

ボイラ排ガス	石炭焚きボイラ排ガス
運転モード	PTSA, TSA
処理量	50m^{3}N/h
排ガスCO$_2$濃度	15vol%
再生蒸気	0.7MPa
吸着剤	X型ゼオライト (2mm球)
CO$_2$回収率	90%
回収CO$_2$純度	99%
吸着温度, 圧力	10℃, 25℃, 常圧
再生温度, 圧力	140℃, 300mmHg
吸着剤循環量	135kg/h (基準値)
サイクルタイム	35min (基準値)
加熱冷却方法	Shell & Tubeによる接触伝熱
バケットエレベーター	容量0.08m^3, リフト20m

である。使用燃料(石炭,石油,天然ガス)の違いによる排ガス性状を考慮した分離システムについて研究を行い,特に複合システムの研究を進めてきた。複合システムは,ボイラ排ガスを膜法または吸着法で予備濃縮し,これをさらに吸着法または深冷分離法で分離することにより効率化を図るシステムである[5]。

上記以外の電力会社でも吸着剤の性能評価等の基礎研究が実施されている。

2.4 おわりに

排ガス中CO$_2$の吸着分離は,CO$_2$濃度の高い鉄鋼排ガスからのCO$_2$回収において商業的に実施されている実績があり,今後,さらなる大規模化と高効率化が達成されれば地球温暖化対策技術としてCO$_2$の分離回収一般に広く適用されると思われる。それには吸着剤とプロセス・システムの改良が不可欠であり,研究開発の継続的推進が望まれる。

文　　献

1) 東北電力㈱パンフレット,「ボイラ排ガス中のCO$_2$除去システムの研究」
2) 東京電力㈱パンフレット,「CO$_2$総合研究施設」
3) 安武昭典,火力原子力発電, 50, No.3, 299 (1999)
4) 北陸電力㈱パンフレット,「移動床循環再生方式CO$_2$回収テストプラントの実証試験の開始」
5) 中部電力㈱パンフレット,「地球温暖化対応技術の研究」

3 化学吸収法による炭酸ガス分離技術

松本公治[*1], 三村富雄[*2], 飯島正樹[*3], 光岡薫明[*4]

3.1 はじめに

炭酸ガスによって引き起こされる地球温暖化の対策の一つとして、将来、大気に放出されるCO_2を分離・回収する技術が必要になるとの考えから、CO_2の大量排出源である火力発電所のボイラー排ガスから化学吸収法によりCO_2を経済的に分離・回収する技術の確立を目指しているのが本研究である。

一般にアルカノールアミンを使用したCO_2分離・回収技術では、吸収液の再生のために多量の熱を必要とするのが最大の欠点である。パイロットプラント試験結果では、熱エネルギーとして1kgのCO_2を分離するのに、約3.8×10^3 kJが必要であった。これを火力発電所(600MW天然ガス焚きボイラー)にスケールアップすると、ボイラー燃焼熱量の約20%に相当する。このような発電出力減少では化学吸収法によるCO_2分離は経済的に成立しない。

この再生エネルギーを節約するための新方策として、本研究では従来のアルカノールアミンに替わる省エネ型吸収剤の開発を進めるとともに、パイロットプラントを用いてシステムの評価を実施した。また、CO_2分離プロセス廃熱の有効利用により、エネルギー消費の改善に取り組んだ。

3.2 化学吸収法の原理とパイロットプラントの構成

図1に装置の構成を、写真1に南港パイロットプラントの全景を、表1にその仕様を示す。

南港発電所(LNG焚き、出力:600MW)の燃焼排ガス$600 m^3 N/h$(発電所排ガスの1/3000規模)を冷却塔に導き、排ガス中のCO_2を吸収最適温度まで冷却する。次に吸収塔に導き、排ガス中のCO_2を吸収溶剤であるアルカノールアミン(アミンはアルカリ性でCO_2のみ吸収する性質を有しており、窒素や酸素などは系外に排出される。)に吸収させアミン炭酸塩を形成する。CO_2を吸収したアミン炭酸塩の水溶液は、再生塔に送り蒸気により加熱(110~130℃)され、アミンとCO_2に分離される。分離されたアミンは、再びCO_2吸収用として吸収塔に導かれる。一方、CO_2はCO_2分離器で水分を除去された後、高濃度CO_2(99.9%)として回収される。

(吸収塔)

$$\underset{アミン}{R-NH_2} + CO_2 + H_2O \xrightarrow{40 \sim 50℃} \underset{アミン炭酸塩}{R-NH_3HCO_3}$$

---

* 1 Kouji Matsumoto 関西電力㈱ 総合技術研究所 環境技術研究センター
* 2 Tomio Mimura 関西電力㈱ 総合技術研究所 環境技術研究センター
* 3 Masaki Iijima 三菱重工業㈱ 化学プラント技術センター
* 4 Shigeaki Mitsuoka 三菱重工業㈱ 広島研究所

CO_2固定化・隔離の最新技術

（再生塔）
$$R - NH_3HCO_3 \xrightarrow{110 \sim 130℃} R - NH_2 + CO_2 + H_2O$$

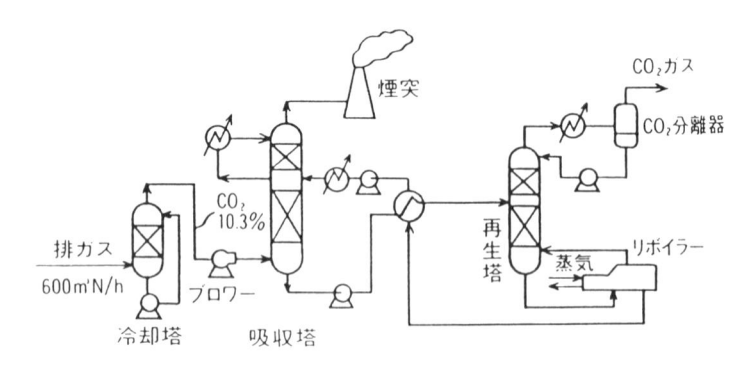

図1 排煙脱炭パイロットプラントフロー図

表1 パイロットプラント仕様

項 目	仕 様
処理ガス	天然ガス焚きボイラー排ガス
CO_2濃度	約10%
処理ガス量	600m³N/h（発電出力200kW相当）
CO_2回収率	90%
CO_2回収量	2t／日
回収CO_2純度	99.9%

写真1 南港発電所排煙脱炭試験装置全景

3.3 省エネ吸収剤の開発

3.3.1 化学吸収剤のCO_2ローディング試験結果

　火力発電所の排ガスは大気圧・低CO_2濃度という特性を持つ。溶剤スクリーニング試験結果からCO_2を10vol%を含む天然ガス焚き火力発電所の排気ガスに対する飽和CO_2吸収量の基礎デー

第6章 二酸化炭素の分離

タが得られた。

80種類以上のアルカノールアミンについて評価したところ，ヒンダードアミンのCO_2ローディングが0.63～0.72molCO_2／molアミンと高い結果が得られた。

ヒンダードアミンとは，アミン化合物のアミン基の近くに体積の大きな原子団（例えば$-CH_3$）を配置させることによって，立体的な障害作用によりアミン基とCO_2との結合を阻害するようにしたアミンである。また，A.K.Chakrabortyらの計算によればアルキル基は電子的な相互作用によりアルカノールアミンのアミン基反応性を低下させる効果がある。代表的なヒンダードアミンの例として図2に2アミン2メチル1プロパノール（AMP）の分子構造を示す。このヒンダードアミンとCO_2との反応は，理想的にはアミン1モルに対してCO_2 1モルが反応することになり，吸収液利用効率の向上が期待できる。

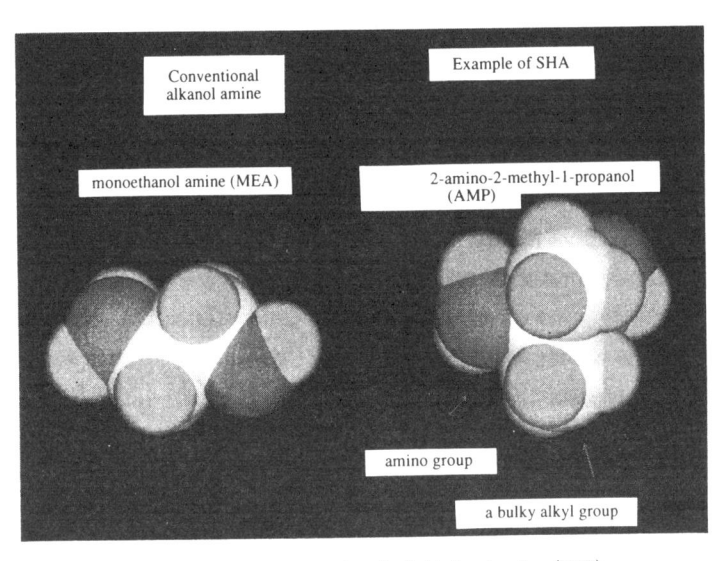

図2 Structures of MEA and sterically hindered amine (SHA)

一方，モノエタノールアミン（MEA）のように立体障害の度合いの小さいアルカノールアミンは，CO_2ローディングが0.56molCO_2／molアミン程度にとどまっており，CO_2分圧が約0.1atmと低いときの気液界面では次の反応がおこると考えられている。なお，以下の反応式中のRはアルカノール基（MEAの場合では$-C_2H_4OH$基）を示す。

$$CO_2 + 2RNH_2 = RNH_3^+ + RNHCOO^-$$

CO$_2$固定化・隔離の最新技術

この反応では，2モルのMEAと1モルCO$_2$の反応が中心であり，高いCO$_2$ローディングが期待できない。これに対して立体障害の度合いの高いアルカノールアミンは，次の式で示すような1モルのアミンと1モルのCO$_2$反応が一部進行して高いCO$_2$ローディングが得られると考えられる。

$$CO_2 + RNH_2 + H_2O = RNH_3^+ + HCO_3^-$$

3.3.2 吸収剤の反応熱試験結果

次に，ヒンダードアミンは反応熱が小さく，化学吸収法で問題になっている吸収液再生熱量の低減が期待できるものである。CO$_2$回収プロセスにおいて吸収液再生熱量は解離熱，顕熱，蒸発熱の3因子を合計したものである。また，実際上これらに再生塔からの熱損失が追加される。解離熱は反応熱と等しいとみなされ，190kJ／molCO$_2$（3.8×10^3 kJ／kg－CO$_2$）という従来の吸収液再生熱量と本実験結果のMEAの反応熱約85kJ／molCO$_2$から，吸収液再生熱量の約40%を反応熱が占めることとなる。

CO$_2$ローディングの高いヒンダードアミンについて反応熱に関する試験を行い，この中から，有望なものを数種類を抽出することができた。KS-1，KS-2溶剤の反応熱はMEAと比べて各々約10%低く（0.5モル負荷の時），吸収液再生熱量の節減が示唆される。

3.3.3 パイロットプラント試験結果

平成7年5月から平成10年度まで電力共同研究として南港発電所のパイロットプラントにおいてKS-1，KS-2溶剤のエネルギー評価試験を開始した。その結果を図3に示す。新吸収液は腐食性が低いため，高い濃度でも運転が可能であることから，濃度40～50%での試験も実施した。その結果，単位CO$_2$回収量当たりの所要エネルギーは，KS-1，KS-2溶剤ともに約3.0×10^3 kJ／kg－CO$_2$（3.2atm飽和蒸気）と従来の吸収液から大幅に節減することができた。

これは，立体障害アミンとCO$_2$との反応熱が少ないことすなわち，新吸収液が再生しやすいことによるものと考えられる。パイロットプラントでは吸収性能（CO$_2$ローディングと吸収速度）と吸収液の再生しやすさが総合して所要熱エネルギーの大小を支配していた。未使用のアルカノールアミン（CO$_2$を含まない吸収液）によるCO$_2$吸収試験結果ではMEAの方が高いCO$_2$吸収率を示していた。しかし，パイロットプラントではKS-1，KS-2溶液がほぼ完全に近く吸収液が再生されCO$_2$が除かれるのに比べ，MEAの場合，再生度合いが悪く吸収液中に多量のCO$_2$が残る結果となった。このため，実際のCO$_2$吸収－再生を繰り返すパイロットプラントでは，KS-1，KS-2の液ガス比が約10%小さくてすみ，反応熱が小さいことと，再生しやすさから再生用蒸気が少なくてすむことも加わり，これら相乗効果から約20%もの再生熱量の削減が得られた。

Rich溶液は，0.5～0.6molCO$_2$／molアミンと高いCO$_2$ローディングが得られている。また，再

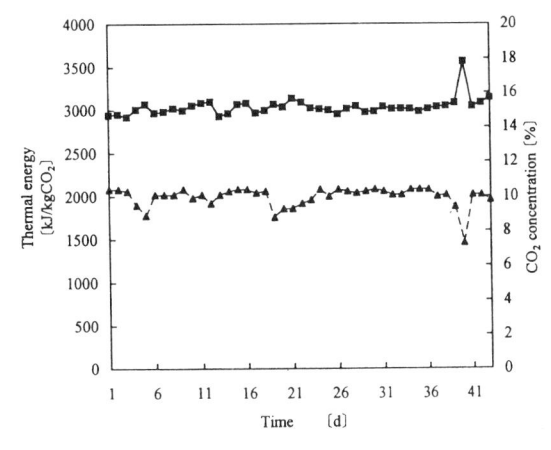

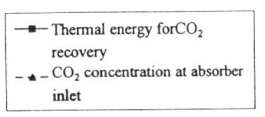

第6章　二酸化炭素の分離

図3　The thermal energy required for CO_2 recovery by K2 solution

生が容易であることに対応してLean溶液のCO_2ローディングも0.06のレベルまで非常に少なくなっている。このためKS-1，KS-2溶液は1モル当たりの吸収液が回収できるCO_2量が著しく多い。

3.3.4　省エネ型吸収剤の開発の結論

火力発電所排ガスからCO_2を回収するのに適した化学吸収剤(KS-1，KS-2)を発見できた。KS-1，KS-2の優れた特性は次のとおりである。

(1) 単位CO_2回収量当たりの所要熱エネルギーは，約3.0×10^3 kJ／kg－CO_2と少ない。これは従来の吸収液から大幅に節減するものである。

(2) 腐食性が低く，腐食減少量の経時変化でみるとMEAの1／20のレベルである。

3.4　石炭焚き条件試験結果

3.4.1　CO_2吸収率試験

石炭焚き火力発電所からの排ガスを模擬し，SO_2およびばいじんを供給して約100時間後からCO_2吸収率試験を約80時間実施したが，この間のCO_2吸収率の変化は認められなかった。

図4に示すとおり，SO_2 50ppmおよびばいじん25mg/m^{3}の条件で約200時間運転してもCO_2吸収率は変化しないことがわかった。

3.4.2　腐食試験

パイロットプラントの系内5カ所に炭素鋼のテストピースを取り付け，試験終了後に取り出し

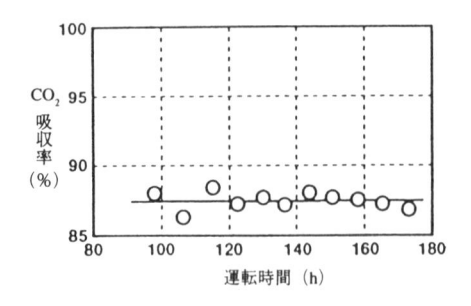

図4 CO_2吸収率と運転時間の関係

てその腐食度を調べた結果,いずれのテストピースもほとんど腐食しておらず,吸収液の腐食性は極めて小さいことが実証された。

3.4.3 SO_2濃度とばいじんの挙動

系内に添加したばいじんおよびSO_2が系外に排出されていないかどうかを確認するために,週1回吸収塔と再生塔出口のばいじんおよびSO_2濃度を計測した

表2 各部における腐食度

(単位:g/cm³)

取り付け場所	腐食度
水洗塔用水クーラー	0.0000
CO_2吸収塔出口	0.0016
吸収塔熱交換機出口	0.0013
再生塔出口	0.0417
再生加熱器出口	0.0010

が,いずれも測定定量下限値以下であり,系外に放出されていないことを確認した。SO_2のような酸性ガスは水溶液中でアミンと反応して熱安定性塩を生成し,アミンを消費する。

図5に示すとおり,熱安定性塩は時間の経過とともにほぼ直線的に増加しており,その濃度は液中SO_x分析値のほぼ2倍当量であった。また,液中のSO_x濃度は,ガス中に供給したSO_2量にほぼ見合う量であり,したがってガス中に供給したSO_2は,すべて液中に吸収され,熱安定性塩を生成したことになる。

次に開放点検の結果,吸収塔出口の吸収液中に添加したばいじんは,吸収液ライン全系にまわっていることが確認されたが,問題になるようなばいじんの堆積はなかった。

3.4.4 石炭焚き条件試験の結論

$SO_2$50ppmおよびばいじん25mg/m³相当を添加した石炭焚き模擬排ガス条件下において,約200時間連続運転を実施したが,CO_2吸収率(90%以上)の減少はなく,また,その他の問題もないことが確認され,長時間運転の見通しが得られた。

第6章　二酸化炭素の分離

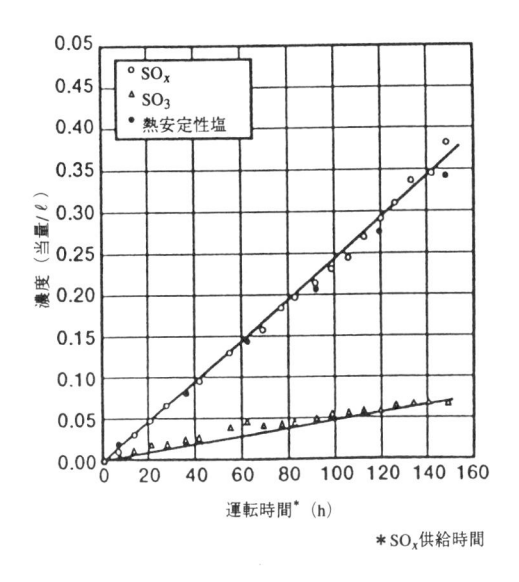

図5　熱安定性塩生成と運転時間の関係

※ SO_x 供給時間

3.5　火力発電所と炭酸ガス分離プロセスの連結システム
3.5.1　タービン出力の減少

　火力発電所に化学吸収法の炭酸ガス分離プロセスを適用する場合，低圧タービンから大量に抽気蒸気を使用するので，発電出力が減少する。炭酸ガス分離プロセスの廃熱を給水・復水系統に利用して発電出力を回復するシステムについて，複数の発電プラントのタービン排気系統と給水・復水系統のシミュレーションを行い発電出力の減少量を評価した。

　炭酸ガス分離による発電出力減少の目安としては廃熱回収しない場合，約15％減の出力減少が起こるが（表3）これをどこまで回復できるかが求めるところである。

　火力発電所と炭酸ガス分離の連結システムを図6に示す。低圧タービンからの抽気によって吸収液加熱器を加熱し，加熱蒸気のドレンはポンプによって加圧してタービンの復水系統に戻す。また，再生塔還流クーラーの排熱は復水を加熱することによってタービン復水系統に回収する。

表3　廃熱回収しない場合の試算

A：蒸気消費量　172×10^6 kcal／h
　　（700kcal／kg－CO_2 ×
　　　　245×10^3　kg－CO_2／h）
B：ボイラー燃焼量
　　1.16×10^9 kcal／h

廃熱回収しない時の発電出力・減少量
　　（A／B）　　　15％

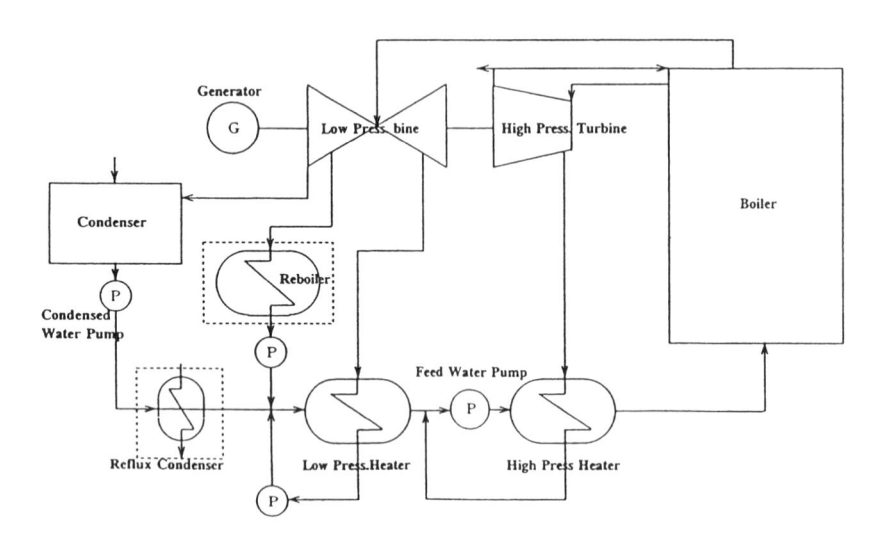

図6 Boiler Turbine Plant CO_2 Recovery Steam System

3.5.2 タービン出力減計算方法の概要

　タービン出力減計算のベースとしたのは発電プラントのヒートバランス線図である。このヒートバランス線図からのデータに基づきパソコンで炭酸ガス分離プロセスを連結した場合の流量、エネルギー変動を計算するプログラムを開発した。この計算ソフトはまずヒートバランス線図の圧力、流量、エンタルピーを登録し、炭酸ガス分離プロセスによる抽気流量の増大に対応して発電プラント各部のエンタルピーがどのように変化するかを計算した。そして、最終的にはタービン段落の流量、エンタルピーからタービン出力低下量を求めた。このプログラム内に蒸気表(日本機械学会)と膨張線図(東芝製)を組み込んでおり、前者は比容積の計算と後者はエンタルピーの計算で重要な役割を果たしている。特に膨張線図では予め入力したタービン固有の排気速度・排気損失エンタルピー曲線からタービン排気流量の変動に対応して膨張線終点エンタルピーを変更できるようになっており、精密な計算が可能である。

3.5.3 タービン出力減の計算手順

　実際の計算手順では初期抽気圧力を計算し、各部位の流量、エンタルピーを計算した。次に炭酸ガス分離に伴うタービン流量変化に対応して抽気圧力を再計算した。再計算前後の抽気圧力が同じになるまで収束計算を繰り返した。収束後に流量、エンタルピーを確定した。タービン出力低下量はタービン段落の流量、エンタルピーから求めた。基本フローは図7のとおりである。

第6章　二酸化炭素の分離

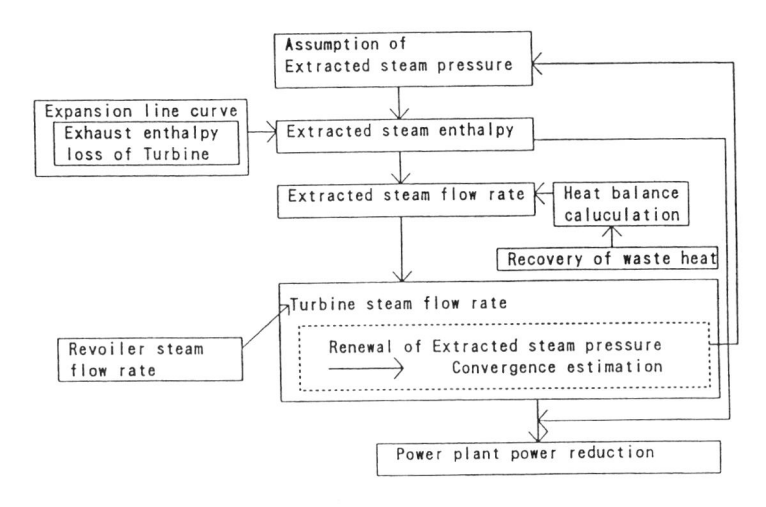

図7　General flow of calculation of Power plant power reduction

3.5.4　タービン出力減の計算結果と考察

　タービン出力低下量は図8のとおり回収熱原単位に比例する結果が得られた。南港発電所3号機の計算結果では従来の吸収剤（回収熱源単位900kcal／kgCO$_2$）では発電出力6.9％減、新吸収剤KS-1，KS-2溶剤（回収熱源単位700kcal／kgCO$_2$）では5.3％減となった。新吸収剤の開発が各所で進められており、将来回収熱源単位600kcal／kgCO$_2$，400kcal／kgCO$_2$の画期的な吸収剤が開発されたとしても、なお4.3％減，3.2％減の発電出力の低下が残り、無視できないこととなる。

　次にタービン排気特性が大幅に異なる南港発電所1号機について回収熱源単位700kcal／kgCO$_2$のケースで計算したところ4.9％減となり、3号機とほぼ同じレベルの結果が得られた。

　また、回収熱源単位の他の脱炭プロセス諸元の影響を計算したところ、吸収液加熱器ドレンエンタルピーを128から148kcal／kgまで変化させても、タービン出力低下量は3.19×10^4 kWから3.20×10^4 kW、発電出力は5.3％減で変わらない結果が得られた。また、再生塔還流クーラーの熱回収率を41％から0％とするとタービン出力低下量は3.67×10^4 kWとなり、発電出力は6.1％減になった。

　還流クーラー・ドレンエンタルピーを92kcal／kgから52kcal／kgとするとタービン出力低下量は3.57×10^4 kWとなり、発電出力は6.0％減になった。したがって、脱炭プロセスの吸収液加熱器ドレンエンタルピーは発電出力にあまり影響せず、再生塔還流クーラーの熱回収率とドレン

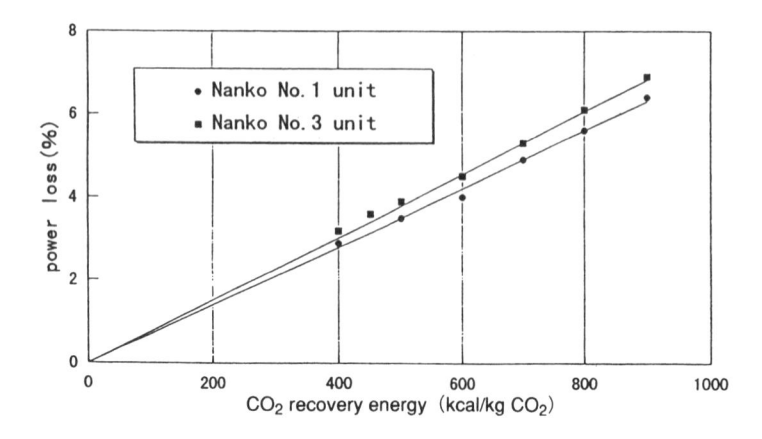

図8 relation between CO_2 recovery energy and power loss

エンタルピーが発電出力に若干影響することがわかった。

以上のように新吸収剤KS-1, KS-2について種々の条件で計算すると, 発電出力減は5.3%減から約6.0%減の範囲にあり, 廃熱回収しない時の試算結果15%減(表2)と比べて, 出力減が1/3となるような大幅な出力回復が見込まれ, 廃熱回収の有効性が確認できた。

なお, 表4の計算例のように炭酸ガス分離用蒸気流量は他の抽気流量と比べて非常に多くハード面での検討も必要である。

次に石炭焚き発電プラントでも同様に廃熱回収が可能であるが, 排ガス中のCO_2成分が多いため発電出力減は天然ガス焚きと比較して大きくなり, 約8〜9%のレベルである。

表4 南港3号機の廃熱回収計算結果の例
(回収熱源単位 700kcal／$kgCO_2$)

出力低下量	3.20×10^4 kW
出力低下率	5.3%
UEEP	557.0kcal／kg
排気流量	867×10^3 kg／h
炭酸ガス用蒸気量	303×10^3 kg／h
#3抽気流量	16×10^3 kg／h
#4抽気流量	74×10^3 kg／h

3.5.5 タービン出力減計算の結論

(1) 炭酸ガス分離プロセスを発電プラントに追加する場合, 廃熱回収しない時の試算結果15%減と比べて, 廃熱回収のケースでは出力減が1/3となるような大幅な出力回復が見込まれ, 廃熱回収の有効性が確認できた。

(2) 天然ガス焚き発電プラントで最新の化学吸収剤(KS-1, KS-2)を適用し炭酸ガス分離廃熱を回収すると, 発電出力減は約5%のレベルである。

第6章　二酸化炭素の分離

3.6　おわりに

　火力発電所の膨大な量の排ガスからCO_2を回収する技術として化学吸収法を開発中であるが，この技術をより実用化に近づけるための課題の一つはCO_2回収エネルギーの低減にあり，この考えで，一貫して再生エネルギーの小さい吸収液の開発およびその実証に取り組み成果を挙げてきた。また，SO_2やばいじんを含む石炭焚き排ガスに対する適用性に見通しを得，化学吸収法の幅を広げてきた。今後，排煙脱炭装置の大容量化に向けてコストダウンに関する技術開発を進め，化学吸収法がより完成された技術になるように今後とも努力していきたい。

第7章　CO_2の海洋隔離

大隅多加志[*1]，増田重雄[*2]

1 はじめに

　二酸化炭素の海洋隔離の技術開発が開始されて，10年以上が経過した。これまでにも，関連する数多くの論文が発表されており，㈶地球環境産業技術研究機構(RITE)の研究成果報告書[1]には，最新の成果が盛り込まれている。また，工業技術院資源環境技術総合研究所，運輸省船舶技術研究所や，大学などの研究機関でも活発な研究が進められており，世界を展望すると，まさにわが国はこの分野の中心にある。与えられたページ数の中で，個別の詳細な成果については，触れることはできない。本稿では，溶解型海洋隔離に的を絞って，研究の現状を展望する。

　ひとつの技術をゼロから創っていく場合，その技術の構成要素を明確にし，要素ごとに研究の対象と方法論を個別に絞り込み，全体を有機的に統合するというやりかたが，研究開発の筋道であるとすると，われわれは，いま，その過程のどこにいるのであろうか。現時点での研究の立脚点を明確にしたい。

　ほぼ，5年前，この分野の研究の展望[2]を試みたが，その後1997年には，国の研究開発プロジェクトとして「二酸化炭素の海洋隔離に伴う環境影響予測技術研究開発」が開始され，同年12月に地球温暖化防止京都会議(COP3)が開催されるなど，研究をとりまく状況は大きく変わった。

　さて，財団法人電力中央研究所主催の1991年および1993年の国際ワークショップ[3]，新エネルギー・産業技術総合開発機構(NEDO)が主催した1996年の国際シンポジウム[4]などを通じて，わが国では世界と協調しつつ，二酸化炭素の海洋隔離の技術開発における研究課題を整理し，研究の具体的な目標を明らかにしてきた。最近では1999年6月に，NEDOと東京工業大学とが共催で国際シンポジウムを開催し，上記の研究開発プロジェクト前半での研究成果を発信し，広く国際的な問題提起に努めている。このようなやりかたが不可欠である理由それ自体が，この技術の性格を物語っている。二酸化炭素海洋隔離は，世界の共有財産である海洋を，気候という大気環境を守るために利用する技術であり，多くの人々の理解と協力によって技術内容をつくりあげていくことが，宿命付けられている。これらの過程のなかで，この技術が実現すべき内容を「溶

---

*1　Takashi Ohsumi　㈶電力中央研究所　我孫子研究所　上席研究員
*2　Shigeo Masuda　㈶地球環境産業技術研究機構　CO_2海洋隔離プロジェクト室　室長

第7章　CO_2の海洋隔離

解型海洋隔離」に絞り込むことが選択され，国プロ「二酸化炭素の海洋隔離に伴う環境影響予測技術研究開発」の基本計画（通商産業省　産業技術審議会，平成9年3月）にも「固定排出源から回収されたCO_2を海洋中層に溶解させることで大気から隔離する技術」という記述で，『溶解型海洋隔離』技術が取り上げられるに至った。

しかし，1999年以降，とくに米国の研究者[5]を中心に，より幅広い文脈から海洋隔離技術の可能性が再検討されようとしており，基礎研究の対象としての海洋隔離の概念は再び，拡散しつつあるように思われる。プロジェクト研究としての「二酸化炭素の海洋隔離に伴う環境影響予測技術研究開発」では，これらの他の「海洋隔離」概念との違いを明確にしつつ進展を図ることが望まれている。本稿が，そのための一助となることを期待する。

2　技術のねらい

温暖化防止京都会議で締結された京都議定書第2条には，carbon dioxide sequestration technologyが言及されている。その意味内容に必ずしも広範な合意が存在するわけではないようだが，これらの技術開発に積極的に支援を与え始めた米国エネルギー省の最近の動き[6]は注目に値する。

さて，米国でも広く関心を呼びつつある「炭素隔離技術」（ここでは，自然の炭素の循環に直接に干渉する技術一般と捉えることとしよう）を，広く地球科学の立場から分類すると，次のようになる。

1) 広い意味では土地利用変更や植林
2) 海洋の光合成能力を増大させようという提案（微量栄養素である鉄の散布や，深層水汲み上げ，サンゴ礁や沿岸の管理や利用を通じた対策など）
3) 二酸化炭素地中処分と海洋処分

以下は，この3番目の範疇に属する技術手段に，特に当てはまる議論である。すなわち，エネルギー技術における二酸化炭素回収貯留技術の期待と位置づけは，国際連合気候変動枠組み条約（UNFCCC, United Nations Framework Convention on Climate Change）や気候変動に関する政府間パネル（IPCC, Intergovernmental Panel on Climate Change）での議論のある部分を支配している問題意識——地球環境の有限性と人類文明の基礎であるエネルギー源の調達との折り合いをつける課題——のもとでは，ことさら重要な意味合いをもっている。杉山[7]は，原子力や再生可能エネルギーあるいは省エネルギーと比較して，「CO_2回収貯留技術の他技術に無い重要な特徴は，化石燃料の利用を継続しつつ温暖化抑制政策を実施できることである」とし，また「同技術の存在は，政治的・行政的に重要な意味を持つ。同技術によって，世界の超長期温暖化抑制政策の設計・施行可能性はおおいに高まるだろう」と論じている。本稿では，これを一歩進めて溶解型の二酸

化炭素海洋隔離技術は，まず気候変動枠組み条約の中にその位置づけを見いだすべきであると主張する。

この議論は，1970年代に，ローマクラブから提起された「有限の地球」という問題への回答の一つとして，二酸化炭素海洋処分の提案[8]が登場した歴史が反映している。

3 技術の有効範囲はどこまでか

化石燃料の従来型の利用では，獲得したエネルギーに対応する廃棄物である二酸化炭素(CO_2)を，人類は大気圏という環境へ放出している。環境に負荷を与える廃棄物を分離回収するのは妥当な行為であろう。回収によって大気圏に通じる循環の回路から切り離すことが一応可能となる。しかし廃棄物は増え続けるから，近代文明の廃棄物問題一般に共通する課題であるが，管理が必要とされ，そのための技術手段の開発が要請される。

廃棄物管理には，一般的に，利用ないし消滅などの処理，あるいは隔離の手段がとられる。二酸化炭素についての利用などの処理手段には，多くを期待できないことが広く認識されている。必要エネルギーが化石燃料燃焼過程で獲得利用されたエネルギーと原理的に(熱力学的考察から)等しいこと，また有用な生成物(高付加価値生産物)の市場性の限界，などの事情があるからである。

以上のように，二酸化炭素という廃棄物の管理にあたっては，まず隔離手段設計の問題が重要である。ところで人為に完全性を求めることは，健全な技術思想といえないのは明らかであり，漏洩(リーク)が不可避であるという事実を問題の出発点に据えるのは，二酸化炭素の問題でも妥当であろう。

漏洩の後の挙動予測に基づいて，隔離の技術が構想されよう。その鍵は地球における炭素循環の知識である。

原子炉廃棄物の場合であれば，廃棄物の元素組成は多様であり，それぞれの元素についての地球化学的挙動の理解が必要となる。多重のバリアをもってしても漏洩の可能性をゼロとできない以上，管理の設計に関わる科学的知見が膨大になるという問題は重大である。現に，核エネルギー利用に伴う放射性廃棄物処分は，獲得エネルギーあたりの廃棄物量が桁違いに少量であるにもかかわらず，現代のわれわれにとって課題解決の途上にある問題なのである。また，「環境ホルモン」とよばれている化学物質では，これまで天然での存在が知られていなかった物質であり，地球化学的挙動自体が未知であるため，現在，急速な知見の集積が必要とされていることも周知のとおりである。

これらの例とは大いに様相を異にしているのが，二酸化炭素である。

第7章　CO_2の海洋隔離

　二酸化炭素は，地球生物圏の生みの親といってよい。その大気圏を中心とする海洋を含めた地球表層での挙動は，「地球温暖化の科学」知見の内容そのものであり，豊富な科学的知識がすでに獲得されている。とくに海洋を中心とした炭素循環の研究は，キーリング博士のハワイ島マウナロアでの大気中二酸化炭素濃度連続観測ステーションを設立したのが米国スクリップス海洋学研究所であることからもわかるように，この40年間以上にわたって米国を中心とする世界の海洋化学の主要研究課題であり続けた。

　自然界での挙動の理解に基づいて隔離のメカニズムに何を想定するかが，開発する技術内容を決めていくわけである。二酸化炭素の地中処分技術分野を例にとって説明してみよう。二酸化炭素の地中処分技術分野の基礎的検討は，この10年間，隔離のメカニズムについての確実な成果をあげつつある。表1に，海洋処分研究分野での二酸化炭素深海底貯留のメカニズムについての基礎的検討と比較してこれを示した。地中隔離によって，人為起源二酸化炭素の数千年以上にわたる大気圏からの隔離が可能であることが確度の高い推定として，明らかになってきている。

　次に，溶解型隔離の隔離期間はどれほどかにつき，考察を進めたい。この疑問に対しては，海洋モデルによるアプローチが答を与えている。すなわち，計算機上に実現された海洋での炭素循環モデルあるいは，海洋流動のモデル上で，任意の位置に隔離された二酸化炭素を標識し，時間を追って，これをトレースし，一部分が大気に還流するまでに経過時間が求められている。CO_2の投入深度による還流時間の差を求める計算機実験などの研究例があり，隔離期間数百年から千

表1　溶解型海洋隔離以外の大気圏からのCO_2隔離手段の隔離期間

隔離メカニズム	内　容	推定隔離期間
帯水層処分における 水理学的トラップ[注] (Hydrodynamic Trapping)	注入井近傍から離れるにしたがって帯水層での広域地下水流動に支配されて挙動する。漏洩（リーク）のシナリオでは，間隙を浮力によって地表に達する。ともにモデル計算が可能。	〜10^4年
帯水層処分における 鉱物トラップ[注] (Mineral Trapping)	10^4年程度で，処分対象層を構成する鉱物との反応で，炭酸カルシウムを生成する。この場合，地球表層での炭酸カルシウム鉱物の平均滞留時間に相当する隔離効果が期待されることになる。	>10^7年
深海底貯留方式海洋処分 における 深海底窪地内での 密度成層の形成	以下の各種メカニズムを想定し，各研究者ともリーク量が小さいことを推論している。 1) 二酸化炭素が溶解した海水の密度増加 2) ハイドレートの塩分排除効果による塩分成層 3) 液体CO_2の体積圧縮率が大きいことに基づく，液体CO_2-CO_2ハイドレート-CO_2飽和海水の3層間の密度成層構造	〜10^3年

　（注）　これらの用語は，Brian Hitchon (Editor): Aquifer Disposal of caparbon Dioxide, Geoscience Publishing Ltd. Alberta, Canada, 1996で用いられた。

CO_2固定化・隔離の最新技術

年程度の結果が得られている。

溶解型隔離の場合の隔離期間の意味を知るには,「海洋が化石燃料起源の二酸化炭素をどのように吸収しているか」を理解する必要がある。溶解型海洋隔離概念は,海洋の大気CO_2吸収のメカニズムに密接に関わっている。幸いに日本語の成書[9]があり,詳しくは,そちらを参照してほしい。自然状態(産業革命以前の大気中CO_2濃度280ppmの状態)と比較して化石燃料起源の二酸化炭素が大気中に過剰に存在すること自体が,年間2G ton-C(炭素換算での単位:ギガトンは10^9トン)と推算される海洋の二酸化炭素の吸収現象の駆動力となっている点が重要である。海洋での炭素循環のモデル化の最新の結果[10](図1)からも,大気中二酸化炭素濃度増加とモデルから推算されたCO_2の海洋吸収量の増加予測とが同期していることが見て取れる。地球温暖化の進展の度合いの不確実性,および将来の炭素循環メカニズムの変容の可能性を考慮にいれても,この吸収作用そのものは存続するであろうと考えられている。

気候変動枠組み条約の究極の目的である「気候系に対して危険な人為的干渉を及ぼすこととな

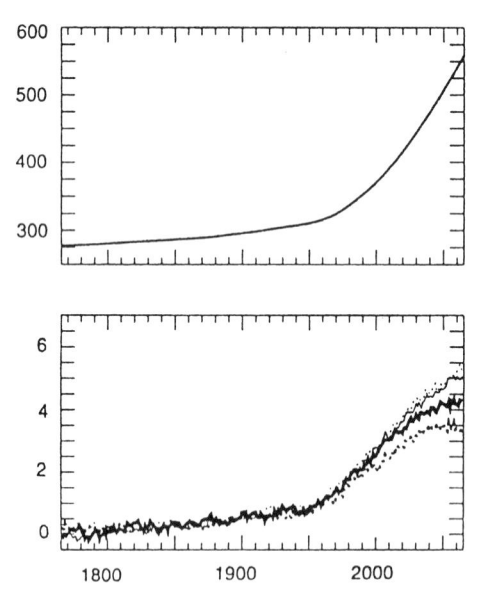

図1 地球温暖化条件下での海洋の炭素吸収予測[10]

上図:モデル計算に用いた大気中二酸化炭素濃度(ppm)の時間変化(1990年以降はIPCC92aシナリオ)
下図:各種仮定に基づく海洋の二酸化炭素吸収量モデル予測(単位は炭素換算ギガトン/年)4本の線の一番上が気候変動がひきおこされないとした場合の海洋の挙動を予測したもの

第7章　CO_2の海洋隔離

らない水準」に温室効果ガスの大気中濃度が安定化された地球を想定してみると，海洋への正味の二酸化炭素吸収量は西暦1800年以前の大気中CO_2濃度280ppmで安定化されていた当時と同様のレベル，すなわちゼロに，いずれ，漸減していくものとして，モデル化されている．モデル上，大気および海洋の全体の系から長期に炭素が除去される過程は組み込まれておらず，化石燃料消費の形で，系内に持ち込まれた炭素は，ある比率で大気海洋間に分配され残存するはずだからである．この分配に関わる時間スケールは，熱塩循環とよばれる海洋大循環のモデル的考察，また多くの年代測定結果から，ほぼ千年程度以上とされている．

さて，化石燃料の利用に関してみると，気候変動枠組み条約の究極の目的である大気中CO_2濃度の安定化にたどり着くことは，「文明の軟着陸」[11]と見なすべきであろうが，そのための道筋の途上に，われわれは海洋の働きを既に折り込み済みであることが，上記の議論でわかる．気候変動に関する政府間パネル（IPCC）によって現在とりまとめが進んでいる大気中CO_2濃度の安定化にたどり着くための世界のエネルギーシナリオにおいては，シナリオが予定するCO_2の大気中放出量の時間的経過から，結果としての大気中CO_2濃度を導く過程で，地球表層での炭素循環モデルの知見は現に不可欠な構成要素である．

ここで，新しい考え方を提示する．もし，世界が大気中CO_2濃度の安定化にたどり着くためのエネルギーシナリオを確立し，さらにそれぞれの経済主体が各々分担してCO_2の排出削減シナリオに合意したとすれば，ある経済主体が排出するCO_2については，究極的に大気に残留する部分と海洋に吸収される部分とが，ある確度で予定されたものとしてよいであろう．そのとき，約束した削減シナリオを達成するために，一時的にある期間，溶解型海洋隔離に頼ることは何を意味するのであろうか？

一部の論者が危惧するように，これは問題の先送り（臭いものには蓋）の発想に過ぎないのであろうか？

そうではない．溶解型二酸化炭素海洋隔離は，究極的に海洋に吸収される人為起源二酸化炭素の将来の部分を現在に先取りしているのである．この経済主体は，先取りすることで，条約の目的に背馳しない方法で，割り当てられた化石燃料使用の権利とでもいうべきものを，前倒しで利用していると考えられる．すなわち，溶解型海洋隔離を実行することで，将来割り当てられている権利を，現在時点で行使してしまっている（たとえていえば，化石燃料使用権という貯金を取り崩している）というべきである．

よく考えてみると，これは当然のことを指摘している議論である．すなわち地球環境の保全の目的のために化石燃料の利用に制限が課されるのであるから，自然界の炭素循環からの切り離しを意味しないCO_2溶解型海洋隔離技術の採用によって，化石燃料使用可能量の正味の増大を主張することはできない．

また，この議論の気候変動枠組み条約との関連も指摘しておきたい。すなわち溶解型海洋隔離技術手段の認知を獲得する場として，まず気候変動枠組み条約を考えるべきであるということである。すでに，京都議定書では，森林管理・土地利用管理による陸上の二酸化炭素吸収源増大の事業を各国の削減目標達成の手段として認めるところにまで踏み込んでいる。また気候変動枠組み条約の目標達成の手段としての「二酸化炭素隔離技術」開発の推進も，京都議定書第2条で合意していることに留意したい。

　気候変動枠組み条約が高度に科学的な内容の法律文書になっていることは，多く指摘されている。人類は，現在「炭素循環の変化が気候に及ぼす影響」についての科学的理解を深めつつあるが，気候変動枠組み条約という法的な拘束力をもって，削減のシナリオを作成しようとする努力は，とりもなおさず自然の炭素循環への意図的干渉＝「化石燃料資源の有効利用と気候制御」の領域に踏み込みつつあることを意味していないだろうか。海洋隔離技術はそのための道具を提供するものでもある。

4 技術開発目標の設定

　前節では，将来，気候変動枠組み条約の施行過程において合意されるべき，二酸化炭素排出削減シナリオの範囲に，技術の有効性の議論を限定することの妥当性を論じた。人類が頼ることのできる化石燃料資源量の枯渇までの期間や，気候変動予測の確実性の期間は数百年程度であり，気候変動枠組み条約が目指す温室効果ガス大気中濃度の安定化の達成目標期限も，今後の100年〜200年程度とする議論が大多数である。もし，気候変動枠組み条約自体が，この数百年の地球環境の管理を暗黙のうちに目指しているとするのであれば，海洋隔離技術の影響予測をすべき期間そのものも，一義的には，この期間内の範囲に絞り込むことが論理的な帰結ではないだろうか。

　海洋隔離技術の直接の責任範囲を将来のある期間内に絞り込むことは，実際的な研究開発の戦略に大きな利点をもたらす。

　長期的な技術開発の過程は，ともすれば過大なスペック（要求仕様）に悩まされる。狭い意味での経済性に当面は欠けるような長期的な技術開発プロジェクトが，社会の支持との関連で漂流してしまう中で，陥りやすい陥穽である。究極のスペックを求めて，無駄に資金が投入され続ける研究開発プロジェクトになってしまうのである。気候変動枠組み条約の施行の過程で，何らかの二酸化炭素排出削減シナリオが合意されるのであれば，それは溶解型海洋隔離に求められている隔離期間（約1000年）内での，大気および海洋圏のありようについての合意（人類社会全体としてのリスクの引き受け）が，達成されたと考えるべきである。技術開発プロジェクトとしては，シナリオ自体に潜むリスクの低減にまで踏み込む必要はない。

第7章　CO_2の海洋隔離

　溶解型の二酸化炭素海洋隔離技術の内容を，今後100年～200年の間の大気海洋環境の変化経路の予測範囲に重要な変更をもたらさないように，人為起源二酸化炭素を海洋へと溶解させる技術として定義したいというのが，本稿での主張である。

　技術への要求仕様を過大に設定しないことは，実用化の時期を早期に想定していることも意味する。「海洋隔離の技術手段には，人類の保有する化石燃料の全体を利用できるという期待がかけられている」というような要請から，少なくとも「溶解型」海洋隔離技術については自由になることを望みたい。これまでも多くの技術が適用してみての失敗という大きな犠牲をはらって進歩を遂げてきた。完璧な技術ができてから大々的に適用しようという考え方ではなく，実行しつつ微調整を繰り返しつつ進展をはかるタイプの技術として，溶解型海洋隔離を位置づけたいと考える。「地球環境産業技術」といえども本来の性格はピースミール・エンジニアリングであろう。

5　溶解型海洋隔離の科学的基礎

　可溶性の物質が流体の中に投入された場合，希釈や拡散を防止する仕組みを構成する技術を案出するのは，特に大量の物質量を相手にする場合，著しく困難な工学的課題である。すでに堀部[12]は，廃棄物容器を想定するような二酸化炭素海洋処分の無意味さを指摘している。

　エントロピーの増大という自然法則に一時的にも抗する仕組みの案出というような技術開発目標には，ともすれば過大なスペックのあくなき追求という陥穽が待ち構えている。技術としては，自然の過程の加速に目標をおき，大気圏からの隔離の実効を担保するのは技術そのものではなく，地球環境そのもの(海洋の密度成層という基本的ななりたちや海洋における炭素循環のメカニズム)ととらえることは，溶解型海洋隔離が，すぐれて「地球産業技術」たる所以であると考えたい。

　海水に二酸化炭素を溶かし込むと，CO_2分圧は上昇し，pHは低下する。世界の大洋の中深層の海水は多かれ少なかれ，そのような特徴をもった水塊である。エントロピーの増大に抗して，そのような現象が起こっているのは，積極的にCO_2を深海に送り込んでいる自然の営みが存在するからである。その営みの中で生物ポンプとよばれているメカニズムが果たしている役割は大きい。すなわち，光合成を通じて，太陽エネルギーが生物ポンプを駆動している。大気中のCO_2は有機物に転換され，粒子状で海洋を沈降する。深層水中では，この太陽エネルギーの塊である有機物は，多くの生物を支え，その結果として，CO_2分圧が上昇している。

　溶解型海洋隔離では，これと異なる経路で，同様の帰結が導かれるような技術開発を意図している。対象水塊での急激なCO_2分圧を可能な限り抑制し，短期局所のCO_2分圧がもたらす海洋環境変動が予測不可能にならないことを保証するものの，いずれ人類が直面するであろう広域的な

CO₂固定化・隔離の最新技術

海洋中深層でのCO_2分圧濃度上昇についてまでは関知できないとする技術開発内容である。

上述のような溶解型海洋隔離の特徴を踏まえた上で，この技術手段によるCO_2処分容量の保守的な数値を示してみたい。

現在，世界のひとびとが「地球温暖化防止条約」（気候変動枠組み条約）で合意している目標は，大気中の二酸化炭素濃度を産業革命以前に戻すことではない。温室効果ガスの大気中濃度増加をとどめ，ある濃度水準で安定化することである。しかし，その濃度水準(安定化濃度目標値)が，どのレベルであるべきか（どのようなレベルであれば許容されるのか）について合意は成立していない。議論のたたき台として産業革命以前のレベルの約2倍である二酸化炭素濃度 550 ppm が提示された段階であろう。

かりに，大気中二酸化炭素濃度が550 ppmになったとしよう。その場合，現在の大気中の二酸化炭素濃度と比較するとおよそ 190 ppmの増加である。この濃度増加に対応する分だけ，いつかは，さらに過剰に海洋中の二酸化炭素量が増加することになる。海洋中に溶け込んでいる二酸化炭素のほとんど全量が，大気由来であるからである。簡単な海水の炭酸系の平衡計算によれば，大気中CO_2濃度の 190 ppm 増大に対応する海洋全体へのとりあえずの二酸化炭素移行量（「溶解度ポンプ」に対応するもののみを控えめに評価することとした）のうち，大洋の内部領域の厚さ2000m（水深1000mから3000mの区間）分，約5億 km^3 の海水に溶ける二酸化炭素は炭素換算で410 ギガトンである。この量は，世界中で消費されている化石燃料から由来する二酸化炭素の70年分にあたる膨大な量である。もしそうであれば，人為的にこの量までの二酸化炭素を積極的に海洋に溶かし込むことは，将来の海洋中層の状態を先取りすることを意味している。

6 「二酸化炭素の海洋隔離に伴う環境影響予測技術開発」の到達点

NEDOからの委託事業により，現在進行中の「二酸化炭素の海洋隔離に伴う環境影響予測技術研究開発」の各研究項目を，前節までの議論に照らして整理し，これまでの成果を点検してみよう。

このプロジェクトは，目的として

産業活動による二酸化炭素大気中濃度の急激な上昇を抑制する方策の一つとして，固定排出源から回収されたCO_2を海洋中層に溶解させることで大気から隔離する技術が提案されている。このCO_2海洋隔離方策に対して，わが国が，今後のCO_2削減プログラムの選択肢としての成立性を判断する際に必要とされる技術的基盤を確立するため，当該方策の実施に係わる環境影響予測技術，および環境側面をも考慮した隔離能力の定量化技術を開発する。

を掲げる。

第7章　CO_2の海洋隔離

　ここでの「CO_2削減プログラムの選択肢としての成立性」の判断は，確かに本プロジェクトの成果である「技術的基盤」に依存する。しかし，「わが国」の選択肢とするには気候変動枠組み条約（UNFCCC）や気候変動に関する政府間パネル（IPCC）の場で「溶解型海洋隔離」技術の有する意味合いを主張することが前提であることを前節までの議論で強調した。

　さて，各研究項目について触れる。CO_2の達成可能な希釈目標の設定のための検討や，影響予測に必要なデータ取得は，このプロジェクトを通じて着実に進んでいる。

6.1　日本近海での海洋隔離に係る環境影響評価のための調査研究

　「日本周辺海域の海洋中層にCO_2を溶解し隔離することを想定し，これに伴って生じる環境への影響および隔離能力を評価するために，西部北太平洋で大型観測船による調査を実施し基礎データを取得する。これをもとに，放流後溶解したCO_2の海洋中での挙動を数十年から数百年のスケールで予測し，大気からの隔離能力を評価できる数値モデルを開発する」ことは，「二酸化炭素の海洋隔離に伴う環境影響予測技術開発」研究プロジェクトの一つの柱とされている。

　この目的を達成するための研究項目として，
1)　海水の流動場の推定
2)　炭酸系物質の分布と炭素の移行速度に関するデータ取得
3)　海洋生物の現存量調査法とCO_2影響実験法の検討
4)　隔離能力評価モデル開発

が，実施されている。

　1)，2) 項では，人為起源の二酸化炭素が現に海洋に隔離されているメカニズムそのものの理解を深めようとしている。海洋の炭素循環についての科学的知見を充実させ，わが国周辺の海域について，その実態に迫ろうというねらいである。現に天然の二酸化炭素を大気圏から隔離しているメカニズム(海洋物理学的過程，あるい生物を介した炭素の積極的な大洋中深層への輸送過程)への理解を深めることで，海洋隔離の科学的基礎を確実なものにすることが可能である。明示されてはいないが，この研究内容が実地調査であるところから，将来，隔離事業を実施する場合のベースライン調査の意味合いも含まれているであろう。とくに，日本周辺の広い海域をカバーして海洋観測を実施していることには，「思いもよらない現象の見落とし」が無いことを，野外科学として実地に確認する学術的な作業としての側面も有している。大洋中深層に的を絞っての調査研究の成果は，流速計や中層漂流ブイによる観測，天然のトレーサなどを組み合わせて平均的な流動場を再構成しようとする努力を中心に実を結びつつある。

　3) 項は，大洋中深層の生物調査そのものを実施するという意欲的な基礎研究として研究が進んでいる。CO_2の中深層への輸送（生物ポンプ）を担っている生物そのものを理解しようという

努力でもあり，一方では二酸化炭素による生物への影響の評価という観点からは影響を被る対象を理解することが評価の出発点であるべきだとの立場が堅持されている。さらには，洋上の研究調査船でしか実施できない内容として，動物プランクトンへの二酸化炭素暴露実験について方法論の確立が精力的に取り組まれている。

4) 項は，一般的な海洋の炭素循環モデルというよりは，調査海域（西部北太平洋）のデータに即して，海洋の二酸化炭素隔離能力を多面的に評価するような数値モデルが示されることを目指している。

以上の各研究項目は，平成2年度から7年間にわたって実施された「海洋中の炭素循環メカニズム」研究（Northwest Pacific Carbon Cycle Study, NOPACCS）の実績や，研究体制を十分に活用した内容となっている。

6.2 CO_2 中層放流に伴う環境影響予測技術の開発

「海中へ液体CO_2を直接放流する際の放流海域周辺に生じる環境影響を総合的に評価する技術を開発する」ことは，「二酸化炭素の海洋隔離に伴う環境影響予測技術開発」研究プロジェクトのもう一つの研究の柱である。研究の実際では，

1) CO_2の放流時挙動の実験的解明
2) CO_2の送り込み希釈技術の検討
3) 生物影響室内実験
4) 放流周辺域環境影響予測モデル開発

が，取り組まれている。

項目1), 2) においては，現実的な技術手段の範囲で，注入された二酸化炭素の海中での急速な希釈が工学的に可能なのかを判断するための研究が実施されている。海洋隔離の海域の選定などの前提として，技術的に影響低減がどこまで可能なのかを，研究の開始時点で見定めておこうという意図に基づいている。広範な工学的検討や，常温高圧海水環境での液体二酸化炭素物性値の取得に基づく考察など，網羅的に検討を進めつつあるが，研究の重点は，水深1000m内外の状況でのノズルから放出されたCO_2液滴群挙動がどこまで予測可能なのか，それを実験的に明らかにすることに集約されつつある。

項目3) は，世界的にみても挑戦的な研究内容であり，個体レベル，群集レベル，また生態系レベル，また魚類については生理学的基礎に立ち戻っての研究など，できる限り包括的な研究が進行中である。項目4)でこれらを総合して提示する試みが予定されているが，そこでの課題は，短期局所での影響の解明に基づいて現実の海洋中深層環境への影響予測が，外挿のやり方でどこまで可能なのかであろう。

第7章 CO_2の海洋隔離

さて,技術的に可能な範囲で二酸化炭素希釈が注入点近傍で実施された場合に,海洋中深層での短期局所の影響の実態を確実に把握し評価することは,研究の次の段階の焦点であろう。そのような研究の将来の道筋を具体的に明らかにし,今後の継続的な技術開発計画を策定することが,現在,強く求められている。

7 研究の将来展望

「二酸化炭素を広く薄く急速に溶解させることで,副作用は許容される範囲にとどめることが可能である」ことを実際に即して提示する研究として,溶解型海洋隔離技術開発の次の段階を構想することを提案したい。もし「副作用が許容される範囲である」であることが説得力をもって示されれば,それ以外には,前節で試算を示した程度の量(炭素換算で410ギガトン)のCO_2隔離の範囲内で,溶解型の海洋隔離に明白なリスクは存在しないように思われる。より正確に表現すれば,気候変動枠組み条約が想定している大気中CO_2濃度安定化目標に付随した固有の(いまだ認識されていないものを含めた地球環境総体としての)リスクに対して,正味の「追加的な」リスクは,指摘されていないということである。

実際には,生命の場である海洋環境に二酸化炭素を不可逆的に希釈してしまうことの現時点での最大の「認識論的な」リスクは,科学の歴史には「Unknown Unknowns」が常に登場してきたという点にある。予想もしなかったメカニズムやプロセスで人為的なCO_2投入が海洋環境に決定的な不可逆の悪影響を与える可能性を排除できないことは事実である。しかし,その検討は,気候変動枠組み条約とは別の文脈(その文脈があるとすればロンドン条約などであり,気候変動枠組み条約よりもロンドン条約の方が,海洋に対する人類の態度の枠組みとしては広い価値を体現しているという見方も存在する)でなされるべきであろう。その場合,それは人類全体として海洋隔離手段に封印をしてしまうことにもつながりかねないことを覚悟せねばならない。いずれにせよ,現時点でNEDOのプロジェクト「二酸化炭素の海洋隔離に伴う環境影響予測技術研究開発」で注力されているCO_2生物影響の基礎的知見の充実にかかわる研究には,今後ともいっそうの力点がおかれるべきであろう。

さらに,具体的な海域を特定しての研究の必要性について付言する。地球を相手にする研究は,site specificな性格を強くもっている。総合研究とはいっても一般的な内容では中身が充実しないし,新たな知見として得られることの内容は限定される。海域をとりあえず設定することで,採用する研究手段などについての発想は豊かになり,それが飛躍的な研究の進展につながる例は多い。魚類など水産資源への影響などを一般的に検討することに限界があることは明らかであろう。ケーススタディとしての立脚点を逸脱しない範囲でも,具体的な海域を特定しての研究を進める

ことで得るものは大きい。そのやりかたによってこそ、短期局所への影響の低減が技術選択によってどこまで可能であり、それは許容可能なのかを具体的に検討ができると考える。

8 まとめ

化石燃料を使い続けることを許容しつつ、地球温暖化を防止する方策の一つとして、二酸化炭素の海洋隔離技術がある。その技術的な詳細については、これまで数々の特徴あるシステムが提案されてきている。技術内容のポイントは、影響範囲を局限することを狙う(たとえば深海底への貯留)のか、急速に希釈してバックグラウンドレベルにまで濃度を下げることの二者択一である。影響範囲を局限することをねらう技術概念のほうが、あきらかに人為的な度合いが大きい。天然ではエントロピーが増大する過程が支配的であり、それを押さえ込む技術を提案していることになるからである。

希釈をねらう溶解型の海洋隔離は、無責任な大量希釈を決して意味しない。自然界での二酸化炭素の挙動の理解に立脚した技術方策であり、気候変動枠組み条約の精神に照らして許容されるべき性格の技術として構成可能である。海洋隔離の海域を具体的に想定し、また希釈に関わる技術内容の信頼性も含めて、注入点付近の局所短期の環境影響を評価する研究段階を踏み、それが許容可能なレベルであることを示した上で積極的に技術開発を推進すべきである。

文　献

1) (財)地球環境産業技術研究機構、平成10年度地球環境産業技術研究開発事業　新エネルギー・産業技術総合開発機構委託「二酸化炭素の海洋隔離に伴う環境影響予測技術研究開発(CO_2放流点周辺域の環境影響予測技術の開発並びに研究支援調査)成果報告書」(平成11年3月)；同、平成9年度成果報告書(平成10年3月)
2) Takashi Ohsumi, Feasibility Study on CO_2 Storage in the Deep Sea. *Marine Technology Society Journal*, 29(3), 58-66 (1995)
3) N. Handa and T. Ohsumi Eds., "Direct Ocean Disposal of Carbon Dioxide" Terra Scientific Publishing Company, Tokyo, Japan 1995
4) Y.Kaya and P. Freund Eds, Proceedings from the International Symposium on Ocean Disposal of Carbon Dioxide, A selection of papers presented at the symposium held in Tokyo, Japan, October / November 1996, *Waste Management*, 17(5/6), 273 - 402 (1998)
5) たとえば、Peter Brewer *et al.*, "Direct Experiments on the Ocean Disposal of Fossil Fuel CO_2" *Science*,

第7章　CO_2の海洋隔離

284, pp.943-945 (1999)
6) たとえば，http://www.fe.doe.gov/coal_power/sequestration/index.html を見るとよい
7) 杉山大志，CO_2回収貯留技術の長期戦略的価値，『1999.1.28-29 第15回エネルギーシステム・経済・環境コンファレンス講演論文集』pp.309-314 (1999)
8) Marchetti, C., On engineering the CO_2 problem. *Climatic Change*, 1, 59-68 (1977)
9) 野崎義行，地球温暖化と海，東京大学出版会，1994年
10) Sarmiento, J., Hughes, T.M.C., Stouffer, R.J. and Manabe, S., Simulated response of the ocean carbon cycle to anthropogenic climate warming, *Nature*, 393, 245-249 (1998)
11) 大隅多加志，CO_2は隔離できるか，科学，63(1), 17-21 (1993)
12) 堀部純男，海の効用―海洋と二酸化炭素―，日本海水学会誌，45 (3), 130-138 (1990)

第8章　CO_2の地中隔離

小出　仁*

1　CO_2地中隔離の意義

1996年からノルウェーでCO_2地中隔離の実操業が開始された[1]。また，カナダでもCO_2を含む酸性ガスの地中圧入が数カ所で実施されている[2]。米国などの産油国で原油増進回収のためにCO_2を地中に大規模に圧入している例は多数ある。CO_2地中隔離はすでに実用技術になっていると言える。しかし，新しい技術であるだけに，地中におけるCO_2の挙動がよく判っていないなど，重要な研究開発課題が多く残されている。安全性を高め，効率を高め，コストを低下させ，さらに隔離だけではないCO_2地中圧入の積極的な利益を高めようとする研究が開始されている[3]。

CO_2地中隔離は安全性が高く，世界全体では3兆トン以上のCO_2隔離が可能で，コストやエネルギーロスも比較的小さい[4]。現在，化石燃料は悪者扱いされているが，近代文明が発達したのは効率のよいエネルギー源である化石燃料の恩恵である。将来も当分は化石燃料が世界の主要エネルギー源であることは変えられそうにない。CO_2回収-隔離技術は，化石燃料を使いながらCO_2排出をほとんどゼロにできるので，産業構造をあまり変えずに地球温暖化防止が可能という長所がある。エネルギー利用効率の向上や省エネルギーや再生可能エネルギーの利用を最大限に推進した上で，原子力やCO_2回収-隔離技術をいかに組み合わせて，必要な大幅な温室効果ガス排出削減を実現するかを探るべきであろう。

省エネルギーやリサイクルは，処分しなければならないCO_2の量を減らしたり，処分の時期を遅らせることはできる。しかし，エネルギー源として化石燃料を利用し続ける以上は，発生するCO_2の落ちつき場所を大気外に用意しなければならない。世界中で大量に地下から掘り出される石油・石炭・天然ガスの燃焼によって，年間約200億トン，1気圧での容積にして約10兆m^3のCO_2が地上にもたらされる。全地球表面を2cmの厚さで覆うことができる量のCO_2が毎年増え続けるので，そのままでは地表に置くことはできないのは明らかである。

大気中の低濃度のCO_2を回収するには，エネルギーロスの大きな物理・化学的な回収法よりも，植林や藻類・珊瑚の増殖のような生物処理が有望である。他方，火力発電所や工場などで化石燃料を燃やした後に発生する廃ガス中に高濃度に含まれるCO_2の回収には物理・化学的な方法が有

* Hitoshi Koide　通商産業省　工業技術院　地質調査所　環境地質部　主任研究官

第8章　CO_2の地中隔離

望であり，研究が進んでいる。生物処理は遅効性で，効果が不明確で，広大な面積を必要とするという欠点があり，環境保護の観点や食料・原料生産なども考慮した長期かつ永続的な取り組みに適している。物理・化学的な回収法は濃度が高い方が回収の効率がよくエネルギーロスが少ないので，火力発電所や製鉄所などの廃ガスからCO_2を回収する方法に効果的である。大量固定発生源からのCO_2回収法の研究は盛んに進められているが，回収した大量のCO_2を貯蔵または隔離する方法の開発が遅れていた。

2　枯渇油・ガス田および閉塞帯水層への CO_2 地中隔離

分離・回収したCO_2が炭酸カルシウムのような安定な固体になっていれば，地表での埋立やごく浅い半地下の埋設も可能であるが，CO_2-ドライアイスの場合は，低温に保つ必要があるので，貯蔵はかなり困難になる。CO_2-ハイドレート（クラスレート，シャーベット状の水和物）や液状にして，天然空洞や石炭などの採掘跡空洞へ貯蔵する案もあるが，収容能力が十分ではない。南極の半地下空洞を利用する案[5]もあるが運搬コストが問題になる。岩塩層も含めて，地下空洞・半地下空洞への大規模なCO_2地中隔離は，容量・コスト・安全性に大きな改善がなければ実施は難しい。

　石油や天然ガスは，地下の岩層中の微細な空隙に，数百万年・数千万年の長期にわたり蓄えられていたものを，抽出して使用している。石油や天然ガスが地下の巨大空洞にプールのように貯まっていると誤解している人が多いが，地下では岩圧が大きいため，巨大空洞は長期間安定に存在できない。実際は，石油や天然ガスは岩石中の顕微鏡でも見えないくらいの微細な無数の空隙中に分散して含まれている（図1）。堆積岩中には，砂や泥と一緒に生物の遺骸などの有機物が閉じ込められ，石油や天然ガスの元になる。堆積岩中で有機物からできた炭化水素は，水より軽い

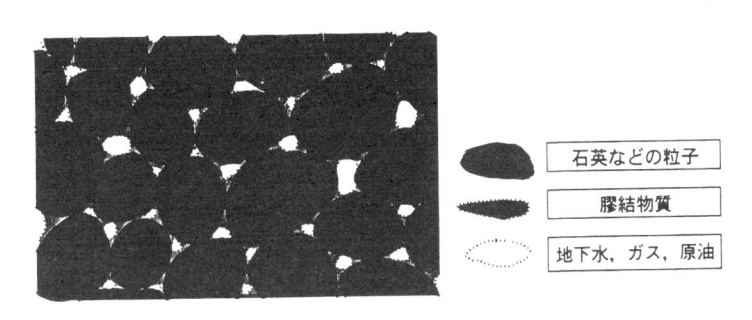

図1　堆積岩の空隙

石英などの粒子
膠結物質
地下水，ガス，原油

ため帯水層中を浅い方に移行し，通常は散逸する。しかし，炭化水素を含んだ帯水層の周囲または上方を難浸透性の泥岩などのキャップロック（帽岩）が覆った封塞構造（トラップ）があると，トラップの下に炭化水素が溜まり（図2），条件のよい場合には石油や天然ガスの鉱床になる。

ガス田や油田は，天然ガスや油田ガスを数百万年以上もの長期にわたって隔離してきた。既に天然ガスの貯蔵に大規模に利用されているように，ガス田や油田のトラップには気体や液体を長期隔離する能力が元来備わっている。粘度や比重が高く不燃性で毒性も小さいCO_2は，メタンを主成分とする天然ガスよりむしろ容易に長期隔離ができる。枯渇したガス田や油田にCO_2を流体状（地下の温度圧力条件により，気体，液体，超臨界流体，または水溶液）で圧入する方法は，コストと確実性から有望な貯蔵法と考えられる（図2）。

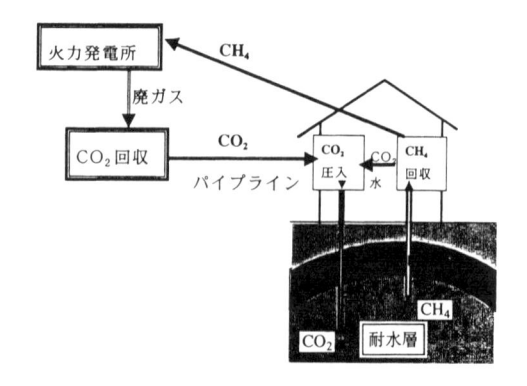

図2 CO_2地中隔離の基本概念
火力発電所などの廃ガスからCO_2を回収し，地下の帯水層（微細な空隙が多く，多量の地下水を含む岩層）中に圧入し，代わりに地下のメタン資源を回収する。

原油は地下深部の岩石の微細な空隙に含有されているので，完全に採取するのは困難である。そのため一見枯渇したように見える油田でも，実は地下の岩層中にはまだ多量の原油が残されている。このため枯渇しかけた含油層に水などを圧入し，岩石の微細な空隙中に残された原油を追い出して回収する原油増進回収法（EOR）が開発されている。CO_2を含油層に圧入するCO_2-EORは既に産油国などで多くの実績があり，日本でも実証実験が行われている。CO_2を地中に圧入して，石油や天然ガスを回収することができれば，温室効果ガス排出削減とエネルギー資源の回収の双方に貢献できる一石二鳥の技術になる。

地下深部に存在する流体には，通常，地下水面からの深さに応じた水柱の荷重＝水頭圧が加わっている（以後，静水圧と呼ぶ）。水の密度はほぼ$1g/cm^3$として，地下水面はほぼ地表に近いので深度1,000mで約10MPa，深度2,000mで，約20MPaの静水圧が地下の岩盤中の流体に加わっている（図3）。CO_2を地下に圧入するには，帯水層内の間隙流体圧力以上の圧力を加えないと圧入できない。気体の場合は，同一温度であれば圧力にほぼ反比例した容積に圧縮される。したがって高圧で圧入した方が貯蔵量が多くなる。

しかし，地下の流体圧は元の自然状態での圧力（初生圧）からあまり変えないことが望ましい。

第8章 CO_2の地中隔離

通常の初生圧は静水圧に等しいか，少し高い程度である。CO_2の圧入により，地下の間隙流体圧があまり上昇しないようにするためには，地下水や天然ガスの汲み上げを必要に応じて実施し，貯留圧をコントロールすることが重要になる。

CO_2の臨界温度は31.1℃，臨界圧は7.39MPa，臨界点における密度は0.468kg/ℓである。地下の深度800m以深では，静水圧だけで8MPa以上になるのでCO_2は超臨界流体になっている（図3）。超臨界流体の性質は液体に似ているが，圧縮性が液体より高く気体より低い。地下の岩石およびそれに含まれる地下水の温度は深度と共に上昇する。日本の堆積盆地では，地温勾配は100mにつき1℃から4℃程度の上昇であり[6]，1,000mないし1,500m以深で超臨界温度もほぼ越える。超臨界温度を越えれば急激な圧力低下があっても沸騰現象は起こらない。CO_2が超臨界状態になる地下1,000m程度以深への隔離が望ましい。

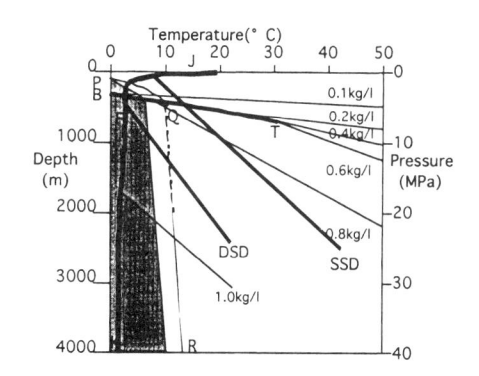

図3 地下の温度・圧力条件におけるCO_2の状態
（単体で存在する場合）

圧力（MPa）は静水圧（水頭圧）に等しいとして，図中の数字は二酸化炭素の密度。B-Q-Tは二酸化炭素の沸騰線，Tは臨界点31.1℃，7.39MPa，P-Q-Rは二酸化炭素ハイドレートの分解条件，打点域は帯水層中で二酸化炭素ハイドレートが形成される可能性のある領域，J-F-Kは海水温度曲線（北太平洋），SSDは浅海底下帯水層の模式的温度分布，DSDは深海底下帯水層の模式的温度分布。

3 非閉塞帯水層へのCO_2地中隔離

天然ガスや石油鉱床の下方や周辺には，油田水の層が広がっている。油田水は通常は塩水であり，主に母岩堆積当時の海水が閉じ込められた化石水である（長い間に岩石と反応して成分が変わり，鹹水と呼ばれる海水より塩濃度の高い地下水になっていることがある）。化石水を含む帯水層は，油田地帯以外の堆積盆地の地下にも広く存在するが，塩水であるため水資源として利用できない。このような化石水には，堆積物や海水に含まれていた有機物に由来するメタンが含まれており，水溶性天然ガスとして採取されることがある。商業的に稼行されている水溶性ガス田は，千葉県・新潟県・宮崎県に限られているが，メタンに富む化石水は日本だけでなく世界の全国の堆積盆地に膨大に存在する[7]。CO_2はメタンに比較して水に溶解しやすく，同じ温度圧力条件下ではメタンの数10倍溶け込む。したがって，地下水中にメタンの代わりにCO_2を大量に溶解させられる。圧力が高いほど気体は水に溶解しやすい。

一般に水資源として利用される地下水は，地表からの天水が侵入して，常に循環し，そのため淡水に保たれている循環水である。塩水化した帯水層は地表や水資源として利用される循環地下水から難透水層によってある程度隔離されている。帯塩水層は，天然ガスや石油のリザーバーのように気体を長期間封入できるという保証はないが，地下水が帯塩水層からほとんど動かないか，動いたとしても流れが極めて遅いため，水に溶解したCO_2は長期間地下に封入されうる。

水への溶解による隔離は安全度が高いので，実際の隔離に際しては，まず地下水に溶解する程度までの量のCO_2を圧入し，貯留層毎に遊離CO_2の閉じ込め能力を確かめながら，圧入量をどの程度増やせるかを求めるべきであろう。

炭酸は弱酸であり，CO_3^{--}イオンが岩石中の炭酸塩鉱物や珪酸塩鉱物と中和反応して，炭酸水素イオン化する。これは，大気から地下水に溶解した炭酸イオンによって，天然に広く起きている岩石の風化現象である。特に，地下水中の炭酸イオンが，石灰岩を溶解させて鍾乳洞を作ることが知られている。しかし，CO_2の溶解度から考えても，短期間に溶解させられるのは，岩体の重量のたかだか1～2％程度であるので，1,000m以上の地下に圧入したCO_2が地盤沈下を引き起こすおそれは少ないと思われる。また，地中隔離の対象となりそうな日本の第三紀堆積盆地中には石灰岩等の炭酸塩岩は少ないので，炭酸塩岩の溶解が地盤沈下の原因になるおそれはあまりない。しかし，貯留岩になりそうな砂岩層の膠結物質の溶解による強度低下について研究する必要がある。

4 CO_2の地中隔離能力と経済性

石油や天然ガスの資源量予測に使われる面積法を用いて，世界の帯水層のCO_2地中隔離能力を推定する[8,9]。面積法とは，探鉱によって資源の原始埋蔵量が把握されている地域のデータを基に，未探鉱の地域の資源量を予測する簡易法である。CO_2を単体の超臨界流体として貯留する方式は，地質構造に依存するため隔離能力の推定が難しいので避け，地質構造にあまり依存せずに隔離できるCO_2を地下水に溶解させる非閉塞帯水層へのCO_2地中隔離方式をすべて採用するとして，隔離能力を推定する。隔離する帯水層の中央深度を2,500m，層厚を300mと仮定し，隔離圧を25MPa，帯水層温度は摂氏90度，帯水層の空隙率を20％，置換効率を20％とする。この圧力温度でのCO_2地中隔離の水への溶解度は0.041 ton-CO_2/m^{3}であるので，堆積盆地1km^{2}あたりのCO_2地中隔離能力は49万2,000 ton-CO_2になる。Koideら[8]は，実際に地中隔離に利用できるのは世界の堆積盆地の1％と仮定して，世界全体のCO_2地中隔離能力を3,200億ton-CO_2と見積もった。その後，世界の多くの人が様々な推計をしているが，3,200億ton-CO_2という見積もりはコンザーバティブな推定としてしばしば利用されている。

第8章　CO_2の地中隔離

しかし，地質構造にあまり左右されない溶解型のCO_2地中隔離として見積もっているので，技術的には堆積盆地のほとんどでCO_2地中隔離が可能であり，社会条件を考慮してももっと広い範囲で隔離ができると考えられる。また，地質構造が適していればCO_2を超臨界流体状態で高密度で地中隔離できる。したがって，堆積盆地の1%しか利用できないとするのは過小評価すぎる。世界の堆積盆地の10%の地下帯水層で溶解型のCO_2地中隔離を実施できるとして評価すると，世界で約3兆トン以上のCO_2を隔離できると見積もられる（表1）。

表1　世界におけるCO_2地中隔離可能量

ブロック	堆積盆地面積（万km^2）	CO_2貯留可能量（億トン）
東アジア	358	1,770
東南アジア	286	1,360
中東／西アジア	500	2,470
旧ソ連	971	4,800
ヨーロッパ	271	1,360
南アメリカ	907	4,480
北アメリカ	921	4,550
アフリカ	1,523	7,530
豪州／オセアニア	747	3,690
世界計	6,479	32,010

日本国内および近海におけるCO_2地中隔離可能量についてはエンジニアリング振興協会石油開発環境安全センター[10]による綿密な調査結果がある。この調査は既存の公開データによって，CO_2地中隔離可能量を推定したもので，以下のようにまとめられる。

〈カテゴリー1〉
　大規模な油・ガス田にある油・ガス層および帯水層　約20億トン
〈カテゴリー2〉
　国による基礎試錐により，背斜構造が確認されている帯水層　約15億トン
　＊　確認されているトラップ構造内への隔離可能量（カテゴリー1＋2）小計　約35億トン
〈カテゴリー3〉
　陸域堆積盆地内の一般帯水層　約160億トン
〈カテゴリー4〉
　海域堆積盆地内の一般帯水層　約720億トン
　＊　日本国内および近海における隔離可能量（カテゴリー1＋2＋3＋4）総計　約915億トン
以上のように，日本および近海におけるCO_2地中隔離可能量は，約900億トンと試算されたが，

その内容はカテゴリーにより大きく異なることに留意する必要がある。カテゴリー1および2は、地質構造等のデータが整っており、精度の高い隔離可能量が得られているが、カテゴリー3および4はおおよその推定値である。

初期の本格隔離の対象になる帯水層は、地質構造が解明されていて、しかも石油や天然ガスを商業規模で胚胎していない帯水層であろう。公表されている国の基礎試錐調査のデータからは日本および近海の帯水層は約15億4,000万トンのCO_2地中隔離能力があると推定される(本格的な帯水層調査を実施すれば、収容量は大幅に増えると思われる)。帯水層を20年間使用する予定でCO_2地中圧入を実施するとすれば、当面日本および近海で年間約7,700万トン程度のCO_2地中隔離をする能力があると見積もられる。

5 温室効果ガス排出削減目標と地中隔離の役割

エネルギー総合工学研究所[11]は火力発電所排ガスからCO_2回収するプロセスを含めた地中隔離のコストの試算を行っている。それによれば微粉炭焚き発電 - アミン吸収法CO_2回収 - パイプライン輸送 - 地中圧入の場合、コストの内訳は、回収コストが4,220円/t-CO_2で、輸送・圧入コストが輸送100kmの場合に1,790円/t-CO_2、輸送500kmの場合が2,910円/t-CO_2となる。合計して、輸送100kmの場合が6,010円/t-CO_2、輸送500kmの場合が7,130円/t-CO_2である。

海外のコスト試算も大きなバラツキがあるが、火力発電所の廃ガスからCO_2を回収するプロセスのコストや輸送コストに比較して、地中圧入の部分のコストの方がずっと安いという点で一致している。また、コストについては海洋隔離と地中隔離はあまり差が無く、ほぼ同等である。輸送コストの比重が大きいので、CO_2発生源と隔離サイトの間の距離の近い方がコストが安くなる。また、液化のコストも大きく、エネルギーロスも大きい。そのため、パイプライン輸送ができ、液化の必要がないCO_2発生源から近距離の地中隔離のコストが最も安くなり、エネルギーロスも小さい。

日本の新鋭および大型火力発電所の廃ガスからCO_2を回収し、日本および周辺の帯水層に地中隔離することを考えてみよう。1990年レベルの6%相当の年間6,800万トンのCO_2排出削減をするとすれば、削減の効率を考慮すると、年間7,800万トンのCO_2排出をする火力発電所群からCO_2を回収して、年間7,000万トンのCO_2地中隔離を実施する必要がある。前節で述べたように日本および周辺の帯水層で年間7,700万トンまでは地中隔離が可能である。年間7,000万トンのCO_2回収 - 運搬 - 貯留にかかる全コストは年4,200億円程度である。CO_2は火力発電所の排ガスから分離回収したものであるが、この削減費用を排出元の火力発電所のコストに上乗せすると30%から50%以上も排出元の火力発電所の発電コストが上昇することになる。しかし、日本全体のCO_2排出

第8章　CO_2の地中隔離

削減に貢献するので，排出元の発電所のみに削減コストを負担させるべきではない．もっとCO_2排出源全体に公平に負担させる方法を選ぶべきであろう．たとえば炭素税で賄うとすると，炭素1トン当たり1,200円程度の低率の炭素税で賄える．日本の発電全体の平均では，1kWhの発電におおよそ炭素換算107gのCO_2排出があるから，炭素1トン当たり1,200円の炭素税は，電気代としては1kWh当たり13銭の増ですむ．ガソリン1リットル当たりにすれば0.8円くらいになる．

6　CO_2の海洋底下隔離

CO_2地中隔離の安全性をさらに高めるために，海洋底下の堆積層fe玄武岩層に地中隔離する技術が考えられる[12]．

深海底では地中浅所でも比較的高圧かつ低温になっているので，堆積層中でCO_2-ハイドレートを形成すると考えられる（図3）．岩石層中でハイドレートが形成されると，極めて効果的に流体の透過を妨げるため，CO_2の漏洩を防ぐ効果が期待される（図4）．寒冷地や海底下で地温勾配の低い堆積盆地は，貯蔵可能量も大きく，漏洩のおそれのない良好な隔離サイトとして期待される．

深海底下の帯水層に圧入されたCO_2は，地下水に溶解し，海底近くに上昇してきても，低温であるためにハイドレート化する．堆積層中でハイドレート化すると，流体を透過しなくなり，自己封入することになる．海水中にCO_2が解け出しても極めて僅かずつゆっくりであるので，CO_2は海水にほぼ完全に溶解し，海上には漏洩しない．地層と海水と二重に守られ，地中隔離と海洋処分双方の安全機構を兼ね備えて，さらにその上ハイドレートに守られる．また，地震などによりハイドレート層に亀裂ができるようなことがあっても，ハイドレート化によりすぐに修復される．このような自己封入機構により，約300m以深の深海底下の堆積層では，地質構造に関わり

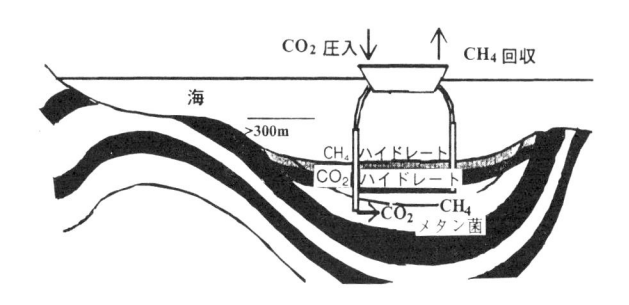

図4　CO_2深海底下堆積層隔離とメタンハイドレートのCO_2置換による安定化とメタン回収

なく隔離が可能なので，隔離容量は事実上無限に大きいといえる。ただし，深海底下の堆積層への隔離は，陸地や浅海底下の帯水層隔離に比較してコストが高いので，コスト低減のための技術開発が必要である。

7 CO_2圧入による天然ガス回収（CO_2-EGR）

Koideら[13]は，CO_2を地中圧入して，地盤沈下を防止しつつ水溶性天然ガスを回収する方法を提案した。また凍土層・メタンハイドレート層中またはその下の地層に封じ込められているメタンをCO_2地中圧入により追い出して回収すると共に，CO_2ハイドレート化により凍土層・メタンハイドレート層を強化する方法を提案した。CO_2ハイドレートは，300m程度より深部では氷やメタンハイドレートより高温でも安定なため，地球温暖化によっても解けないので，封じ込められたメタンやCO_2を大気中に放出しない（図3）。このため凍土層・メタンハイドレート層のCO_2ハイドレート化によって，懸念されている地球温暖化の爆発的進行を防ぐことができる。

炭田地域では炭層に吸着されたり，炭層付近にメタンを主にする多量のガスが存在する。石炭層は内表面積が大きいために，通常の天然ガスのリザーバー岩石の6倍から7倍のガスを貯蔵できる。USGSによれば，世界のコールマインガス資源量は212兆m^3とされる。

米国のニューメキシコ州San Juan Basinで世界最初のCO_2地中圧入によるコールマインガス増進回収法（CO_2-ECGR，図5）のパイロットテストが実施され，3年間で75〜100%生産を増加させることに成功した[14]。1996年以来12万トンのCO_2を圧入したが，炭層に吸着されてCO_2漏出はほとんどなかった。San Juan Basinでは，3,700億m^3のメタンをCO_2-ECGRにより新たに回収でき，1,000ft^3当たり0.5ドルのCO_2供給代を払っても利益が上がるとしている。

日本の炭層は，構造が複雑であるが，コールマインガス（メタン）の量は比較的に多いことが知られている。経済的に採掘の対象にならない深部の炭層や採掘跡の旧鉱でも，コールマインガスを採取できる可能性は大きい。2010年頃には，温室効果ガス排出削減のため火力発電所などから二酸化炭素が大量に回収され，それを地中に隔離しなければならなくなると予想される。そうなるとCO_2が隔離費負担付きで利用できる可能性があり，コールマインガスを経済的に回収できるようになる。コールマインガス増進回収技術（CO_2-ECGR）は，地球温暖化防止と未利用の非在来型天然ガス資源の開発ができる一石二鳥の技術であるが，複雑な地質構造など我が国の特殊性も考慮した技術高度化を行う必要がある。

第8章　CO_2の地中隔離

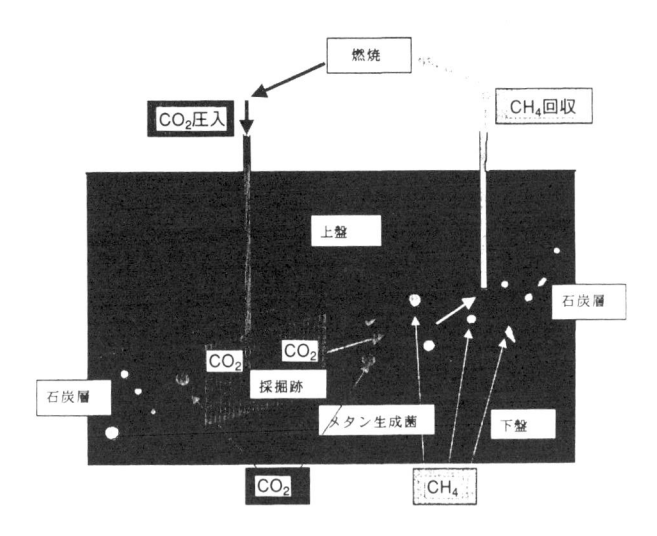

図5　CO_2圧入によるコールマインガス増進回収の概念図

8　地中メタン生成細菌によるメタン再生

　水溶性天然ガス，コールマインガス，メタンハイドレート等の膨大な量のメタン資源が世界的に存在する。これらの地下の比較的浅所に存在するメタンを主成分とする天然ガスの多くが，メタン生成細菌によって生成されたことが，炭素同位体比の研究などから明らかにされている。最近，地下1,000m級の深部や海底下の玄武岩層からもメタン生成細菌の活動が報告されている[15]。メタン生成細菌は古細菌の一種で，酸素があると活動できない偏性嫌気性微生物である。CO_2と水素からメタンを合成することによりエネルギーを得る。太陽光なしで，CO_2を有機物に固定化する化学合成独立栄養生物である。深部の玄武岩層中では，水素は熱水と岩石の反応で無機的に生成されるが，堆積岩中では有機物の嫌気性微生物による発酵でも供給される。すなわち，エネルギー源は地熱と化石有機物である。古細菌は高温・高圧・酸性といった極限環境に適応するので，無酸素の地下環境での活動に適している。

　水田土壌中でメタン生成細菌が活動して，大気中にメタンを放出することが，地球温暖化の要因の一つとされている。半地下式のメタン発酵槽は，メタン生成細菌と有機物を分解する嫌気性微生物の共生により有機廃棄物から効率的にメタンを発生，利用できる仕組みとして用いられている。天然ガスを回収した後の帯水層にCO_2を隔離しておくと，残存するメタン生成細菌の活動により，CO_2がメタンに変換されうる。トラップ構造を伴う帯水層であれば，再生されたメタン

は帯水層中に集積され，大気中に逃げない。このメタンを回収すれば，炭素リサイクルが実現する（図4, 5）[16]。

メタン発酵槽の場合と同様に，有機物を分解して水素とCO_2を発生する嫌気性微生物との共生も活用できる。微生物を利用してガス化するので，環境にやさしいだけでなく，褐炭・亜炭・炭質物・タール・その他有機物を広く利用できるので，地中の炭素資源を有効に活用できる。

地下深部の酸素に欠乏し，太陽光の入らない環境下でCO_2を有機物に固定する嫌気性の化学栄養独立合成微生物は多数の種類が存在する。日本の油田から，CO_2から石油成分になる炭化水素を合成する嫌気性細菌が採取されたことは特に注目される[17]。CO_2を地中に圧入すると，高温・高圧下で酸素に乏しく，CO_2に富む生命創成期の原始大気／海水環境に似た世界が地中に創り出される。最近では，メタン生成細菌と，それに水素を供給する通性嫌気性細菌の共生により真核生物が生じたとする説が有力になっている[18]。CO_2の固定に生命創成期の原始環境を利用できる可能性は大きく，今後の研究進展が期待される。

地中微生物により天然ガス鉱床が再生されれば，真の炭素リサイクルや栽培鉱業が実現する可能性がある。しかし，地中におけるメタン再生により，採取できるほどにメタンが集積するには，かなりの年数を要するであろう。いわば植林事業に匹敵する長期的視野が必要と思われる。

文　　献

1) Korb ϕ l, R. and A. Kaddour, *Energy Convers. Mgmt*, **36**, 509-512（1995）
2) Chakma, A., *Energy Convers. Mgmt*, **38**, Suppl.205-210（1997）
3) Koide, H., *Intern. J. Soc.of Materials Eng. for Resources*, **17**, 4-10（1999）
4) 小出 仁，環境管理，**34**, 750-754（1998）
5) 本庄孝子，佐野 寛，化学工学会講演要旨集，219（1993）
6) 大久保泰邦，日本地熱学会誌，**15**, 1-12（1993）
7) 天然ガス鉱業会，水溶性天然ガス総覧，1-24（1980）
8) Koide, H., *et al.*, *Energy Convers. Mgmt*, **33**, 619-626（1992）
9) 田崎義行，小出 仁，ペトロテック，**16**, 108-112（1993）
10) エンジニアリング振興協会，平成5年度報告書，283p（1994）
11) エネルギー総合工学研究所，平成4年度調査報告書，NEDO,198p（1993）
12) Koide, H., *et al.*, *Energy Convers. Mgmt*, **38**, Suppl.253-258（1997）
13) Koide, H., *et al.*, *Energy-The International Journal-*, **22**, 279-283（1997）
14) Stevens, S.H., *et al.*, *Greenhouse Gas Control Technologies*, Elsevier,175-180（1999）
15) Stevens,T.O., and J. P. McKinley, *Science*, **270**, 450-454（1995）

第8章 CO_2の地中隔離

16) Koide, H., *Greenhouse Gas Control Technologies*, Elsevier,201-205 (1999)
17) 今中忠行，森川正章，燃料及燃焼，62, 323-330 (1995)
18) 石川 統，遺伝，52, 60-63 (1998)

第9章 CO_2の鉱物隔離

鈴木 款[*]

1 はじめに

IPCCの京都会議に基づくCO_2の削減目標を達成するためには，省エネルギー技術，変換技術と固定化技術等の技術開発が主な方向である。これらのうち，「固定化技術の開発」は中長期的にみて極めて重要な技術開発目標である。「隔離」はこの固定化技術の重要な一つである。「隔離」には主として，生物的方法と化学的方法がある。隔離の重要なポイントは（1）多量に固定化できること，（2）安価であること，（3）貯蔵場所が容易に確保できること，（4）副産物として有害なガス等が生成しないことが条件となる。ここでとりあげる「鉱物隔離」としては大きくわけて二つの方向がある。一つは海水中に多量に存在するカルシウムイオン（Ca^{2+}）あるいはマグネシウムイオン（Mg^{2+}）と反応させて炭酸塩を生成させるか，あるいはケイ酸塩化合物を利用して炭酸塩を生成させることである。もう一つはCO_2あるいはCO_3^{2-}イオンを含む無機化合物を合成することである。いずれにしても，固形物を生成させ，それらを効率よく貯蔵することができれば，極めて有効な二酸化炭素の対策となる。

2 炭酸塩生成による固定化

2.1 炭酸カルシウムの溶解度と沈殿：海水を用いる可能性

海水の$CaCO_3$の濃度は次の沈殿－溶解平衡が基礎になる。

$$Ca^{2+} + 2HCO_3 \rightleftarrows CaCO_3 + CO_2 + H_2O \tag{1}$$

炭酸カルシウムは，わずかであるが水に溶け，（2）式のように解離する。

$$CaCO_3 \rightleftarrows Ca^{2+} + CO_3^{2-} \tag{2}$$

「$CaCO_3$」は固体であるから活量＝1としてよい。溶けたイオンの活量をモル濃度で書くと，溶解度積（K_{sp}）は，25℃で次のように書ける。

$$K_{sp} = [Ca^{2+}][CO_3^{2-}] = 4.5 \times 10^{-9} \, mol^2 \, L^{-2} \tag{3}$$

K_{sp}の値から固体の溶解度，すなわち飽和濃度を計算することができる。溶解平衡の$CaCO_3$の

---

[*] Yoshimi Suzuki　静岡大学　理学部　教授

第9章 CO₂の鉱物隔離

濃度を S mol L^{-1} とすると，Ca^{2+} も同じ濃度で溶けているから

$$K_{sp} = S^2 = 4.5 \times 10^{-9} \text{ mol}^2 \text{ L}^{-2}$$

溶解度 S として $S = 6.7 \times 10^{-5}$ mol L^{-1} となる。

また，海水中の活量係数は，Ca^{2+} が0.26，CO_3^{2-} が0.20程度で，表層のカルシウムイオン濃度は 0.01 mol L^{-1}，CO_3^{2-} が 0.00029 mol L^{-1} なので，イオン活量積（IAP: ion activity product）は

$$IAP = a(Ca^{2+}) \cdot a(CO_3^{2-}) = 1.5 \times 10^{-7} \text{ mol}^2 \text{ L}^{-2}$$

この値は $CaCO_3$ の溶解度積より大きい。そこで，飽和指数 Ω を次のように定義する。

$$\Omega = IAP / K_{sp} \tag{4}$$

$\Omega = 1.5 \times 10^{-7} / 4.5 \times 10^{-9} = 33.3$ とかなり大きな値となる。実際には海水中の Ca^{2+} は10％程度イオン対を形成している。また CO_3^{2-} イオンは90％近くがイオン対を形成している。これらを補正すると，$\Omega = 3$ となる。

海水の表層は $CaCO_3$ を飽和濃度の3倍も含む過飽和溶液であるといえる。この値は海水から $CaCO_3$ は自然に沈殿をすることができる条件を持っていることになる。しかし，実際の海水ではほとんどそのような沈殿は生成していないのが事実である。図1に海底堆積物の構成成分別の分

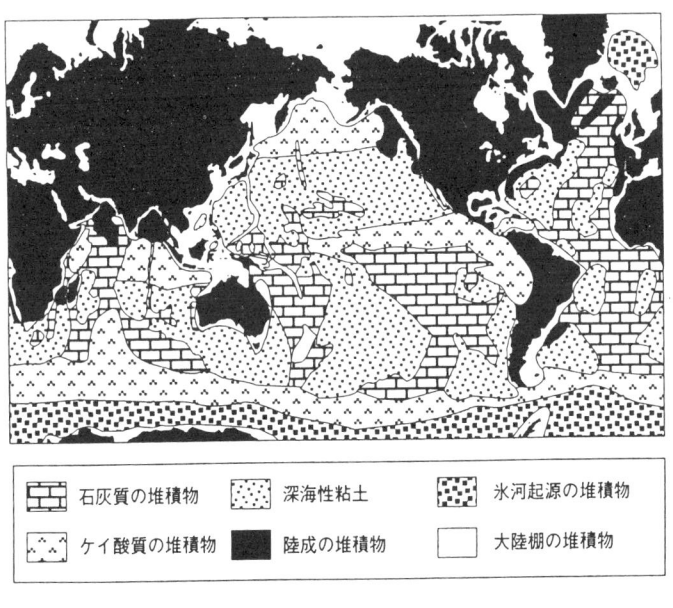

図1 海底堆積物のタイプ別分布
（Davies & Gorsline, 1976）

凡例：石灰質の堆積物，深海性粘土，氷河起源の堆積物，ケイ酸質の堆積物，陸成の堆積物，大陸棚の堆積物

CO_2固定化・隔離の最新技術

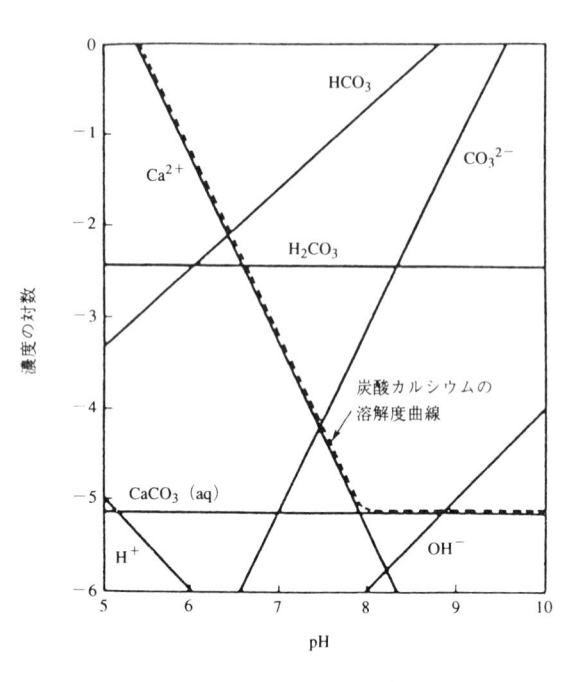

図2 pH －濃度の対数線図[3]

布図を示した[1]。この図で石灰質堆積物（$CaCO_3$）は70％近くを占めている。しかし，この石灰質堆積物はほとんどが植物プランクトンあるいは動物プランクトンの遺骸である。

したがって，実際の海洋で沈殿している石灰質堆積物は無機化学的な反応で生成したものではない。

では海水には直接$CaCO_3$が生成する条件はないのか。図2に炭酸カルシウムの生成に関するpHとカルシウムイオン濃度の関係を，また図3に$CaCO_3$存在下でのCO_2濃度とカルシウムイオン濃度の対数との関係を示した[2]。CO_2分圧（CO_2濃度に対応）が10％の場合には図3よりpHは7程度で，70％程度$CaCO_3$として固定できる可能性を示している。また図2と3からpHがアルカリ側になれば，$CaCO_3$の固定量はより増加することを示している。ここではCO_2分圧を10％程度としたが，この分圧が増加すれば固定できる可能性は増加する。実際の海水ではCO_2分圧は1％以下であるため，前にも述べたように，無機化学的な反応による炭酸カルシウムの沈殿生成はほとんどない。発電所等の排ガス中に含まれる高濃度のCO_2を直接海水に導き炭酸カルシウムとして固定できる可能性は十分あると資源環境研究所のグループは報告している[3]。

第9章　CO_2の鉱物隔離

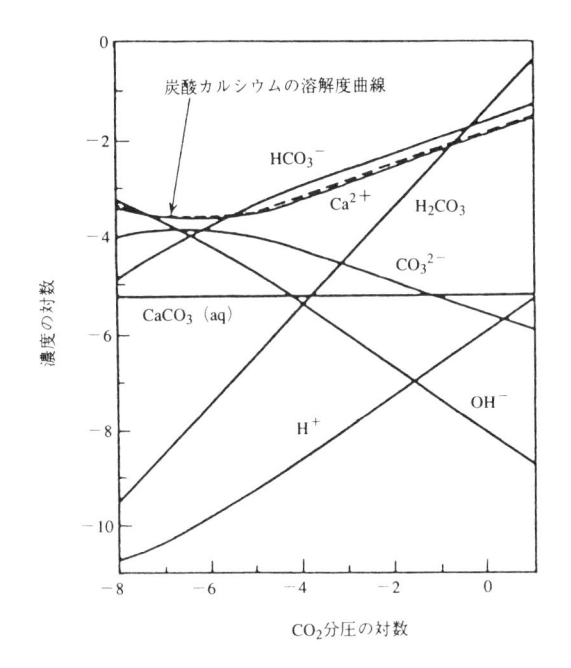

図3　CO_2分圧－濃度の対数線図[3]

　さらに，彼らはSebba[4]やLemlich[5]らが体系化した泡吸着分離法を基に，「CO_2固定化装置」を提案している。CO_2固定化装置はCO_2と海水中のカルシウムあるいはマグネシウムイオンと反応させて，炭酸塩を生成させ，その沈殿物を回収する方法である。この方法として泡吸着分離法が極めて適している。泡吸着分離法は昔から浮選法として，泡の表面に気体，粒子，金属等を吸着させて分離する方法である。

　CO_2のような気体をこの方法で分離する場合は，高効率の気体吸収装置が必要である。吸収装置は一般的に，接触面積あるいは物質移動係数が大きいほうがよい[6]。ここで考えている装置は二酸化炭素を炭酸カルシウムとして固定し，固形物として回収することを目的としているので，図4に示すような気泡式のカラム浮選装置が望ましい。この装置は1960年代初頭にWheeler[7]により考案されたもので，カナダのモリブデン鉱山の精選工程で使用されていた[3]。図4の装置はカラムの下部から平均径0.4～4mmの気泡を発生させ，捕集域で鉱物と反応させ，泡に吸着させて，精選域で精鉱を回収する仕組みである[7]。CO_2に適用するためには，鉱物の代わりに海水と接触させ，生成した炭酸カルシウムを泡に吸着させて，回収分離することが考えられる。

ここで問題点は、海水中における炭酸カルシウムの生成は（1）式で示したように、2モルの重炭酸イオンのもつ1モルの炭素が炭酸カルシウムになり、1モルの炭素は再び二酸化炭素になることを示している。したがって炭酸系の平衡条件下で、炭酸カルシウムを生成させようとすると、二酸化炭素の吸収というより、二酸化炭素の放出を伴うことになる。したがって、「CO_2固定化装置」を二酸化炭素の固定のために効率よく使用しようとすれば、炭酸系の平衡条件下でない、条件を維持すること、すなわちCO_2の溶解速度を十分に検討することが重要である。

最近、MacintyreとReid（1992）[8]によりバハマ近海あるいはペルシャ湾など、浅くて暖かい海の底に微生物の殻が混じらない、炭酸カルシウムの堆積物があるという報告がなされた。写真1にバハマ近海で採取した堆積物粒子の電子顕微鏡写真を二つ示した。丸い粒は、貝殻の細かい破片を核とし、まわりにアラゴナイト（霰石）の結晶が同心球状に付着したもの、直径はおよそ0.2～2.0mm、下の写真も同様にアラゴナイトである。特にこの針状の炭酸カルシウムは無機反応で生成したものと考えられている。

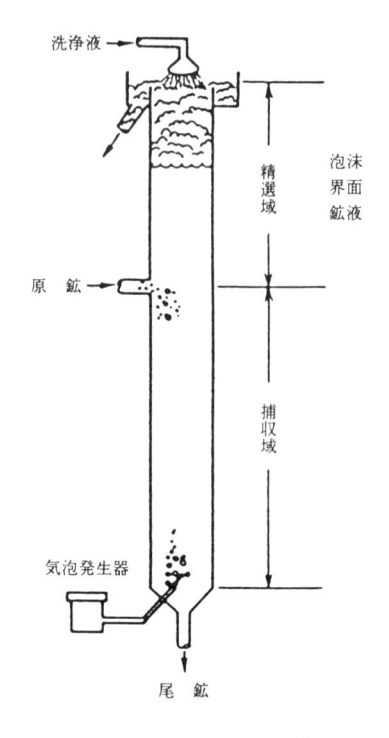

図4　カラム浮選機の模式図[3]

2.2　ケイ酸塩鉱物との反応による炭酸塩の生成

ケイ酸塩の一つ、苦土カンラン石$MgSiO_4$は次のような酸加水分解で溶ける。ここで生成するケイ酸H_4SiO_4の酸性はHCO^{3-}よりも弱い。

$$MgSiO_4 + 2CO_2 + H_2O \rightleftharpoons Mg(HCO_3)_2 + SiO_2 \quad (5)$$

しかし、この反応が高温下、例えば地球の地核高温部で起きると、$MgCO_3$とSiO_2が生成する。

$$CO_2 + MgSiO_3 \rightleftharpoons MgCO_3 + SiO_2 \quad (6)$$

同様に$CaSiO_3$に対して、

第9章　CO_2の鉱物隔離

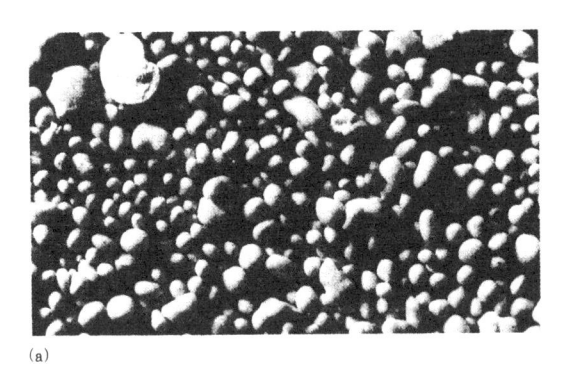

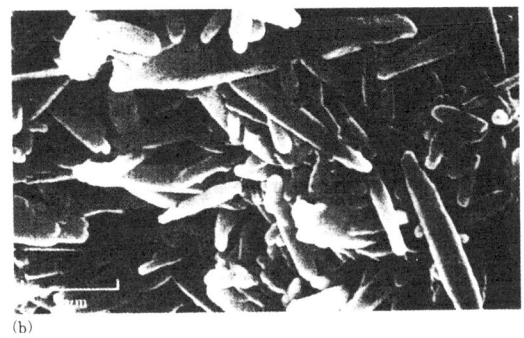

(a)

(b)

写真1　(a) バハマ近海で採取した堆積物の粒子，直径は1mm内外；
(b) 同じ海域で採取した針状粒子の電子顕微鏡写真
(提供：I. G. Macintyre & Reid R. P., 1992)

$$CO_2 + CaSiO_3 \rightleftarrows CaCO_3 + SiO_2 \quad (7)$$

となる。(6) は厳密には Mg と Ca の混合した "dolomite" である（Berner et al., 1983）[9]。これらの反応は "Urey reaction" と呼ばれている（Urey, 1952; Berner and Berner, 1996）[10,11]。したがって二酸化炭素をケイ酸塩鉱物と反応させて炭酸塩の沈殿を生成し，二酸化炭素を固定しようとすることは高温下での反応が必要となる。これらのことから，天然の素材を利用あるいは類似の反応を利用して二酸化炭素を無機物理化学的に固定化することは容易なことではない。一つの可能性は火力発電所等から放出される排ガス中の高濃度の二酸化炭素を直接海水等に導いて二酸化炭素の一部を炭酸塩として沈殿することが可能であるかもしれない。

(5) で示した反応は一般的には次の (8) 式と共に "weathering（風化）" と呼ばれている。

$$CaSiO_3 + 2CO_2 + H_2O \rightleftarrows Ca(HCO_3)_2 + SiO_2 \quad (8)$$

この反応は陸地で起きていて，反応生成物であるCa$(HCO_3)_2$, Mg$(HCO_3)_2$, SiO_2は河川を通じて海洋に運ばれる。そこで，海洋では植物プランクトンあるいは動物プランクトン等の生物の働きにより，炭酸塩の沈殿生成が起こる。

$$Ca(HCO_3)_2 \rightleftarrows CaCO_3 + CO_2 + H_2O \qquad (9)$$

ただし，(9) 式で見られるように，CO_2が1モル生成する（実際には海水の活量係数を考慮すると0.6モルの生成）。これらのことからも，無機物理化学的に二酸化炭素を炭酸塩として鉱物隔離することは必ずしも適当な方法ではない。

鉱物隔離にはならないが，(9) 式の逆，すなわち炭酸塩を溶解すれば，Ca$(HCO_3)_2$として二酸化炭素を溶解することができ，海水中により効果的に二酸化炭素を吸収隔離することができる。ここでは生物固定による「鉱物隔離」については詳細には触れないが，海洋ではサンゴ，円石藻，有孔虫，貝類等の様々な植物・動物が炭酸塩の殻を形成している。しかし，これらの生物は同時に自分自身で光合成するかあるいは共生生物による光合成により，炭酸塩の沈殿にともない生成するCO_2を有機物に変換し，バランスを維持している。これらのことから，二酸化炭素の鉱物隔離をより有効に進めるためには，生物による有機物による固定と，生成する炭酸塩を物理化学的に溶解し，より効果的に二酸化炭素を吸収溶解させるプロセスを組み合わせることができるならば，極めて高効率の生物・物理化学CO_2固定装置ができることを示唆している。生物のもつ生態系システムのバランスを壊すことなく，生物過程にどのように物理化学的溶解過程を組み合わせるかが重要な検討課題である。

3 $CO_2 \cdot CO_3^{2-}$を含む鉱物生成による隔離

新 (1989)[12]は$CO_2 \cdot CO_3^{2-}$を含む鉱物生成による隔離と必要な時に，再び利用可能なガスとして再利用する方法を提案している。表1にCO_2あるいはCO_3^{2-}を含む化合物の例を示してあ

表1 CO_2あるいはCO_3^{2-}を含む化合物の例[3]

化学物名	化学組成	CO_2含有量*	
		wt%	ml STP/g
炭酸ナトリウム	$Na_2CO_3 \cdot nH_2O$	41.5	221
カルサイト	$CaCO_3$	44.0	224
メラノフロジャイト	$46SiO_2 \cdot 8(CO_2, N_2, CH_4)$	11.3	57
ハイドロタルサイト	$Mg_4Al_2(OH)_{12}CO_3 \cdot nH_2O$	10.6	54

* 計算上の最大値を示す。

第9章 　CO₂の鉱物隔離

る[13]。表からCO₂含有量は10.6～44.0％で，容量としては54～224mlSTP/gを含んでいる。CO₂をかなり大量に含むことができる。これらの化合物が容易に合成できしかも，大量の二酸化炭素の固定化が可能であれば，二酸化炭素の鉱物隔離の方法として有効である。表1で，すでに述べたように，炭酸塩は二酸化炭素を大量に含むことができるが，二酸化炭素の固定，特に大気中に放出された二酸化炭素の固定にたいしては有効な手段にはなり得ない。炭酸ナトリウムによる固定も，また極めて一時的である。ここでは，メラノフロジャイトとハイドロタルサイトの合成について述べる。

3.1 クラスラシル化合物による固定

シリカ (Silica) の包接化合物 (clathrate) にクラスラシル (clathrasil) と呼ばれる化合物群がある。これらの化合物による二酸化炭素の固定の可能性と化合物の性質については資源環境技術総合研究所のグループによる極めて詳細な解説がある[3]。クラスラシル化合物として知られているものとして，メラノフロジャイト (melanophlogite)，ドデカシル1H (dodecasil 1H) とドデカシル3Cの3種類がある。図5にメラノフロジャイトの結晶構造を示す。一般にケイ素原子は多面体の頂点に位置し，酸素原子は頂点を結ぶ線の中心に存在している。さらに重要なことは，これらの化合物は内部に空洞，すなわちかご (cage) 状多面体を形成し，空洞を形成していることである。こ

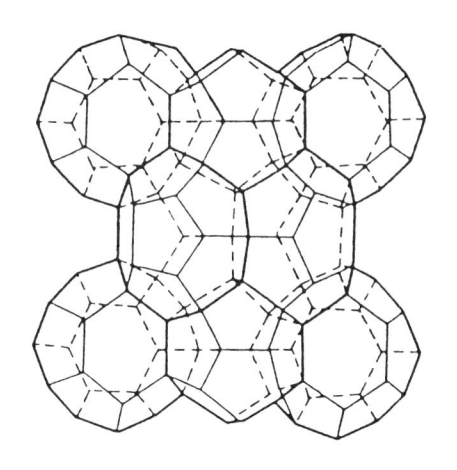

図5　メラノフロジャイト結晶構造[3]
(ガス水和物 I 型の構造として，Wellsにより作図されたもの。メラノフロジャイトの構造と同型なので，ここに使用した。)

の空洞の大きさと形が，いろいろな種類の気体分子を包接，すなわち内蔵することを可能にしている。表2に空洞の形と大きさを，表3にクラスラシル化合物の単位格子中の多面体の種類と数について示す[14]。メラノフロジャイトの化学組成は，n面体に包接されている分子をMnとすると，$46SiO_2 \cdot 2M_{12} \cdot 6M_{14}$で表される。この表2のなかで「$5^{12}6^2$」多面体には$N_2$, Kr, Xe, CH_4, N_2O, CO_2, CH_3NH_2などの気体を包接することができる。この代表的な化合物がメラノフロジャイトであり，二酸化炭素の固定にはこの鉱物が適当である。Giesらは (1982) はCO₂分子で100％占められているメラノフロジャイトを天然に見いだしている。彼らはまた，温度175℃，圧力15Mpa

表2　多面体中の空洞の形と大きさ[3]

空洞	[$4^35^66^3$]	[5^{12}]	[$5^{12}6^2$]	[$5^{12}6^4$]	[$5^{12}6^8$]
形	球	球	回転楕円体	球	回転楕円体
大きさ [Å]	$d≅5.7$	$d≅5.7$	$d_1≅5.8$ $d_2≅7.7$	$d≅7.5$	$d_1≅7.7$ $d_2≅11.2$

表3　クラスラシル化合物の単位格子中の多面体の種類と数[3]

クラスラシル	単位格子中の多面体の数					単位格子中のSiO_2の数
	[$4^35^66^3$]	[5^{12}]	[$5^{12}6^2$]	[$5^{12}6^4$]	[$5^{12}6^8$]	
メラノフロジャイト	—	2	6	—	—	46
ドデカシル1H	2	3	—	—	1	34
ドデカシル3C	—	16	—	8	—	136

でメラノフロジャイトを合成している。これらの合成条件が二酸化炭素の固定を促進するうえで適当な条件であるかどうか，もっと温和な条件下で可能にする研究が必要である。

メラノフロジャイトは酸あるいはアルカリに対しては強いが，強度に対してもろい。加熱に対しては比較的強く，二酸化炭素は500℃以上の加熱に対して放出される。もし，温和で適当な合成条件が見いだされれば，これらの化合物群は極めて有効な二酸化炭素固定鉱物として利用できることになる。

3.2　ハイドロタルサイト型化合物によるCO_2固定化

ハイドロタルサイト型化合物と呼ばれる，無機イオン交換体化合物がある。図6にハイドロタルサイト型化合物の結晶構造を示す。結晶構造は図に示すように層状構造をしている[15,16]。プラスに荷電した基本層と，陰イオンと水分子からなるマイナスに荷電した中間層とから成り立っている。基本層の厚さは金属イオンの種類により異なる（約4.8Å），中間層の厚さは陰イオンの大きさにより決まる。この化合物群の代表的なのは表1に示した，$Mg_6Al_2(OH)_{16}CO_3・4H_2O$の化学組成を持ったものである。ハイドロタルサイト型化合物は幸保ら（1969）[17]に初めて常温・常圧下で合成され，現在では制酸材あるいは複合材料として利用されている。

CO_2の固定は，2価および3価の金属イオンとNaOHを含む水溶液中にCO_2をCO_3^{2-}イオンとして溶存させ，ハイドロタルサイト型化合物を合成する（図7）。

第9章　CO_2の鉱物隔離

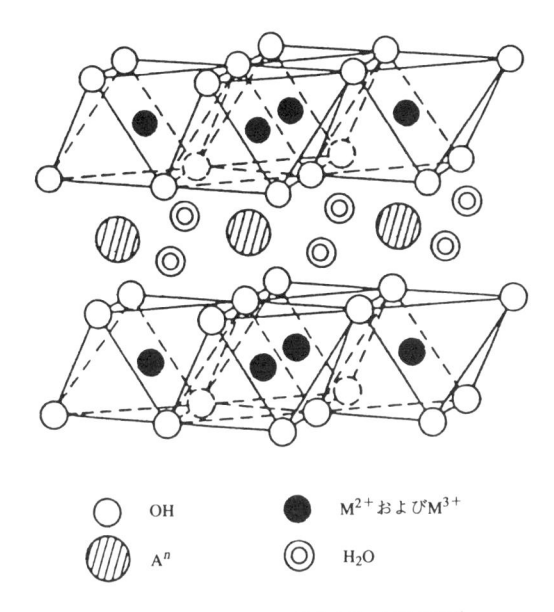

図6　ハイドロタルサイト型化合物の結晶構造[3]

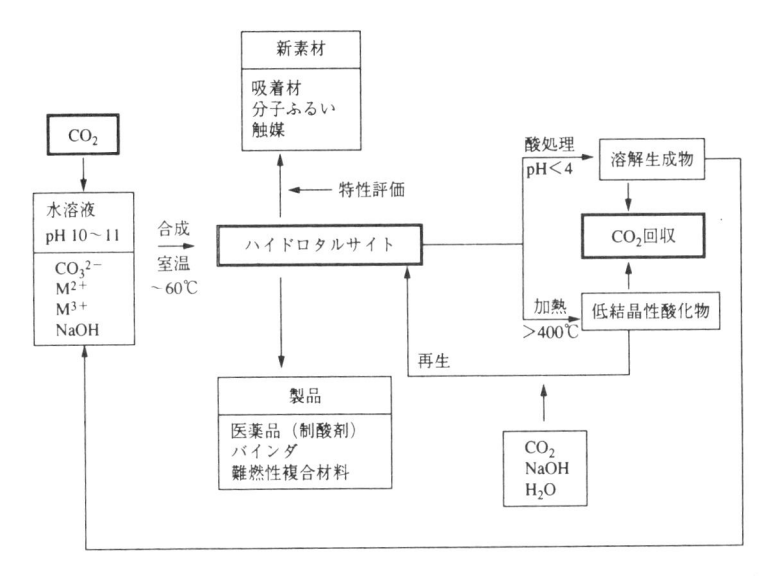

- ○ OH
- ● M^{2+}およびM^{3+}
- ▨ A^n
- ◎ H_2O

図7　ハイドロタルサイト型化合物の合成・分解によるCO_2の固定・回収および素材化概念図[3]

CO_3^{2-} の固定量の増減は金属イオンの組み合わせにより異なり,亜鉛とアルミニウムイオンの組み合わせが最適と考えられている[3]。ハイドロタルサイト型化合物は陰イオン交換体であり,交換容量が大きく,約400meq/100gであり,選択性がある特徴を持っている[18]。またハイドロタルサイト型化合物を400℃以上で加熱すると二酸化炭素ガスを放出する。

これらの化合物は常温・常圧で合成できることを考えると二酸化炭素の固化の鉱物材料としては極めて有効であると言える。

4 まとめ

二酸化炭素を無機物理化学的な方法により鉱物隔離する方法で,極めて将来性のある効果的な方法は十分確立されているとは言いがたいのが現状である。炭酸塩による鉱物隔離は極めて難しく,この方法は生物固定と組あわせて考えていく必要がある。これに比べれば,コスト等の面,あるいは適当は合成条件をより詳細に検討する余地はあるけれどハイドロタルサイト型化合物とクラスラシル化合物による鉱物隔離は将来性があると言える。

文　　献

1) Davies, T. A. & Gorsline, D. S, in Chemical oceanography vol.5,ed.by Riley, J. P & Chester, R., pp. 1-80, Academic Press, London (1976)
2) P.Somasundarann, G. E. Agar, *J. Colloid Interface Sci.*, 24, pp.433-440 (1967)
3) 公害資源研究所(現在の資源環境技術総合研究所)地球環境特別研究室編,地球温暖化の対策技術,オーム社, pp.1-329 (1990)
4) F. Sebba, Ion flotation, Elsevier Publishing Co., Amsterdam (1962)
5) R. Lemlich, Adsorptive bubble separation techniques, Academic Press, New York (1972)
6) 小林光一,佐々木恒孝,泡吸着分離法,表面,9,11, pp.685-700 (1971)
7) D. A.Wheeler, *Eng. Mining Jour.*, 167, 11, pp.98-193 (1966)
8) Macintyre,I.G. & Reid,R.P., *Journal of Sedimentary Petrology*, 62, pp.1095-1097,Society for Sedimentary Geology, Tulsa (1992)
9) Berner R.A.,Lasaga A.O. & Garrels R.M., The Cabonatesilicate geochemical cycle and its effect on Atmospheric carbon dioxide over the last 100 milion years. *American Journal of Science*, 283, pp.641-683 (1983)
10) Urey H.C., The Planets,Their Origin and Development.Yale University Press,New Haven,CT (1952)
11) Berner E.K. & Berner R.A., Global Environment. Water, Air and Geochemical Cycles.Prentice Hall,Upper Saddle River NJ (1996)

第9章　CO_2の鉱物隔離

12) 新重光, 地球環境問題技術開発課題調査,Version I , 11, 化学技術研究所（1989）
13) F. Liebau Structural Chemistry of Silicates-Structure, Bonding, and Classification, pp.240-244, Springer-Verlag（1975）
14) H. Gies, H. Gerke, F. Liebau, *Neues Jahrb. Mineral. Monatsh*, 3, pp.119（1982）
15) 宮田茂男, MOL, 15(2), pp.31（1977）
16) 宮田茂男, Gypsum&Lime, 187, pp.333（1969）
17) 幸保文治,宮田茂男,玖村照彦,島田豊実, 薬剤学, 29, pp.215（1969）
18) S.Miyata, *Clays and Clay Minerals*, 31, pp.305（1983）

【CO_2固定化・隔離の化学的方法 編】

第10章　光化学的二酸化炭素還元反応

田中晃二[*]

1　はじめに

これからは地球規模での資源・エネルギー・環境問題に対して化学が果たすべき役割が問われる時代であることは間違いないように思われる。人類が基本となるエネルギーを化石燃料の燃焼により獲得し続ける限り，大気中のCO_2濃度は増え続けることは当然ながら予想される。化学者はこれまで，熱力学的に有利な反応条件下で，数多くの触媒反応を開発し社会に大きな貢献を行ってきた。一方，CO_2をC_1資源として活用するために有機化合物に固定あるいは還元することは熱力学的に不利な反応であり，多量のエネルギーを必要とする。このように資源・環境問題はエネルギー的に不利な条件下での物質変換を行うことが要求される。この問題は熱力学的に有利な反応のみで大規模な物質変換(合成)を行い続けることへの警鐘と見るべきかも知れない。これまで還元的に活性化させた有機物にCO_2を求電子付加させる固定反応(カーボキシレーション)に関しては非常に多くの研究が行われてきたが，CO_2を還元的に活性化させて有機物に固定あるいは還元する反応に関しては，ほとんど未開拓の状態である[1]。CO_2は無触媒でも120～167nmの紫外線照射によりCOとO_2へ解離する。また，$-2.1V$ (vs. SCE)より負側の電位での電解還元してCO_2のアニオンラジカル生成させることも可能である。しかしながら，可視光のエネルギーレベルでのCO_2還元反応を可能にするには光増感剤と，より少ないエネルギー消費でCO_2を還元的に活性化するための触媒の開発が極めて重要である。本稿では錯体触媒を用いた代表的なCO_2還元反応を概説する。

2　光化学的反応

可視光のエネルギーレベルで二酸化炭素を還元するためには，可視光領域に大きな吸収帯をもつ光増感剤，CO_2を還元するための触媒および電子源が必要である。光増感剤としては光励起状態が安定で，無輻射的に基底状態にもどる確率の少ない$[Ru(bpy)_3]^{2+}$が最もよく利用されている。$[Ru(bpy)_3]^{2+}$の光励起で誘起される酸化還元反応での平衡電位は$[Ru(bpy)_3]^{2+*/3+}=-0.84V$,

---

[*]　Koji Tanaka　岡崎国立共同研究機構　分子科学研究所　教授

CO_2固定化・隔離の最新技術

$[Ru(bpy)_3]^{2+*/+}= +0.84V$であるが,$[Ru(bpy)_3]^{2+*}$の還元的あるいは酸化的消光反応により$[Ru(bpy)_3]^+$および$[Ru(bpy)_3]^{3+}$が生成する。これらの電子状態が関与する酸化還元反応の平衡電位は$[Ru(bpy)_3]^{2+/+}= -1.26V$および$[Ru(bpy)_3]^{3+/2+}= +1.26V$である。したがって,$[Ru(bpy)_3]^{2+}$を光増感剤として$CO_2$還元を行う際には,触媒となる金属錯体の還元電位は$-1.26V$より正側にあることが望まれる。また,電子源としては有用な酸化反応を利用して電子を供給すべきであるが,現状では未だ還元状態の光増感剤あるいは触媒から酸化型の電子供与体への逆電子移動を防ぐために,$+0.84V$より負側の電位で不可逆的に酸化分解される3級アミン等の犠牲試薬が使用されている。

　二酸化炭素還元反応(1～6式)の特色は熱力学的平衡電位(E^0 vs. SCE)が多電子還元が進行するほど,正側にシフトすることである。このことは,1電子還元反応よりも8電子還元の方が熱力学的には有利であることを示している[2]。またCO_2還元に用いる触媒の酸化還元電位はこれらの平衡電位よりも負側にあることが必要である。

$$CO_2 + e^- \rightleftarrows CO_2^- \quad (1) \quad (E^0 = -2.14V)$$
$$CO_2 + 2H^+ + 2e^- \rightleftarrows HCOOH \quad (2) \quad (E^0 = -0.85V)$$
$$CO_2 + 2H^+ + 2e^- \rightleftarrows CO + H_2O \quad (3) \quad (E^0 = -0.76V)$$
$$CO_2 + 4H^+ + 4e^- \rightleftarrows H_2CO + H_2O \quad (4) \quad (E^0 = -0.72V)$$
$$CO_2 + 6H^+ + 6e^- \rightleftarrows CH_3OH + H_2O \quad (5) \quad (E^0 = -0.72V)$$
$$CO_2 + 8H^+ + 8e^- \rightleftarrows CH_4 + 2H_2O \quad (6) \quad (E^0 = -0.48V)$$

表1に金属錯体を触媒とした光化学的CO_2還元反応の結果を示す。

　光増感剤としては$[Ru(bpy)_3]^{2+}$が圧倒的に良く使用されており,触媒としてはビピリジン,ターピリジン,サイクラム等の含窒素配位子を有するコバルト,ニッケル,ルテニウム,レニウム錯体である。表1から理解されるように,CO_2の光還元による反応生成物はCOあるいはギ酸に限られており,Ruコロイドを用いた系のみメタン発生が観測されているが,その量子収率は極めて低い値である。可視光のエネルギーレベルでは,外圏型の電子移動で直接CO_2を還元することは熱力学的に無理である。そのため,光エネルギーで低原子価金属錯体を形成させて,CO_2の求電子付加体を引き起こさせ,金属からのCO_2への分子内電子移動により還元的に活性化させている。したがって,原理的には金属錯体の還元電位でCO_2還元を引き起こすことが可能となる。金属錯体とCO_2との基本的な結合様式としては,η^1-とη^2-CO_2である。両者ともフリーの末端酸素を有するため,こらの酸素が他の金属に架橋することにより,数多くの結合様式が知られている[13]。η^2-CO_2結合はCO_2のπ軌道から金属へのσ電子供与と金属からCO_2のπ^*軌道へのπ電子供与から成り立つ。一方,η^1-CO_2結合は金属からCO_2へのσ電子の供与のみで形成されるため末端酸素の塩基性はη^1-CO_2錯体の方が大きくなる。その結果,η^1-CO_2錯体の末端酸素は

第10章　光化学的二酸化炭素還元反応

表1　錯体触媒による光化学的 CO_2 還元反応

光増感剤	触媒	電子供与体	生成物（量子収率）	文献
$[Ru(bpy)_3]^{2+}$	Co^{2+}/bpy	TEA	CO, H_2	3)
$[Ru(bpy)_3]^{2+}$	Co^{2+}/Me_2phen	TEA	CO (0.012), H_2 (0.065)	4)
$[Ru(bpy)_3]^{2+}$	CoHMD^{2+}	H_2A	CO, H_2	5)
$[Ru(bpy)_3]^{2+}$	$[Ru(bpy)_2(CO)_2]^{2+}$	TEOA	$HCOO^-$ (0.14)	6)
$[Ru(bpy)_3]^{2+}$	$[Ru(bpy)_2(CO)_2]^{2+}$	BNAH	$HCOO^-$ (0.03), CO (0.15)	6)
$[Ru(bpy)_3]^{2+}$	$[Ru(bpy)_2(CO)(H)]^{2+}$	TEOA	$HCOO^-$ (0.15)	6)
$[Ru(bpy)_3]^{2+}$	$[Ni(cyclam)]^{2+}$	H_2A	CO (0.001), H_2	7)
$[Ru(bpy)_3]^{2+}$	$[Ni(Pr-cyclam)]^{2+}$	H_2A	CO (0.005), H_2	7)
$ReCl(bpy)(CO)_3$		TEOA	CO (0.14)	8)
$ReBr(bpy)(CO)_3$		TEOA	CO (0.15)	9)
$[Re(bpy)(CO)_3P(OEt)_3]^+$		TEOA	CO (0.38)	10)
p-Terphenyl	$[Co(cyclam)]^{3+}$	TEOA	$CO + HCOO^-$ (0.25)	11)
$[Ru(bpz)_3]^{2+}$	Ru colloid	TEOA	CH_4 (10^{-4})	12)

TEOA=トリエタノールアミン，TEA=トリエチルアミン，bpy=2,2'-ビピリジン，Me_2phen=2,9-ジメチル-1,10-フェナントロリン，BNAH=1-ベンジル-1,4-ジハイドロニコチンアミド，H_2A=アスコルビン酸，cyclam=1,4,8,11-テトラアザシクロテトラデカン

$$M-C\overset{O}{\underset{O}{\lessgtr}} \qquad M\overset{O}{\underset{\underset{O}{|}}{|}}C$$

$\eta^1\text{-}CO_2 \qquad\qquad \eta^2\text{-}CO_2$

図1

プロトン系溶媒中では2段階のプロトン付加による脱水反応（7式），あるいは非プロトン性溶媒中ではフリーの CO_2 への酸素イオン移動反応（8式）により，極めて容易に金属－CO 錯体に変化する。

$$[M-CO_2]^0 + H^+ \xrightleftharpoons{} [M-C(O)OH]^+ \xrightleftharpoons{H^+} [M-CO]^{2+} \qquad (7)$$

$$[M-CO_2]^0 + CO_2 \xrightleftharpoons{} ([M-C(O)OC(O)O]^0) \xrightleftharpoons{} [M-CO]^{2+} + CO_3^{2-} \qquad (8)$$

金属－$\eta^1\text{-}CO_2$ 錯体は金属－CO 錯体に比べて極めて不安定だと思われがちであるが，[RuL_2L'($\eta^1\text{-}CO_2$)] と [RuL_2L'(CO)]$^{2+}$ (L=2,2'−ビピリジン；L'=CO) の存在比は水中では pH に依存している（7式）。また，1気圧の CO_2 気流下のアセトニトリル中でも，両者は平衡系で存在し，[RuL_2L'($\eta^1\text{-}CO_2$)] の方が圧倒的に安定である（9式）[14]。

$$[Ru(bpy)_2(CO)_2]^{2+} \xrightleftharpoons{CO_3^{2-}} (bpy)_2Ru-C\begin{smallmatrix}O\\||\\\end{smallmatrix}\cdots O-C\begin{smallmatrix}O\\//\\O\end{smallmatrix}$$

$$\xrightleftharpoons[CO_2]{} Ru(bpy)_2(CO)(\eta^1\text{-}CO_2) \tag{9}$$

一般的には，CO_2 から CO への変換は 8 式に比べて 1 式の方が容易である。水中でも CO_2 が触媒的に還元されるためには，低原子価の金属に CO_2 が優先的に付加することが必要である（11式）。一方，CO_2 還元でギ酸が生成する反応では低原子価の金属にプロトン付加が優先し，生じた金属－H 結合に CO_2 が挿入してフォルマト錯体を経由する反応（10式）で説明されがちであるが[15]，フォルマト錯体の酸化還元電位は相当する金属－$C(O)OH$ や金属－CO 錯体よりも，かなり負側となり $[Ru(bpy)_3]^+$ では還元されず，CO_2 還元反応では不活性種であることが多い。

$$[M]^0 \begin{matrix} \xrightarrow{H^+} [M-H]^+ \xrightarrow{CO_2} [M-OC(O)H]^+ & (10) \\ \xrightarrow{CO_2} [M-CO_2]^0 \xrightarrow{H^+} [M-C(O)OH]^+ & (11) \end{matrix}$$

3 Co 錯体触媒による CO_2 還元反応

多くの Co^I 錯体は CO_2 と付加体を形成することが知られており，Co 錯体を触媒とする電気化学的 CO_2 還元は数多く報告されている。Co^I 錯体と CO_2 付加体の安定度定数（表2）は $Co^{I/II}$ の酸化還元電位が負側にシフトするほど大きな値を示し，Co^I と CO_2 の相互作用（12式）がはっきり観測されるには，$-1.2V$（vs. SCE）より負側であることが必要である[16]。

表2 Co マクロサイクル錯体の酸化還元電位（$Co^{I/II}$）と CO_2 付加体の安定度定数

L（Macrocycle）	$E_{1/2}$（V vs SCE）	K（M^{-1}）
$Me_4[14]1,3,8,10$-tetraene	-0.34	<0.5
$Me_2[14]1,3$-diene	-0.89	<0.5
$Me_8[14]4,11$-diene	-1.28	4.0
$Me_6[14]4,14$-diene	-1.34	26
$meso$-$Me_6[14]4,11$-diene	-1.34	1.7×10^2
rac-$Me_6[14]4,11$-diene	-1.34	1.2×10^4
$Me_4[14]1,8$-diene	-1.41	9×10^4
$Me_2[14]4,11$-diene	-1.51	7×10^5
$Me_2[14]1$-ene	-1.65	3×10^6

アセトニトリル中

第10章 光化学的二酸化炭素還元反応

$$\text{Co}^\text{I} + \text{CO}_2 \xrightleftharpoons{K} \text{Co}^\text{I}(\eta^1\text{-CO}_2) \tag{12}$$

したがって，錯体触媒の酸化還元電位を考慮しないと $[\text{Ru(bpy)}_3]^{2+}$ を光増感剤として CO_2 還元を行っても，$[\text{Ru(bpy)}_3]^+$ から金属錯体への電子移動が熱力学的に不利になり，CO_2 還元の量子収率の低さの原因となることが多い。光励起による CO_2 還元反応を可視光線に限定しなければ，p-Terphenyl を光増感剤とした反応が知られている。THF中，TEOA存在下で p-Terphenyl (TP) に 313 nm の紫外光を照射すると，酸化電位が -2.45 V (vs. SCE) の極めて強力な還元剤 TP$^-$ が生成する(13式)[11]。その結果，TP$^-$ からフリーの CO_2 への外圏的な電子移動が起こり，CO_2^- を経て量子収率7.3%で HCOOH が生成する。直線構造の CO_2 が折れ線構造の CO_2^- に外圏型の電子移動で還元されるのに比べて，TP$^-$ により Co$^\text{II}$(cyclam) を還元し(14式)，生じた Co$^\text{I}$(cyclam) と CO_2 と付加体(15式)を経由させて CO_2 を還元する方がはるかに優れている。溶媒が Co$^\text{I}$ – η^1 – CO_2 の金属に配位することにより，Co から CO_2 への電荷移動が増大し，S – Co$^\text{III}$ – (CO_2^{2-}) の電子状態の錯体を経由して反応が進行すると説明されている(16, 17式)。その結果，CO と HCOOH が量子収率は15と10%に増大する。

$$\text{TP} + \text{TEOA} + h\nu \longrightarrow \text{TP}^- + \text{TEA}^{+\cdot} \tag{13}$$

$$\text{TP}^- + \text{Co}^\text{II}(\text{cyclam})^{2+} \longrightarrow \text{Co}^\text{I}(\text{cyclam})^+ \tag{14}$$

$$\text{Co}^\text{I}(\text{cyclam})^+ + \text{CO}_2 \rightleftharpoons \text{Co}^\text{I}(\text{cyclam})(\text{CO}_2)^+ \tag{15}$$

$$\text{Co}^\text{I}(\text{cyclam})(\text{CO}_2)^+ + \text{S} \rightleftharpoons [\text{S} - \text{Co}^\text{III}(\text{cyclam})(\text{CO}_2^{2-})]^+ \tag{16}$$

$$[\text{S} - \text{Co}^\text{III}(\text{cyclam})(\text{CO}_2^{2-})]^+ \longrightarrow \text{Co}^\text{II}(\text{cyclam})^{2+} + \text{CO} \tag{17}$$

4 レニウム錯体による CO_2 還元反応

$\text{XRe(CO)}_3(\text{L}-\text{L'})$ (X = Cl, Br, CH$_3$CN, etc.; L – L' ＝ポリピリジル2座配位子あるいは2つのピリジン系の配位子) は CO_2 還元触媒と光増感剤の2つの機能を持つために，光増感剤と触媒との電子移動の過程(両者の酸化還元電位の調整)を考慮することなく光化学的 CO_2 還元が行える特色を持っている。特に $\text{Re(CO)}_2(\text{bpy})\{\text{P(OEt)}_3\}_2$ を使用した反応では量子収率38%の効率でCO発生が報告されている。光励起された $[\text{XRe(CO)}_3(\text{bpy})]^*$ が TEA あるいは TEOA で還元的に消光されて $[\text{XRe(CO)}_3(\text{bpy})]^-$ が生成する過程までは一般的な合意が得られている。フラッシュフォトリシスの実験から TEOA による $[\text{Re(bpy)(CO)}_3\text{Br}]^*$ の還元的消光の速度定数は 6×10^7 M^{-1} s^{-1} で，bpy の π^* 軌道に不対電子が存在することが示されている。CO_2 還元反応は形式的な19電子錯体 $[\text{Re(bpy)(CO)}_3\text{X}]^-$ からのCO解離により17電子錯体 $[\text{Re(bpy)(CO)}_2\text{X}]^-$ が生成し，さらに1電子還元を受けて CO_2 と反応し，$[\text{Re(bpy)(CO)}_2(\eta^1\text{-CO}_2)\text{X}]^{2-}$ が形成した後，末端酸素へのプロトン化に引き続いた OH$^-$ の解離が起こり，$[\text{Re(bpy)(CO)}_3\text{X}]^-$ が再生する機構により説明され

ている。

5 ルテニウム錯体によるCO₂還元反応

電気化学的には良好なCO₂還元触媒である[Ru(bpy)₂(CO)₂]²⁺ではRu－CO結合の開裂に基づく不可逆的な還元が－1.0 V (SCE) で起こる (18式)。その電位が光増感剤の[Ru(bpy)₃]⁺の酸化電位より正側にあり，かつ[Ru(bpy)₂(CO)₂]²⁺は可視領域に吸収を持たないことから，両者を共存させ，TEOAを電子源としてCO₂の光還元反応を行うと量子収率14%でHCOOHが生成する。[Ru(bpy)₂(CO)₂]²⁺の還元反応ではRu－CO結合の開裂により，まず5配位錯体[Ru(bpy)₂(CO)]⁺が形成され (18式)，さらに1電子還元を受けて[Ru(bpy)₂(CO)]⁰が生成しCO₂との付加体を生成するか (19, 20式)，あるいは17電子錯体[Ru(bpy)₂(CO)]⁺がCO₂と付加体を形成した後に，1電子還元を受けて[Ru(bpy)₂(CO)(η¹-CO₂)]⁰ (21, 22式) を生成するのかは不明であるが，そのプロトン化によって[Ru(bpy)₂(CO)(C(O)OH)]⁺が形成し (23式)，不可逆的な還元によりHCOOHを放出することが推定される。

$$[Ru(bpy)_2(CO)_2]^{2+} + e^- \longrightarrow [Ru(bpy)_2(CO)]^+ + CO \quad (18)$$

$$[Ru(bpy)_2(CO)]^+ + CO_2 \longrightarrow [Ru(bpy)_2(CO)(\eta^1\text{-}CO_2)]^+ \quad (19)$$

$$[Ru(bpy)_2(CO)(\eta^1\text{-}CO_2)]^+ + e^- \rightleftharpoons [Ru(bpy)_2(CO)(\eta^1\text{-}CO_2)]^0 \quad (20)$$

$$[Ru(bpy)_2(CO)]^+ + e^- \rightleftharpoons [Ru(bpy)_2(CO)]^0 \quad (21)$$

$$[Ru(bpy)_2(CO)]^0 + CO_2 \longrightarrow [Ru(bpy)_2(CO)(\eta^1\text{-}CO_2)]^0 \quad (22)$$

$$[Ru(bpy)_2(CO)(\eta^1\text{-}CO_2)]^0 + H^+ \rightleftharpoons [Ru(bpy)_2(CO)(C(O)OH)]^+ \quad (23)$$

pH7以下の水溶液中では[Ru(bpy)₂(CO)(C(O)OH)]⁺は速やかに[Ru(bpy)₂(CO)₂]²⁺に変化する (7式)。しかしながら，そのような条件下ではTEOAはプロトン化を受けて電子供与能は極端に減少し，CO₂還元の量子収率は1%程度まで低下する。一方，BNAHは中性の水中ではプロトン化を受けず安定に存在することから，DMF／H₂O (7：3v/v) 中でBNAHを電子源とした[Ru(bpy)₃]²⁺/[Ru(bpy)₂(CO)₂]²⁺系の触媒による光化学的二酸化炭素還元反応ではCOとHCOOHが生成し，COが主生成物となる。この結果はDMF/H₂O中ではプロトン濃度の増加により[Ru(bpy)₂(CO)(η¹-CO₂)]⁰を経由して[Ru(bpy)₂(CO)(C(O)OH)]⁺と[Ru(bpy)₂(CO)₂]²⁺が生成してHCOOHとCOが量子収率は2.7と14.8%で生成する。

6 錯体触媒による光化学的CO₂還元の問題点

[Ru(bpy)₂(CO)₂]²⁺と異なり，[Ru(bpy)(trpy)(CO)]²⁺の1電子還元体は室温では安定で，－20

第10章 光化学的二酸化炭素還元反応

℃以下では2電子還元体も安定になる。また，$[Ru(bpy)(trpy)(CO)]^0$ はプロトンと反応して $[Ru(bpy)(trpy)(CHO)]^+$ となる。

$$[Ru(bpy)(trpy)(CO)]^{2+} + e^- \rightleftarrows [Ru(bpy)(trpy)(CO)]^+ \qquad (24)$$

$$[Ru(bpy)(trpy)(CO)]^+ + e^- \rightleftarrows [Ru(bpy)(trpy)(CO)]^0 \qquad (25)$$

$$[Ru(bpy)(trpy)(CO)]^0 + H^+ \longrightarrow [Ru(bpy)(trpy)(C(O)H)]^+ \qquad (26)$$

その結果，-20℃以下の温度で，$[Ru(bpy)(trpy)(CO)]^{2+}$ を触媒として CO_2 の電気化学的還元を行うと，CO_2 は $Ru-CO_2$, $Ru-C(O)OH$, $Ru-CO$, $Ru-C(O)H$, $Ru-CH_2OH$ を経由してメタノールまで還元される。しかしながら，$[Ru(bpy)_3]^{2+}$ を光増感剤，$[Ru(bpy)(trpy)(CO)]^{2+}$ を触媒として CO_2 の光還元反応を行っても，化学的に安定な $[Ru(bpy)(trpy)(CO)]^+$ から $[Ru(bpy)_3]^{2+*}$ への逆電子移動が起こり触媒活性をほとんど示さない。

上記の結果は光化学的に CO_2 の多電子還元を行うためには，CO_2 由来の金属−CO錯体の1電子還元体がプロトンと不可逆的に反応するか，あるいは2電子を供与しうる光増感剤の開発が必要であることを示唆している。最近，後者の問題に関しては筆者等のグループでは BNA の二量体を用いると光化学的に2電子還元体を形成させることに成功している[18]。

図3の4核Ru錯体は酸化還元活性な6つの bpy と3つの架橋 dmbbbpy 配位子を持ち，0.39V，0.52V, 0.55V, 0.56V に可逆的な酸化過程と $-0.89V, -1.32V, -1.56V, -1.74V, -1.91V$ に可逆的な還元過程に基づく酸化還元波を示す。これら数多くの酸化還元波の内，$E_{1/2} = -0.89V$ の酸化還元波はクーロメトリーにより $[\{(bpy)_2Ru(dmbbbpy)\}_3Ru]^{8+/6+}$ の2電子移動過程であることが明らかになった。BNAの2量体と $[\{(bpy)_2Ru(dmbbbpy)\}_3Ru]^{8+}$ を DMF 中で 500 nm 以上の波長の光で照射すると量子収率 2.6% で $[\{(bpy)_2Ru(dmbbbpy)\}_3Ru]^{6+}$ が生成することが明らかとなった。反応は $[Ru_4]^{8+}$ の光励起で生成する $^3[Ru_4]^{8+*}$ が $(BNA)_2$ により還元的消光を受け，$[Ru_4]^{7+}$ と $(BNA)^+\cdot$ が生成する。$(BNA)^+\cdot$ の炭素−炭素結合は不安定となり速やかに BNA^+ と $BNA\cdot$ に

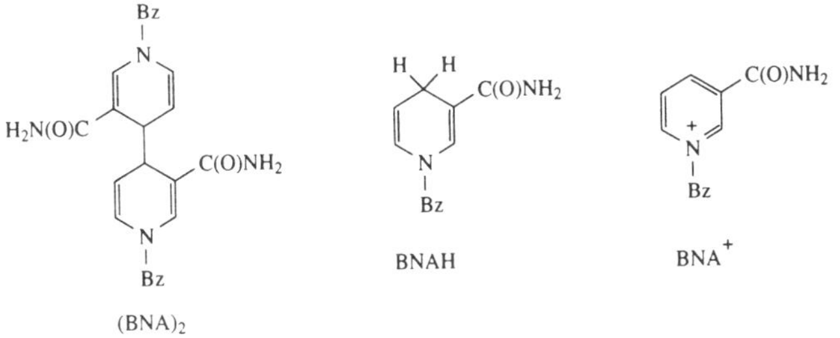

図2

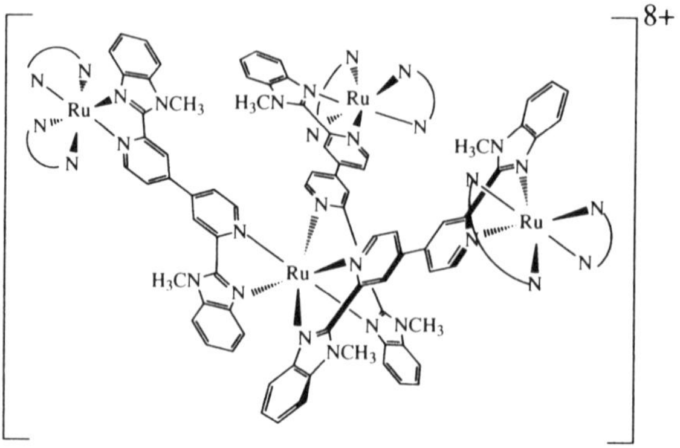

図3　[[bpy]$_2$Ru(dmbbbpy)}$_3$Ru]$^{8+}$

開裂する。後者の酸化電位は−1.08 Vであることから[Ru$_4$]$^{7+}$を還元してBNA$^+$となる。27〜30式の反応から理解されるように[Ru$_4$]$^{8+}$の光反応は一つのフォトンで2電子移動を起こさせた反応である。さらに, TEOA, TEAのような犠牲試薬を用いることなく, 光化学的に2電子供与体が形成されたことと, BNA$^+$は1電子還元により定量的に(BNA)$_2$を再生することから, 光エネルギー利用の観点から興味が持たれる反応である。

$$[Ru_4]^{8+} + h\nu \longrightarrow [Ru_4]^{8+*} \tag{27}$$

$$[Ru_4]^{8+*} + (BNA)_2 \longrightarrow [Ru_4]^{7+} + (BNA)_2^{\cdot+} \tag{28}$$

$$(BNA)_2^{\cdot+} \xrightarrow{fast} BNA^+ + BNA^{\cdot} \tag{29}$$

$$BNA^{\cdot} + [Ru_4]^{7+} \longrightarrow BNA^+ + [Ru_4]^{6+} \tag{30}$$

我々の研究グループではCO$_2$が金属上でCH$_3$にまで還元される過程を明らかにする目的で一連の[Ru(bpy)$_2$(CO)X]$^{n+}$ (X=CO$_2$, C(O)OH, CO, C(O)H, CH$_2$OH, CH$_3$; n=0, 1, 2) を合成し, X線結晶構造解析を行った(図4)。

このように錯体化学の観点からは2〜6式の反応生成物に対する合理的な前駆体合成は可能である。しかしながら, CO$_2$還元条件下ではCO$_2$由来の金属−CO結合の還元的開裂のためCOあるいはHCOOHしか生成しない。一方, 金属−CO結合はBH$_4^-$のような金属水素化物と反応させると容易に金属−CHOに還元される(31式)。このことは金属−CO錯体への2電子供与とプロトン移動をカップルさせることが可能となれば(32式), 光反応においても31式同様に金属−CHO錯体を形成させ, 少なくともCO$_2$をメタノールにまでは還元しうることが期待される。

$$[M-CO]^{2+} + BH_4^- \longrightarrow [M-C(O)H]^+ \tag{31}$$

第10章　光化学的二酸化炭素還元反応

[Ru(bpy)$_2$(CO)(CO$_2$)]　⇌(H$^+$)　[Ru(bpy)$_2$(CO)(C(O)OH)]$^+$　⇌(H$^+$)　[Ru(bpy)$_2$(CO)$_2$]$^{2+}$

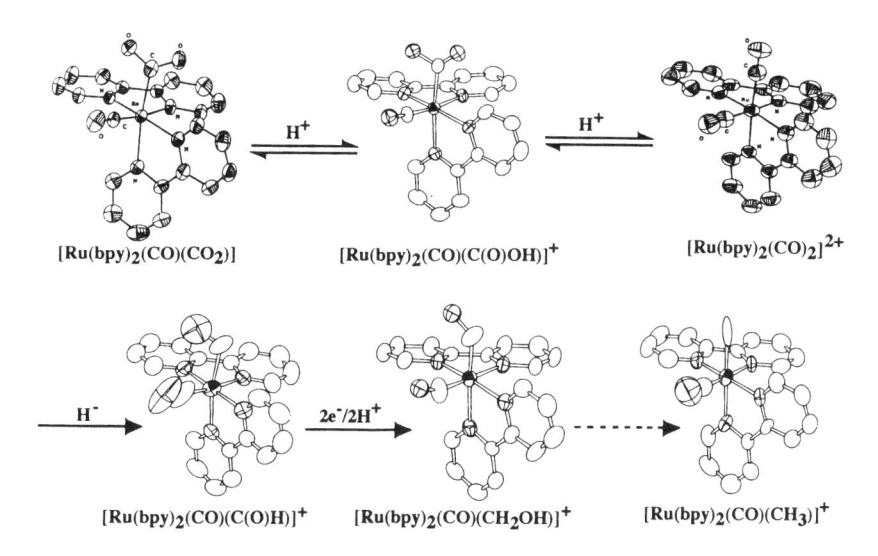

→(H$^-$)　[Ru(bpy)$_2$(CO)(C(O)H)]$^+$　→(2e$^-$/2H$^+$)　[Ru(bpy)$_2$(CO)(CH$_2$OH)]$^+$　⇢　[Ru(bpy)$_2$(CO)(CH$_3$)]$^+$

図4　X線結晶構造解析により決定されたRu錯体上でのCO$_2$, C(O)OH, CO, C(O)H, CH$_2$OH, CH$_3$骨格の構造変化。点線の矢印は別途合成

$$[M-CO]^{2+} + 2e^- + H^+ \longrightarrow [M-C(O)H]^+ \tag{32}$$

7　おわりに

　従来の二酸化炭素の固定は，活性な有機化合物への求電子付加反応（カルボキシレーション）で行われていた。一方，CO$_2$を還元的に活性化させて有機物に変換する反応に関してはこれからの研究分野である。炭素-炭素結合生成を伴ったCO$_2$の多電子還元反応が実用上は大きな意味をもっている。[Ru(bpy)$_3$]$^{2+}$あるいは[Ru(bpy)$_3$]$^{2+}$を光増感剤，TEOAを電子源，RuやOsコロイドを触媒としてを用いた反応系では微量であるにせよCH$_4$, C$_2$H$_6$, C$_2$H$_4$が生成する。固体表面上での反応のために反応機構に関しては未知の面が多いが，可視光によるCO$_2$の多電子還元反応が進行する意味は大きいと思われる。最近，均一系触媒による電気化学的CO$_2$還元反応では，選択的なケトン，α-ジケトン合成が成し遂げられつつあることを考慮すると，均一系触媒による光化学的CO$_2$還元での多電子還元反応の到達は近いように思われる。また，犠牲試薬を使用することなく，有用な光酸化反応を開発することによりCO$_2$還元に必要な電子を獲得することが可能となれば光CO$_2$還元は実用的な意味を持つことが期待される。

CO$_2$固定化・隔離の最新技術

文　献

1) M. M. Halmann and M. Steinberg, "Greenhouse Gas Carbon Dioxide Mitigation, Science and Technology", Lewis Publishers: New York, 1999
2) a) C. Amatore and J. M. Saveant, *J. Am. Chem. Soc.*, 103, 5021 (1986)
   b) N. Sutin and C. Creus, *Adv. Chem. Ser.*, 168, 1 (1978)
3) J.-M. Lehn, R. Ziessel, *Proc. Natl. Acad. Sci. USA*, 79, 701 (1982)
4) R. Ziessel, J. Hawecker, J.-M. Lehn, *Helv. Chim. Acta*, 69, 1065 (1986)
5) T. A. Tinnemans, T. P. M. Koster, D. H. M. W. Thewissen, A. Mackor, *Recl. Trav. Chim. Pays. Bas.*, 103, 288 (1984)
6) a) H. Ishida, K. Tanaka, T. Tanaka, *Chem. Lett.*, 339 (1988)
   b) H. Ishida, T. Terada, K. Tanaka, T. Tanaka, *Inorg. Chem.*, 29, 905 (1990)
   c) H. Ishida, K. Tanaka, T. Tanaka, *Organometallics*, 6, 181 (1987)
7) a) J. L. Grant, K. Goswami, L. O. Spreer, J. W. Otvos, M. Calvin, *J. Chem. Soc., Dalton Trans*, 2105 (1987)
   b) C. A. Craig, L. O. Spreer, J. W. Otvos, M. Calvin, *J. Phys. Chem.*, 94, 7957 (1990)
   c) E. Kimura, S. Wada, M. Shionoya, Y. Okazaki, *Inorg. Chem.*, 33, 770 (1994)
8) a) J. Hawecker, J.-M. Lehn, R. Ziessel, *J. Chem. Soc., Chem. Commun.*, 536 (1983)
   b) J. Hawecker, J.-M. Lehn, R. Ziessel, *Helv. Chim. Acta*, 69, 1990 (1986)
9) a) C. Kutal, M. A. Weber, G. Ferraudi, D. Geiger, *Organometallics*, 4, 2161 (1985)
   b) C. Kutal, A. J. Corbin, G. Ferraudi, 6, 553 (1987)
10) H. Hori, F. P. A. Johnson, K. Koike, O. Ishitani, T. Ibusuki, *J. Photochem. Photobiol., A*: 96, 171 (1996)
11) a) S. Matsuoka, K. Yamamoto, C. Pac, S. Yahagida, *Chem. Lett.* 2099 (1990)
    b) S. Matsuoka, *et al., J. Am. Chem. Soc.*, 115, 601 (1993)
    c) T. Ogata, S. Yanagida, B. S. Brunschwig, E. Fujita, *J. Am. Chem. Soc.*, 117, 6708 (1995)
12) a) R. Maidan, I. Willner, *J. Am. Chem. Soc.*, 108, 8100 (1986)
    b) I. Willner, R. Maidan, D. Mandler, H. Dtirr, K. Zengerle, *J. Am. Chem. Soc.*, 109, 6080 (1987)
13) B. P. Sullivan, K. Krist and H. E. Guard, Eds. "Electrochemical and Electroanalytical Reaction of Carbon Dioxide" Elsevier Science Publishers BV: Amsterdam, 1993
14) H. Nakajima, K. Tsuge, K. Toyohara and K. Tanaka, *J. Organometallic Chem.*, 569, 61 (1998)
15) J. R. Pugh, M. R. M. Bruce, B. P. Sullivan, T. J. Meyer, *Inorg. Chem.*, 30, 86 (1991)
16) E. Fujita, C. Creutz, N. Sutin and N. S. Lewis, *J. Am. Chem. Soc.*, 109, 2956 (1987)
17) H. Nagao, T. Mizukawa and K. Tanaka, *Inorg. Chem.*, 33, 3415 (1994)
18) M. M. Ali, H. Sato, M. Haga, K. Tanaka, A. Yoshimura and T. Ohno, *Inorg. Chem.*, 37, 6716 (1998)

第11章　電気化学・光電気化学的二酸化炭素固定

柳田祥三[*1], 北村隆之[*2], 和田雄二[*3]

1 はじめに

陰極でCO_2を有用物質に還元すると共に陽極で水を酸素に酸化する電気化学的手法は，光合成反応と比較し得る温和な条件下に進行する。一方，色素分子や半導体物質の光励起・電荷分離状態を経由するCO_2の還元・固定も研究されてきた。その酸化・還元機構は，増感分子の最低非占軌道（LUMO）もしくは半導体触媒の伝導帯を陰極に，最高被占軌道（HOMO）もしくは価電子帯を陽極とする，言い換えると，光励起状態の分子を光電池とするCO_2の電気化学的還元・固定と見ることができる（図1）。本章ではCO_2の電気化学的還元・固定手法として，電解還元反応と共に光触媒反応と光増感触媒反応について紹介する。

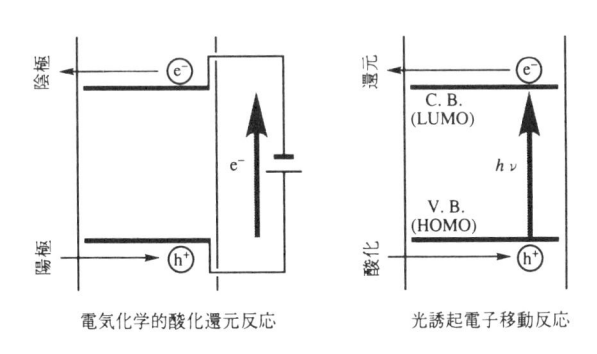

図1　電気化学的酸化還元反応と光誘起電子移動反応の類似性

---

*1　Shozo Yanagida　大阪大学大学院　工学研究科　教授
*2　Takayuki Kitamura　大阪大学大学院　工学研究科　助手
*3　Yuji Wada　大阪大学大学院　工学研究科　助教授

2 電気化学的（電解）還元

2.1 基本的手法と評価

CO_2の電解還元は，作用極と対極のほかに参照電極を加えた三極系の電気化学セルを用いて行われる。作用極と対極を，イオン交換膜をおいて仕切った電解質溶液（多くは水溶液）に浸し作用極側の溶液にCO_2を飽和させる。作用極側を負にして直流電源をつなぎ，3 V程度の電圧を印加すると両極間に電流が流れる。この時，作用極上では(1)式の反応が起こり，CO_2が還元されて一酸化炭素，アルコール，炭化水素等が生成する。一方対極上では (2) 式により，水が酸素へ酸化される。(2) 式で対極上に生じたH^+はイオン交換膜を通って作用極側に移り，(1) 式によりCO_2の反応に取り込まれる。よって全反応式は (3) 式で示される。

$$CO_2 + kH^+ + le^- = HCOOH, CO, アルコール，炭水化物など + mH_2O \tag{1}$$

$$H_2O = 1/2 O_2 + 2H^+ + 2e^- \tag{2}$$

$$CO_2 + H_2O = HCOOH, CO, アルコール，炭水化物など + nO_2 \tag{3}$$

CO_2の電解還元の重要因子は，電流密度（J），電流効率（ファラデー効率；η），過電圧である。Jは電極に垂直な単位面積当たりの電流で，反応速度の尺度である。ηは電極に通じた全電気量の目的反応に消費された電気量の割合であり，反応選択性の目安となる。過電圧は反応を進行させる電位と平衡電位との差（活性化エネルギー）であり，反応を実際に進行させるためのエネルギー効率の目安となる。

(3)式に示した各生成物へのCO_2の電解還元に対する標準極電位を熱力学的に求めると，生成物によって多少の違いは有るが，いずれもpH 7で $-0.3 \sim 0.5$ V vs. NHE程度となる。しかし，Savéantら[1]は (4) 式で表されるCO_2の可逆的一電子還元電位を高速サイクリックボルタモメトリーにより -2.21 V vs. SCEと測定している。CO_2はいったんアニオンラジカル（$CO_2^{-\cdot}$）に還元され，さらに最終生成物にまで還元されると考えられるが，$CO_2^{-\cdot}$生成の電位が著しく負であることがCO_2還元を困難にしている。

$$CO_2 + e^- = CO_2^{-\cdot} \tag{4}$$

2.2 金属を陰極とする還元

水溶液中でCO_2の電解還元を行うと，CO_2の還元電位に達する前にH_2発生を伴うため，水素過電圧の高い金属単体を電極に用いて研究が行われた[2]。Pb, In, Sn, Cdでは0.1 M $KHCO_3$を電解質，$J = 50$ mA/cm^{2}の条件でギ酸が選択的に生成する。Zn, Au, AgではCOが少量のH_2を伴いながら主として生成する。Cuを電極にした場合[3]は興味深く，生成したCOがCu電極から脱着し難く，競争反応で生成する吸着H原子と反応してCH_4, $CH_2=CH_2$, C_2H_5OH等が生成す

第11章　電気化学・光電気化学的二酸化炭素固定

る。

一方非プロトン性溶媒を電解液として用いてH_2発生反応を抑制した，CO_2の選択的電解還元法がある[2]。過塩素酸テトラエチルアンモニウム（TEAP）を電解質に，プロピレンカーボネートを非水溶媒に用いた時，Cr, Mo, Ti, Fe電極からはシュウ酸（$(COOH)_2$）とCOが（$\eta = 10 \sim 15$%)，Ni, Pd, Ptとその他の多くの金属は主としてCOを与え，Au, Ag, Cu, Zn, In, Sn等では$\eta = 70 \sim 90$%に達する。これに対してHg, Tl, Pbは$(COOH)_2$をそれぞれ$\eta = 60, 70, 80$%と選択的に与える。$(COOH)_2$はさらに還元が進みグリオキシン酸，グリコール酸等も生成する。機構についてはまだ十分に解明されていないが，電極金属により，$CO_2^-\cdot$同士の不均化反応によるCO生成経路と，$CO_2^-\cdot$同士のカップリング反応による$(COOH)_2$生成経路に分かれる。坂田ら[4]は一電子還元体である$CO_2^-\cdot$の吸着状態の分子の形に注目したモデルを提出し，中戸ら[5]は$CO_2^-\cdot$の吸着エネルギーに注目したモデルを提出している。

合金電極や導電性酸化物を電極として用いた研究も散見される。中戸ら[6]はAg-Cu合金電極において，表面の原子比（Ag/Cu）が3/2程度になると，純Cu電極の場合に比べてCH_4のηは減り，$CH_2=CH_2$のそれが増加することを報告している。またBandiら[7]，TiO_2-RuO_2等の複合酸化物を電極とし，水素発生電位付近で$\eta = 76$%でCO_2がCH_3OHに還元されることを報告している。この結果は，ごく低いJ（0.06 mA/cm^2）でなされた実験であるが，新しい可能性を示すものとして興味深い。

2.3　電極触媒による低電位還元

CO_2の電気化学的還元のもう一つの課題は，いかにして低い還元電位で反応するかである。これまでにフタロシアニン，ポリフィリン，サイクラムで代表される金属錯体がCO_2還元の電極触媒（一種の電子メディエーターと考える）として働くことが明らかにされている。飯塚ら[8]は，CoもしくはNiフタロシアニンをグラファイト電極上に被覆し，支持電解質にTEAPを用いた水溶液系で，CO_2の還元による陰極電流が認められ，$(COOH)_2$およびグリコール酸が得られることを最初に見出した。KapustaとHackermanは[9]，CoおよびNiフタロシアニンがpH 3 ～ 7範囲でCO_2還元の電極触媒として働き，ギ酸が主生成物（$\eta = 60$%）で得られる他に，メタノールも生成することを認めている。支持電解質にKNO_3を用いた場合，CO（$\eta = 70 \sim 100$%）が生成する[10]。電解還元において電解質が影響することを示す一例である。サイクラム錯体の電解触媒作用は，FisherとEisenbergらの研究[11]に端を発し，続いてSauvageら[12]はニッケルサイクラム（Ni^{II}cyclam）を溶解させたKNO_3水溶液中，水銀電極を用いて－1.0 Vで定電位電解すると，COが定量的に（$\eta = 100$%）生成することを見出した（図2a）。しかもNi^{II}cyclamの触媒作用は8時間電解後も失活せず，ターンオーバー数は約8,000に達する。このような金属錯体のCO_2還元触

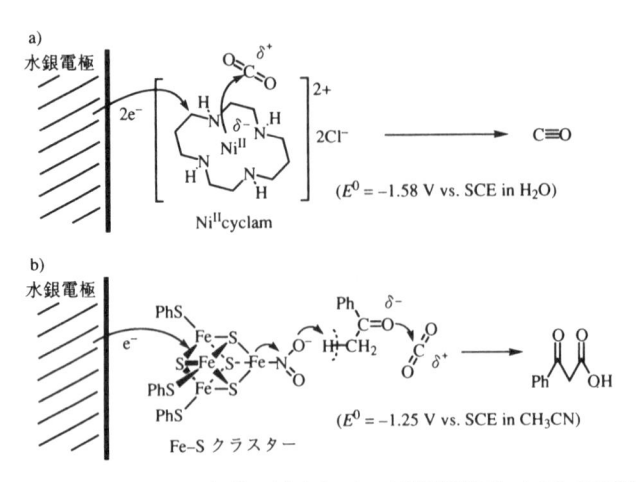

図2 a) ニッケルサイクラム，b) 鉄―硫黄クラスターを電極触媒に用いたCO_2の低電位還元

媒作用の理論的解析に関して，榊の総説[13]が参考になる。

電極触媒としてビピリジン錯体[14,15]，鉄―硫黄クラスター[16]を用いる研究も行われているが，多くがCOやギ酸が生成物である。しかし田中ら[17]は，鉄―硫黄クラスター，亜硝酸イオン，アセトフェノンをCO_2で飽和した脱水アセトニトリル中，水銀電極を用いて－1.25 V vs. SCEで定電位電解を行い，アセトフェノンへの二電子移動とそれに連動したCO_2の固定に由来するベンゾイル酢酸(図2b)；$\eta = 78\%$)の生成を見出している。なお田中らは，遷移金属錯体を用いるCO_2還元における様々な有用炭素―炭素結合形成反応に展開しており，詳細は前章で論じられている。

一方米山ら[18]は，酸化還元を伴う生体代謝系でのCO_2脱離の酵素反応に着目し，メチルビオローゲンとイソクエン酸脱水素酵素をメディエーターに用いて電気化学的に逆反応を進行させ，2-ケトグルタル酸にCO_2が固定されイソクエン酸になることを報告している。CO_2の直接還元に比べ，遥かに低電位（－0.95 V vs. SCE）と高いηで還元的固定が起こることを実験的に示したもので意義が深い。

なお，半導体電極に光を照射しつつCO_2を電解還元する光触媒電極反応があるが，紙面の都合で割愛した。谷口の総説[19]を参照にされたい。

2.4 電気化学的カルボニル化

有機分子の電解還元で生成するアニオン種をCO_2で捕捉してカルボン酸に変換する方法が知られ，オレフィン類への電解付加反応やハライド類との電解置換反応が検討されたが，一般的に効

第11章　電気化学・光電気化学的二酸化炭素固定

率が悪く反応選択性も優れなかった。ところが，陽極にMgやAl，Zn等の金属を用いて常圧下のCO_2の存在下，電極間を隔膜で仕切ることなく電解すると，ハロゲン化ベンジルやハロゲン化アリールからは相当するカルボン酸が，芳香族アルデヒドやケトンからは相当するα-ヒドロキシカルボン酸が高収率で得られる[20]。例えば，γ-アルキル置換ハロゲン化アリルを常圧のCO_2の存在下Mg陽極，Pt陰極を用いて電解還元すると位置選択的にβ,γ-不飽和カルボン酸が得られる[21]（図3）。Pt陽極を用いると，収率，位置選択性が共に低下する。Mg電極から溶出するMg^{2+}が中間に生成するカルボキシラートを効果的に安定化すると考えられている。さらに，ハロゲン化プロパルギルから1,2-アルカジエン酸の合成，ハロゲン化ビニルからのα,β-不飽和カルボン酸の合成も見出されている[22]。この電気化学的カルボニル化は，反応性電極もしくは犠牲陽極として電極に用いた金属を酸化し，陰極表面での電解還元反応に悪影響を与えないことが特徴である。本電解反応は合成化学的に意義が深いが，エネルギー効率を重視するCO_2の大量処理には適さない。

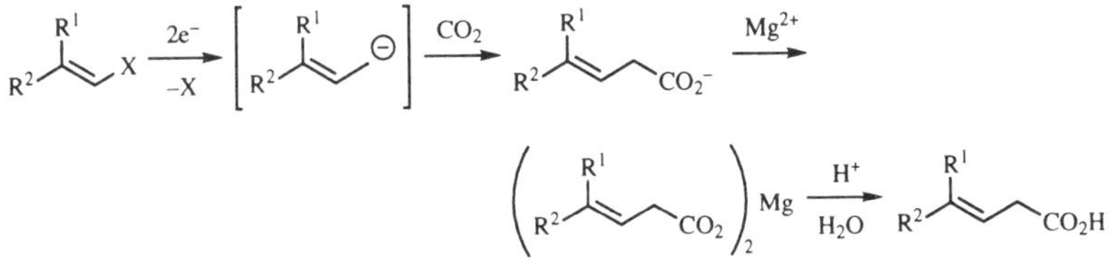

図3　Mg電極を犠牲陽極に用いたγ-アルキル置換ハロゲン化アリルへのCO_2の還元固定化反応

3　光電気化学的還元

本多，藤嶋らが化合物半導体を水懸濁溶液中で光触媒に用いたCO_2の還元を報告[23]して以来，類似の反応系について界面光電気化学反応として数多く研究された[24,25]。しかし多くは紫外光下の反応で，反応効率も極めて低く，詳細な反応機構の解明はなされなかった。一方，様々な金属錯体を光励起してCO_2を還元する反応も，人工光合成系を構築する観点から数多くなされてきた[26]。本節では，筆者らの行った光触媒的な高効率CO_2還元と，有機分子へのCO_2固定反応を紹介する。

3.1　化合物半導体光触媒によるCO_2還元

筆者ら[27]は，水中でZnSを触媒とするCO_2の紫外光還元では，ギ酸生成の量子収率は0.24（λ

= 313 nm) と極めて高いが，少量のCOと共に多量の水の存在のために，ギ酸の2倍程度の水素発生を伴うことを示した。また非プロトン性極性溶媒DMF中で$Zn(ClO_4)_2$とH_2Sから調製した，平均粒径2 nm程度の六方晶系ZnS超微結晶（ZnS-DMF）を光触媒とするCO_2の紫外光還元[28]では，トリエチルアミン（TEA）を電子源とすることでギ酸およびCOに還元でき，ギ酸生成の量子収率は 0.14（λ = 302 nm）に達すること，ZnS-DMF溶液にさらに過剰にZn^{2+}を添加すると，表面にS欠陥が増加しCOの生成を伴うことを報告した。

ZnS-DMFと同様，DMF中で$Cd(ClO_4)_2$とH_2Sから調製したCdS超微結晶（CdS-DMF）は，粒径3～5 nmの六方晶系である。TEA存在下，可視光（λ > 400 nm）照射すると選択的にCO_2をCOへと還元し，量子収率は 0.1（λ = 400nm）に達する[29]。CdS-DMF溶液に過剰Cd^{2+}を微量添加するとCO生成量は増加し，さらに過剰に添加すると極大を経て減少する[30]。EXAFS測定から，表面CdがDMF分子のカルボニル酸素の配位により安定化されていることが示された[30]。CdSの伝導帯電位は－1.85 V vs. SCEと報告されており[31]，ナノサイズに超微粒子化したCdS-DMFでは，量子サイズ効果により伝導帯が負側へシフトしたため還元力が増大している。またCdS-，ZnS-DMFの電子構造は，溶媒のバンドギャップに閉じ込められたナノサイズ量子箱（図4）と考えられ，励起電子－正孔対の長寿命化も高いCO_2光還元活性が得られた原因である。

CdS-DMF表面にCO_2が強く相互作用し，特に過剰Cd^{2+}の添加で生成するS欠陥が吸着サイトとして機能することは，CdS-DMFの発光特性の変化と，光照射下に表面$CO_2^-·$が存在するというEPR解析から確認された[30]。密度汎関数法（deMon）による計算[30]からは，S欠陥に隣接したZn，Cd各原子に二座配位したCO_2は，伝導帯電子を受け取ってさらに強く吸着し，次いでもう一分子のCO_2が付加体を形成した後，再度電子を受け取りCOを生成する。S欠陥が生じない系では，光触媒上に発生するヒドリド中間体へのCO_2分子の挿入によりギ酸となる機構が推定される（図5）。

3.2 光増感触媒によるCO_2還元

光増感剤パラテルフェニル（TP；図6）の励起・重項がTEAにより還元的に消光されて生じるアニオンラジカル（TP$^-·$）は，キノイド構造により電荷を非局在化して安定化し，CO_2を還元する十分な電位（－2.45 V

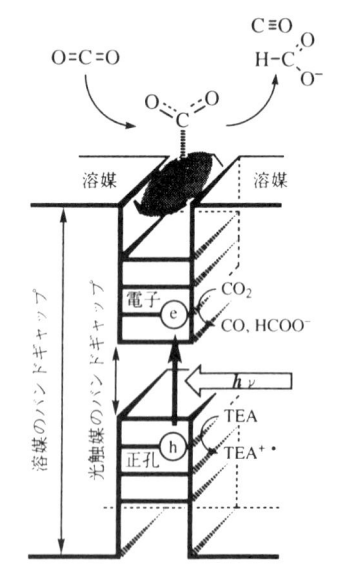

図4 ナノサイズ量子箱光触媒作用の鳥瞰図

第11章　電気化学・光電気化学的二酸化炭素固定

図5　金属硫化物光触媒表面でのCO$_2$の還元反応

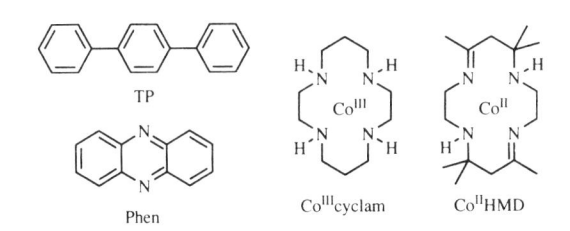

図6　芳香族光増感剤とコバルト大環状アミン錯体の分子構造

vs. SCE)を有して長寿命であるため，CO$_2$に直接電子注入して主にギ酸へ還元できる。しかしプロトン性溶媒中では，TP$^-$・が競争的にプロトン付加（光バーチ還元）を受け芳香族性を失い触媒活性が低下する[32]。

この光反応系にコバルトサイクラム（Co^{III}cyclam；図6）錯体，あるいは類似大環状アミン錯体を加えると，TPの分解が抑制されCO$_2$は主生成物としてCOと少量のギ酸に還元される。この反応系での両生成物の量子収率の合計は0.2（λ = 313 nm）を越える[33]。反応機構の詳細は，Co^{II}HMD（HMD = 5,7,7,12,14,14-hexamethyl-1,4,8,11-tetraazacyclotetradeca-4,11-diene；図6）錯体を用いた過渡吸収測定により解析された[34]。TP$^-$・は，Co^{II}Lを拡散律速でCo^{I}Lに還元する。Co^{I}LはCO$_2$との反応では，Co^{II}/Co^{I}の酸化還元電位が負に大きい程付加が促進され，配位子のメチル基の立体障害にも左右されるが，5配位Co^{I}L(CO$_2$)と高温で安定な6配位(Co^{III}L(CO$_2^{2-}$)S；(S＝溶

155

媒))の平衡状態になり，Co^IからCo^{III}に酸化される。ここで$Co^{III}L$を安定に与えない錯体は触媒作用を示さない。$Co^{III}L(CO_2H^-)$Sを経て$Co^{II}L$を再生すると共に，COを脱離生成する。

TPの代わりにフェナジン（Phen；図6）を光増感分子として用い，Co^{III}cyclamをメディエーターとすると，ギ酸が選択的に生成する[35]。TP系では$Co^{III}L$はCo^ILまで還元されるが，Phenから生じたアニオンラジカル（Phen$^-\cdot$）の酸化電位は-1.2 V vs. SCEと低く，Phen$^-\cdot$から$Co^{III}L$への電子移動で$Co^{II}L$が生成するがCo^ILへ還元できない。Phen$^-\cdot$のプロトン化でフェナジニルラジカル（PhenH$\cdot$）が生成し，PhenH$\cdot$とCo^{II}cyclamの相互作用がNMR解析で確認された[36]（図7）。以

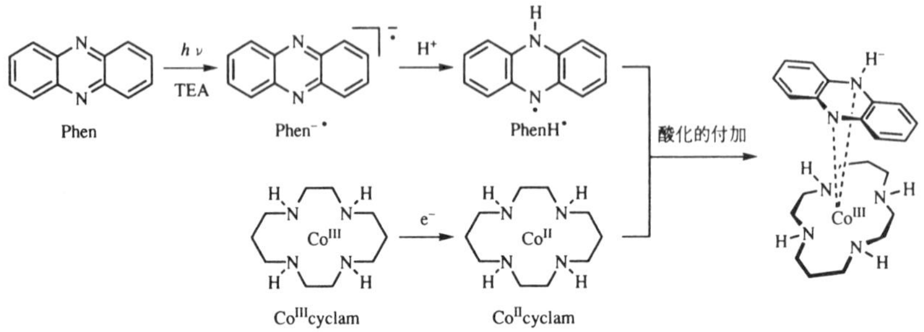

図7　Phen/Co^{III}cyclam光増感反応系におけるPhenH$\cdot$のCo^{II}cyclamへの酸化的付加によるCo^{III}cyclam（H$^-$）錯体の生成機構

上の事実から，PhenH$\cdot$から$Co^{II}L$への分子内水素原子移動によってCo^ILを経ずに$Co^{III}L(H^-)$が生成し，これにCO_2分子が挿入反応したホーメート錯体($Co^{III}L(OOCH^-)$)からの脱離によりギ酸を選択的に与える。

図8に両光増感剤，Co錯体を用いたCO_2の光還元反応機構を示した。遷移金属の配位圏を触媒サイトとして機能させ，より高いエネルギー（負の電位）が必要な$CO_2^-\cdot$生成を経由することなく，COおよびギ酸への二電子還元反応が進行する。

3.3　有機分子へのCO_2の可視光固定

CO_2の還元では，COやギ酸より付加価値の高い化合物への変換が望ましい。CdS-DMFはCO_2還元反応において$CO_2^-\cdot$を生成する。また，芳香族カルボニルやハロゲン化ベンジルを還元し，それぞれアルコールや脱ハロゲン化物を与える光触媒として機能する。したがって，有機物の還元的中間ラジカルと$CO_2^-\cdot$のカップリング反応によりCO_2は固定化され，対応するカルボン酸へ誘導できる。芳香族カルボニルの場合には一電子還元，プロトン化を経て生成するケチルラジカ

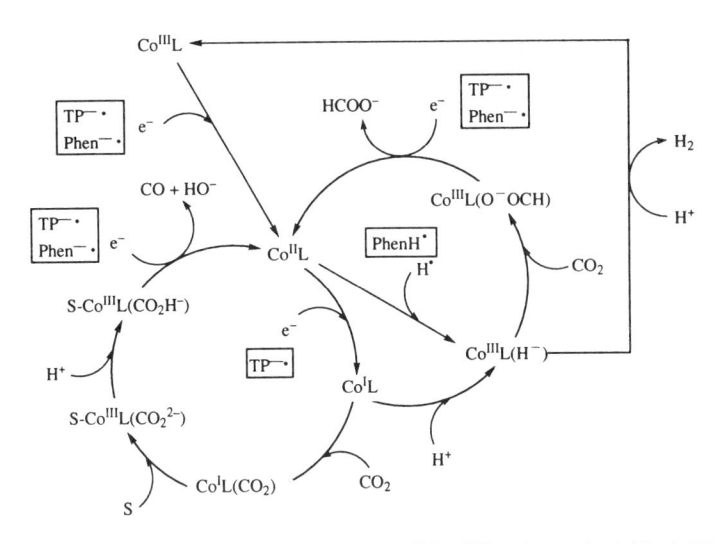

第11章　電気化学・光電気化学的二酸化炭素固定

図8　TPあるいはPhenを光増感剤，コバルト大環状アミン錯体を電子メディエーターに用いたCO_2の還元反応の機構

ルと，ハロゲン化ベンジルでは一電子還元，脱ハロゲン化物イオンで生成するベンジルラジカルと$CO_2^{-}\cdot$とのカップリング反応が進行する[37]（図9）。

図9　芳香族カルボニルあるいはハロゲン化ベンジルへのCO_2の還元的固定化

　TPが鎖状に繋がったポリパラフェニレン（PPP）は可視光を吸収し，CdS-DMFと同様条件下に芳香族カルボニルを光還元可能である。$TP^{-}\cdot$と同様のPPPラジカルアニオン（$PPP^{-}\cdot$）がカルボニルを還元可能な電位を持ち，一電子還元，プロトン化で生じるケチルラジカルの不均化もしくは二量化により，アルコールやピナコール誘導体を与える[38]。四級アンモニウム塩を共存させると，$PPP^{-}\cdot$の安定化によりカルボニル化合物への二電子移動が優先的に起こるためアルコー

157

ルを選択的に与える[39]。この光反応系にCO_2を共存させると，芳香族カルボニル由来のアニオン種へのCO_2の付加反応が進行する[39]。例えば，ベンゾフェノンを用いると中間のカルバニオンにCO_2が付加してベンジル酸が得られる（図10）。$PPP^{-\cdot}$はCO_2の直接還元は電位的に不可能であるが，$PPP^{-\cdot}$における電子は高い還元力を維持したまま非局在（ソフト）化し，ソフトなアンモニウムカチオンにより安定化された結果，有機分子へのCO_2固定に必要な二電子移動が可能となる。

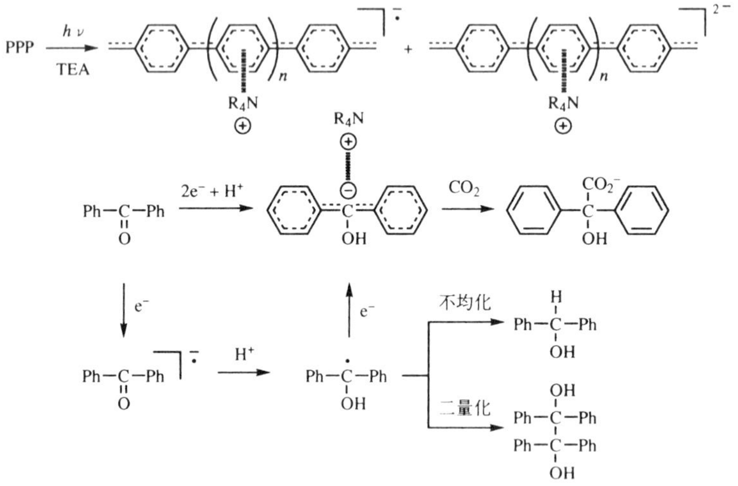

図10 PPPを光触媒に用いたテトラアルキルアンモニウム塩存在下でのベンゾフェノンへのCO_2の還元的固定反応の機構

4 展　望

　光触媒を用いたり，太陽電池からの電力を用いてCO_2を有用物質に還元する光・電気化学的手法の研究は，人工光合成的CO_2固定と言える[40]。金属電極を用いギ酸とCOをそれぞれを選択的に，ほぼ$\eta = 100\%$で電解還元する条件は見出されているが，還元電位が高くエネルギー効率が低い。Cu電極などを用いても，まだηが数10%でしかCH_4，$CH_2=CH_2$，C_2H_5OHを生成することができない。電極触媒を用いて比較的低い電位でCO_2の還元・固定が進行するが，Jが極めて小さい。有用な有機物を高いη，選択性，エネルギー効率，かつ速い速度で生成する条件，特に電極触媒材料の開発が重要で，実用的見地から，ガス拡散電極，多孔質電極等の利用によるJ（反

第11章 電気化学・光電気化学的二酸化炭素固定

応速度)の向上が望まれる。光触媒的なCO_2の二電子還元系は,天然光合成系1の人工化に相当し,ヒドリド体や有機分子還元中間体へのCO_2の固定がエネルギー的により有効な系である。然るに人工光合成系1を,水を電子源とする光合成系2の人工的構築と連動させることで,CO_2光還元・固定のシステムが意義あるものになる。

一方大気中のCO_2濃度の増大は,推定3億年間の光合成反応によって蓄えられた地球埋蔵燃料の急速消費に起因するグローバル問題で,その消費量は,150万年間の光合成を要して蓄えられたエネルギーを1年間で使い切る計算になる。太陽光による水の完全分解反応と新規な低コスト太陽電池の研究は,炭素サイクルと分離された太陽光変換・貯蔵システムとして更なる進展が望まれる。

文 献

1) C. Amatore, J. M. Savéant, *J. Am. Chem. Soc.*, 103, 5021 (1981)
2) 伊藤 要, 電気化学, 58, 984 (1990)
3) 堀 善夫, 電気化学, 58, 996 (1990)
4) a) 坂田忠良, 文部省科学研究費総合研究(B)「公開シンポジウム」"温和な条件下での炭酸ガス,窒素固定への新展開", 1989年12月, 名工大, p. 17 ; b) M. Azuma, K. Hashimoto, M. Hiramoto, M. Watanabe, T. Sakata, *J. Electrochem. Soc.*, 137, 1772 (1990)
5) 中戸義禮, 坪村 宏, 日本化学会研究会主催「CO_2固定シンポジウム」, 1990年12月, 名工大, p. 1
6) 中戸義禮, 坪村 宏, 文部省科学研究費総合研究(B)「公開シンポジウム」"温和な条件下での炭酸ガス,窒素固定への新展開", 1989年12月, 名工大, p. 9
7) A. Bandi, *J. Electrochem. Soc.*, 137, 2157 (1990)
8) S. Meshituka, M. Ichikawa, K. Tamaru, *J. Chem. Soc., Chem. Commun.*, 158 (1974)
9) S. Kapusta, N. Hackerman, *J. Electrochem. Soc.*, 131, 1511 (1984)
10) N. Furuya, K. Matsui, *J. Electroanal. Chem.*, 271, 181 (1989)
11) B. Fisher, R. Eisenberg, *J. Am. Chem. Soc.*, 102, 7361 (1980)
12) M. Beley, J. P. Collin, R. Ruppert, J. P. Sauvage, *J. Am. Chem. Soc.*, 108, 7461 (1986)
13) 榊 茂好, "構造と反応性の基礎", In 現代化学増刊25「二酸化炭素－化学・生物・環境」, p. 3, 東京化学同人, 東京 (1994)
14) a) J. Hawecker, J. M. Lehn, R. Ziessel, *J. Chem. Soc., Chem. Commun.*, 328 (1984) ; b) T. Yoshida, K. Tsutsumida, S. Teratani, K. Yasufuku, M. Kaneko, *J. Chem. Soc., Chem. Commun.*, 631 (1993)
15) 田中晃二, 電気化学, 58, 989 (1990)
16) M. Nakazawa, Y. Mizobe, Y. Matsumoto, Y. Uchida, M. Tezuka, M. Hidai, *Bull. Chem. Soc. Jpn.*, 59, 809 (1986)
17) K. Tanaka, R. Wakita, T. Tanaka, *J. Am. Chem. Soc.*, 111, 2428 (1989)
18) K. Sugimura, S. Kuwabata, H. Yoneyama, *Bioelectrochem. Bioenergy*, 24, 241 (1990)

CO₂固定化・隔離の最新技術

19) I. Taniguchi, "Electrochemical and Photochemical Reduction of Carbon Dioxide", In Modern Aspects of Electrochemistry, No. 20, Ed., J. O'M. Bockris, R. E. White, B. E. Conway, p.327, Plenum, New York (1989)
20) G. Silvestri, "Electrochemical Syntheses of Carboxylic Acids from Carbon Dioxide", In Carbon Dioxide as a Source of Carbon, Biochemical and Chemical Uses (NATO ASI Series, Series C : Mathematical and Physical Sciences, Vol. 206), Ed., M.Aresta, G. Forti, p. 339, D. Reidel, Dordrecht, Holland (1987)
21) M. Tokuda, T. Kabuki, Y. Katoh, H. Suginome, *Tetrahedron Lett.*, 36, 3345 (1995)
22) 徳田昌生, 電気化学, 65, 614 (1997)
23) T. Inoue, A. Fujishima, S. Konish, K. Honda, *Nature*, 277, 637 (1979)
24) 例えば, a) 窪川 裕, 本田健一, 斉藤泰和, "光触媒", 朝倉書店, 東京 (1988)；b) 日本化学会編, 季刊化学総説 No. 23 "光がかかわる触媒化学", 学会出版センター, 東京 (1994)
25) 例えば, a) M. Grätzel, "Heterogeneous Photochemical Electron Transfer", CRC, Boca Raton (1989)；b) P. V. Kamat, *Chem. Rev.*, 93, 267 (1993)；c) M. A. Fox, M. T. Dulay, *Chem. Rev.*, 93, 341 (1993)
26) 例えば, 日本化学会編, 化学総説 No. 39 "無機光化学", 学会出版センター, 東京 (1983)
27) M. Kanemoto, T. Shiragami, C. Pac, S. Yanagida, *Chem. Lett.*, 931 (1990); *J. Phys. Chem.*, 96, 3521 (1992)
28) M. Kanemoto, H. Hosokawa, Y. Wada, K. Murakoshi, S. Yanagida, T. Sakata, H. Mori, M. Ishikawa, H. Kobayashi, *J. Chem. Soc., Faraday Trans.*, 92, 2401 (1996)
29) S. Yanagida, M. Kanemoto, K. Ishihara, Y. Wada, T. Sakata, H. Mori, *Bull. Chem. Soc. Jpn.*, 70, 2063 (1997)
30) H. Fujiwara, H. Hosokawa, K. Murakoshi, Y. Wada, S. Yanagida, T. Okada, H. Kobayashi, *J. Phys. Chem. B*, 101, 8270 (1997)
31) D. Meissner, R. Memming, B. Kastening, *J. Phys. Chem.*, 94, 504 (1988)
32) a) S. Matsuoka, T. Kohzuki, C. Pac, S. Yanagida, *Chem. Lett.*, 2047 (1990)；b) S. Matsuoka, T. Kohzuki, C. Pac, A. Ishida, S. Takamuku, M. Kusaba, N. Nakashima, S. Yanagida, *J. Phys. Chem.*, 96, 4437 (1992)
33) a) S. Matsuoka, K. Yamamoto, C. Pac, S. Yanagida, *Chem. Lett.*, 2099 (1991)；b) S. Matsuoka, K. Yamamoto, T. Ogata, M. Kusaba, N. Nakashima, E. Fujita, S. Yanagida, *J. Am. Chem. Soc.*, 115, 601 (1993)
34) T. Ogata, S. Yanagida, B. S. Brunschwig, E. Fujita, *J. Am. Chem. Soc.*, 117, 6708 (1995)
35) T. Ogata, Y. Yamamoto, Y. Wada, K. Murakoshi, M. Kusaba, N. Nakashima, A. Ishida, S. Takamuku, S. Yanagida, *J. Phys. Chem.*, 99, 11916 (1995)
36) S. Yanagida, T. Ogata, R. Morimoto, Y. Wada, K. Murakoshi, 未発表
37) a) M. Kanemoto, H. Ankyu, Y. Wada, and S. Yanagida, *Chem. Lett.*, 2113 (1992)；b) H. Fujiwara, M. Kanemoto, H. Ankyu, K. Murakoshi, Y. Wada, and S. Yanagida, *J. Chem. Soc., Perkin Trans. 2*, 317 (1997)
38) T. Shibata, A. Kabumoto, T. Shiragami, O. Ishitani, C. Pac, S. Yanagida, *J. Phys. Chem.*, 94, 2068 (1990)
39) a) T. Ogata, K. Hiranaga, S. Matsuoka, Y. Wada, and S. Yanagida, *Chem. Lett.*, 983 (1993)；b) Y. Wada, T. Ogata, K. Hiranaga, H. Yasuda, T. Kitamura, K. Murakoshi, and S. Yanagida, *J. Chem. Soc.*,

第11章 電気化学・光電気化学的二酸化炭素固定

Perkin Trans. 2, 1999 (1998)

40) 50th ISE Meeting 200 Years of Electrochemical Energy Conversion, Pavia, Italy (1999), (http://chifis.unipv.it/ise99/ise.htm) では，CO_2 の光・電気化学的還元反応に関して幾つかの講演がなされた。例えば，S. Chardon-Noblat, A. Deronzier, D. Zsoldos, R. Ziessel, 398, L. Buttitta, G. Filardo, A. Galia, G. Silvestri, J. Augustinsky, 632, D. Fenech, A. Galia, G. Filardo, O. Scialdone, G. Silvestri, 633, O. Scialdone, C. Amatore, G. Filardo, A. Galia, J. N. Verpeaux, G. Silvestri, 634, C. Belfiore, L. Buttitta, G. Filardo, A. Galia, O. Scialdone, G. Silvestri, 636, M. Shibata, N. Furuya, 680

第12章 超臨界二酸化炭素を用いる固定化技術

榧木啓人[*1], 碇屋隆雄[*2]

1 はじめに

二酸化炭素は生体系反応および燃焼反応の最終生成物であり,熱力学的に安定な物質として知られている。図1に限界構造式で示すように,二酸化炭素分子は直線状分子であり,その反応性はC=O二重結合上のπ電子密度,酸素原子上の不対電子あるいは炭素原子上の求電子性に因ると考えられる。MO計算によれば二酸化炭素分子のLUMOは約3.8 eVである一方,その第一イオン化ポテンシャルは13.7 eVと高いことから,炭素原子の求電子性が強いことが示唆される[1]。したがって,適切な塩基や触媒を用いれば二酸化炭素の化学変換も可能である。事実,これまで多くの工業化レベルでの固定化技術が知られている。例えば,Kolbe-Schmitt反応によるサリチル酸や,アンモニアやアミンとの反応による尿素誘導体,不均一系触媒を用いた還元反応によるメタノール合成などが挙げられる。

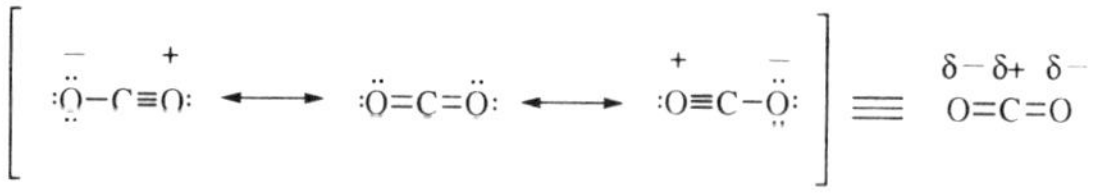

図1 Resonance structure of CO_2 molecule

一方,二酸化炭素は臨界温度31℃,臨界圧力72.9 atmをもち,これを越える条件下において超臨界相を形成する。超臨界流体は液体と気体の中間的性質あるいは両者の優位点を兼ね備えていて,温度・圧力をわずかに変化させることにより,密度,粘度,極性をはじめとする諸物性を連続的に大きく変化できる。加えて,気体成分をある圧力範囲で任意の割合で混合可能であり,高い拡散係数をもつことなどから,新たな反応媒体としてその有用性が注目されている。特に二酸化炭素は比較的温和な条件で超臨界状態に設定できること,反応後の媒体除去も容易であること,さらに安価,無毒,および不燃性であることなど反応媒体として数多くの利点を有していて

[*1] Yoshihito Kayaki 科学技術振興事業団(CREST);東京工業大学大学院 理工学研究科
[*2] Takao Ikariya 科学技術振興事業団(CREST);東京工業大学大学院 理工学研究科 教授

第12章　超臨界二酸化炭素を用いる固定化技術

代替有機溶媒として有望である。このような観点から超臨界二酸化炭素を反応媒体として用いる試みは近年多数研究されており，既にいくつかの総説にまとめられている[3]。

以上のような二酸化炭素の反応性と超臨界二酸化炭素の特性を活用すれば，これまでの液相中の反応では実現しがたい二酸化炭素の高効率固定化が達成できる可能性がある。本章では超臨界二酸化炭素を反応基質と同時に反応媒体とする二酸化炭素の固定化反応に関する最近の報告例について概述する。

2　無触媒カルボキシル化反応

Reetzらは超臨界二酸化炭素中におけるフェノール誘導体のKolbe-Schmitt反応によるカルボキシル化を試みている[4]。Resorcinolは炭酸水素カリウム存在下でCO_2と反応して2,4-dihydroxybenzoic acidを約40％の収率で与える。本反応では反応効率の点や溶液中と同様に複数の副生成物を与えることなどから，必ずしも超臨界媒体の効果が活かされているとはいえない。

Grinbergらは超臨界二酸化炭素／メタノールの混合媒体系においてCu電極を用いる$Br(CF_2)_4Br$の電解反応により，主生成物の$H(CF_2)_4H$とカルボキシル化されたエステル類がわずかに副生することを報告している（式1）[5]。CF_3Iを用いた場合，CF_3COOCH_3の生成量は1％以下となる。

最近，徳田らは白金陰極，反応性電極としてマグネシウム陽極を取り付けた電解装置を用いて，アセトニトリル共溶媒を含む40℃，80 atmの超臨界二酸化炭素中においてハロゲン化アリール類が電解カルボキシル化によりカルボン酸を収率よく与えることを報告している（式2）[6]。二酸化炭素の臨界圧以上の条件下に反応は進行するが，臨界圧以下では反応が進行しない。また，基質として，アリールケトン類を用いても同様にカルボキシル化反応が進行する（式3）[7]。反応相が超臨界流体相であるかは不明であるが，超臨界流体中における電気化学反応の興味深い試みである。

$Br\text{-}(CF_2)_4\text{-}Br + CO_2$　$\xrightarrow[\substack{scCO_2,\ 93\ atm\\CH_3OH,\ 10wt\%\\50\ ℃}]{\substack{\text{Cu electrode}\\(C_4H_9)_4N^+BF_4^-}}$　$H\text{-}(CF_2)_4\text{-}CO_2CH_3$ + $H\text{-}(CF_2)_5\text{-}CO_2CH_3$ + $H\text{-}(CF_2)_5\text{-}CO_2CH_3$　(1)
　1%　　0.5%　　<0.1%
　$H\text{-}(CF_2)_4\text{-}H$ + $C_8H_2F_{14}$
　92%　　1%

(式2) イソブチルベンゼンのα位クロリド + CO_2 → イブプロフェン型 CO_2H 化合物
条件: Pt/Mg electrode, 3 F/mol, $(C_4H_9)_4N^+BF_4^-$, 5 mmol, 25 mA/cm², $scCO_2$, 80 atm, CH_3CN, 10 mL, 40℃
55% Yield

$$\text{(isobutylphenyl ketone)} + CO_2 \xrightarrow[\substack{25\ mA/cm^2 \\ scCO_2,\ 80\ atm \\ CH_3CN,\ 10\ mL \\ 40\ ℃}]{\substack{Pt/Mg\ electrode,\ 3\ F/mol \\ (C_4H_9)_4N^+BF_4^-,\ 5\ mmol}} \text{(ibuprofen)} \quad 58\%\ \text{Yield} \qquad (3)$$

3 超臨界二酸化炭素の水素化反応

著者らはルテニウム (II) 触媒による二酸化炭素の水素化反応が超臨界条件下で高速に進行し,対応するギ酸が選択的に生成することを見いだした (式4)[8,9]。触媒として$RuCl_2[P(CH_3)_3]_4$ を用いた時の触媒回転数 (TON; turnover number) は7,200に達し, これまで報告されている遷移金属触媒を用いた溶液中における反応の効率を大きく越えている。水素ガスが超臨界二酸化炭素に高濃度に溶解し均一相を形成することが反応速度の向上に大きく効いているものと考えられる[10]。反応促進のためにアミンの添加が必須であり, ギ酸のアミン塩が生成物として得られる。少量の水やアルコールが反応促進剤として有効であり, アルコールの場合, 反応速度は4,000モル/触媒・時を越える。ギ酸生成反応はアルコールを共存させるとギ酸エステルが, 第1級および第2級アミンを用いるとホルムアミド誘導体が, それぞれ高収率で生成する (式5, 6)[11]。反応効率は溶液中の反応に比べて1〜2桁以上向上する。反応は二酸化炭素の高速水素化によるギ酸生成とその後のアルコールあるいはアミンとのエステル化またはアミド化の二段階で進行している。特にジメチルアミンを用いた時のN,N-ジメチルホルムアミド (DMF) の収率は触媒当り420,000モルに達し, 平均反応速度は10,000モル/触媒・時に達する。これは1 mg以下の触媒で数10 gのDMFが合成されるのに相当する。

$$CO_2 + H_2 \xrightarrow[\substack{scCO_2,\ 210\ atm\ total \\ N(C_2H_5)_3,\ H_2O\ or\ CH_3OH \\ 50\ ℃}]{RuCl_2[P(CH_3)_3]_4} HCOOH \qquad \begin{array}{l} TON = 7,200 \\ TOF = 4,000\ h^{-1} \end{array} \qquad (4)$$

$$CO_2 + H_2 + CH_3OH \xrightarrow[\substack{scCO_2,\ 210\ atm\ total \\ N(C_2H_5)_3 \\ 80\ ℃}]{RuCl_2[P(CH_3)_3]_4} HCOOCH_3 + H_2O \qquad TON = 3,500 \qquad (5)$$

第12章　超臨界二酸化炭素を用いる固定化技術

$$CO_2 + H_2 + HN(CH_3)_2 \xrightarrow[\substack{scCO_2, 210 \text{ atm total} \\ 100\ ℃}]{RuCl_2[P(CH_3)_3]_4} HCON(CH_3)_2 + H_2O \quad (6)$$
$$80 \text{ atm} \qquad\qquad\qquad\qquad\qquad\qquad TON = 420,000$$

　ジメチルアミンは常温・常圧条件下では気体であるが，二酸化炭素と反応して蒸留精製可能な液体の N, N-ジメチルカルバミン酸塩を与える（式7）。このカルバミン酸塩を水素化に用いてもジメチルアミンを基質に用いた場合と全く同様の結果を与える。N, N-ジメチルカルバミン酸塩は触媒であるルテニウム錯体を溶解しないが，反応条件の超臨界二酸化炭素中では式7の平衡が左側に片寄っており，反応初期段階では二酸化炭素にジメチルアミンが溶けて均一相を形成しているものと思われる。事実，カルバミン酸塩を超臨界二酸化炭素100℃，130 atmの条件下において^{1}H NMR測定を行うと，遊離のジメチルアミンが超臨界二酸化炭素に溶けていることが観測された[12]。

$$CO_2 + 2NH(CH_3)_2 \rightleftharpoons [NH_2(CH_3)_2]^+[O_2CN(CH_3)_2]^- \quad (7)$$

　Baikerらは$RuCl_2[PPh_2(CH_2)_2Si(OC_2H_5)_3]_3$を合成し，これをゾル-ゲル法によりシリカマトリックス中に固定化している[13]。この触媒のDMF合成に対する活性は先の分子触媒と同様に高く，シリカマトリックス中へ金属錯体を固定化しても錯体の構造や機能を良好に保持していることを示している。さらに彼らは超臨界二酸化炭素に対して不溶性の$RuCl_2(dppe)_2$，(DPPE=1,2-bis(diphenylphosphino)ethane)を触媒に用いたとき，DMF生成の反応初期1時間当りの触媒効率（TOF=TON/h; turnover frequency）は360,000に達すること，亜臨界状態の二酸化炭素（P_{CO_2} = 18 atm, P_{H_2} = 85 atm）下においても高活性を示すことを報告している[14]。

4　アルキンと二酸化炭素との環化反応によるピロン合成

　井上，橋本らはベンゼン溶媒中，二酸化炭素加圧条件下において，アルキン2分子と二酸化炭素1分子が環化したピロン化合物が生成することを見いだしている[15]。触媒としてキレートホスフィン配位子を有するニッケル触媒が有効である。Reetzらは本反応を超臨界二酸化炭素中において102℃で行い，ピロン化合物を35%，副生成物としてアルキンの三量化体を6%の収率で得ている[3]。溶液中に比べて転化率は低く，反応の相挙動や二酸化炭素の圧力効果などは不明である。
　一方，超臨界二酸化炭素に可溶な$P(C_2H_5)_3$あるいは$P(CH_3)_3$配位子をもつ錯体を触媒に用いた場合，式8に示すようにピロン化合物が収率よく，高い選択性（<99%）で得られる[16]。このよ

CO_2固定化・隔離の最新技術

うに，ホスフィン配位子の効果は溶液中の挙動に近い。用いる配位子がトリアリールホスフィンの場合，アルキンの三量化体が優先的に得られるのに対し，トリアルキルホスフィンの場合はピロン化合物を選択的に与える[17]。しかし，ニッケルに配位したアルキルホスフィンは二酸化炭素により酸化され，ニッケルカルボニルに変化して失活することがある[18,19]。本反応の高効率化の鍵はいかに触媒失活を抑えるかにあるといえる。

$$2\ C_2H_5-\!\!\equiv\!\!-C_2H_5\ +\ CO_2\ \xrightarrow[\substack{scCO_2,\ 173\ atm\\95\ ℃}]{Ni(cod)_2/P(CH_3)_3\ =\ 1:2}\ \underset{TON\ =\ 20\text{-}40}{[\text{2-pyrone: } C_2H_5\text{ substituted}]} \quad (8)$$

COD = 1,5-cyclooctadiene

5 炭酸エステル合成

5.1 炭酸ジメチル合成反応

二酸化炭素およびメタノールからの炭酸ジメチル合成は溶液中においてこれまで多く試みられているが，低い触媒活性や副生する水の影響のため満足すべき効率は得られていなかった。坂倉，佐古らはメタノールの代わりにオルト酢酸トリメチルエステル$CH_3C(OCH_3)_3$を基質に用いて高圧二酸化炭素中での炭酸ジメチル合成を検討した（式9）[20]。その結果，触媒としては$(C_4H_9)_2Sn(OCH_3)_2$が最も活性が高く，$(C_4H_9)_4N(OSO_2C_6H_4\text{-}p\text{-}CH_3)$や$(C_4H_9)_4PI$等のオニウム塩の添加が収率向上に有効であることを見いだしている。水の副生は避けられるものの，オルトエステルの分解によるジメチルエーテルが副生する。副反応の抑制には二酸化炭素圧を上昇させることが有効である。反応活性は臨界圧力近傍（73 atm）で最大になるがこの理由は明らかではない。

$$\underset{\substack{CH_3O\ \ OCH_3\\ \diagdown\!C\!\diagup\\ CH_3\ \ OCH_3\\ 50\ mmol}}{\ }\ +\ CO_2\ \xrightarrow[\substack{Sn(C_4H_9)_2(OCH_3)_2,\ 0.85\ mmol\\P(C_4H_9)_4I,\ 0.85\ mmol\\scCO_2,\ 300\ atm\\180\ ℃,\ 72\ h}]{}\ \underset{70\%}{(CH_3O)_2CO}\ +\ CH_3OCH_3\ +\ \underset{93\%}{CH_3COOCH_3} \quad (9)$$

また，基質としてアセタールを用いると炭酸ジメチルの収率がさらに向上する（式10）[21]。例えば，2,2-ジメトキシプロパンを基質に用いた時，ジメチルエーテルの副生を伴うことなく，炭酸ジメチルを最大88％収率で与え，触媒のTONは51.8に達する。炭酸ジメチルに伴って生成す

第12章　超臨界二酸化炭素を用いる固定化技術

るアセトンがメタノールと反応して2,2-ジメトキシプロパンを再生すれば，実質的なメタノールと二酸化炭素とからの炭酸ジメチル合成となる。

$$\underset{\text{10 mmol}}{\text{CH}_3\text{O}\diagdown\text{C}\diagup\text{OCH}_3}_{\text{CH}_3\diagup\phantom{\text{C}}\diagdown\text{CH}_3} + \text{CO}_2 \xrightarrow[\substack{\text{scCO}_2,\ 2{,}000\ \text{atm}\\\text{CH}_3\text{OH},\ 8.1\ \text{mL}\\180\ ℃,\ 24\ \text{h}}]{\text{Sn}(\text{C}_4\text{H}_9)_2(\text{OCH}_3)_2,\ 0.17\ \text{mmol}} \underset{88\%}{(\text{CH}_3\text{O})_2\text{CO}} + \underset{85\%}{\text{CH}_3\text{COCH}_3} \quad (10)$$

5.2　環状炭酸エステル合成

プロパルギルアルコール類が触媒量の第3級アルキルホスフィン存在下，二酸化炭素と反応して対応する環状カーボネートが得られることがDixneufらにより報告されている[22]。本反応を超臨界二酸化炭素中で行うと反応効率は溶液中に比べて向上し，1,200 TON に達する（式11）[23]。超臨界流体を用いたことにより反応系中の二酸化炭素濃度が高められたことおよび，イオン性の反応遷移状態が安定化したことなどが高効率化の要因と考えられている。

$$\text{HC≡C-C(CH}_3)_2\text{OH} + \text{CO}_2 \xrightarrow[\substack{\text{scCO}_2,\ 85\ \text{atm}\\80\ ℃}]{P(n\text{-C}_4\text{H}_9)_3\ \text{cat}} \text{環状カーボネート} \quad (11)$$

TON = 1,200
TOF = 400

5.3　二酸化炭素とエポキシドの開環共重合

二酸化炭素とエポキシド類との反応によりポリカーボネートが合成できることを 30 年前に井上，鶴田ら[24]により見いだされて以来，多量の二酸化炭素が化学原料として利用できることから，多くの研究が報告されている[25]。彼らはジエチル亜鉛と水とから得られる触媒がもっとも有効であることを発見したが，触媒活性は工業化レベルには達成しておらず，しかも環状カーボネートの副生が問題点となっていた。一般に重合反応の機構は図2に示すように，亜鉛アルコキシドが二酸化炭素と反応しカーボネートを与え，このカーボネートがエポキシドと反応してアルコキシ亜鉛を再生する。共重合物はこの反応の繰り返しで得られる（path A）。副生成物の環状カーボネートは反応中間体の分子内反応(back-biting)により生成すると考えられる(path B)。また二酸化炭素が反応せず，連続的にエポキシドが反応すれば，生成物のポリカーボネート中にポリエーテル部が混在することになる（path C）。

近年，亜鉛触媒の改良および反応条件を工夫することで著しい反応効率の向上が達成され

167

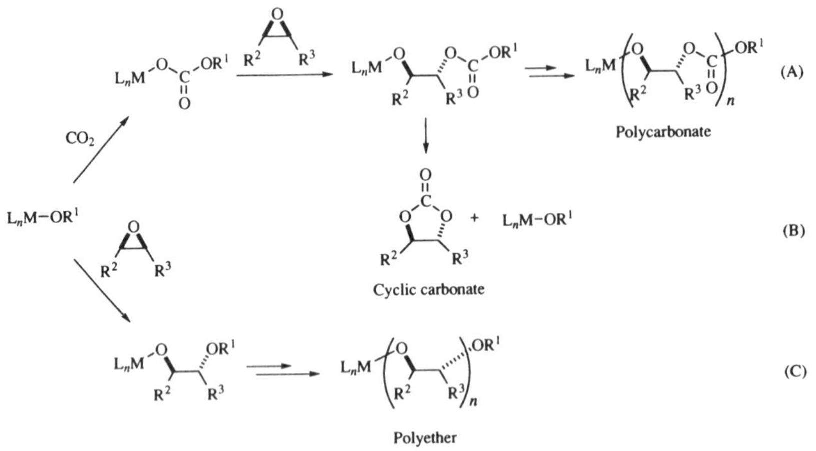

CO$_2$固定化・隔離の最新技術

図2 Mechanism of copolymerization of carbon dioxide and epoxides

た[26]。Kuranはジエチル亜鉛に水の代わりにジフェノールやトリフェノールを加えて得られた触媒を用いるとポリカーボネートの収量や選択性が向上すること，さらに二酸化炭素濃度を高めると共重合体の収量が増加することを報告している[27]。超臨界二酸化炭素を反応媒体として用いれば，反応性の改善が示唆される結果である。しかし，Tumasらは実際，Kuranの触媒系を用いて，トルエンやテトラヒドロフランあるいは1,4-ジオキサンの共溶媒を含む超臨界二酸化炭素(50℃, 340 atm) 中において反応を検討したが，超臨界流体を用いた顕著な効果は観測できなかったと報告している[28]。

最近，Darensbourgらは，酸化亜鉛ZnOとグルタル酸からグルタル酸亜鉛を調製した亜鉛化合物がプロピレンオキシドと二酸化炭素の共重合触媒として有効であることを見いだした[29]。この触媒は超臨界あるいは液体二酸化炭素に不溶であるため，反応は不均一系で進行する。共溶媒を用いず，二酸化炭素を反応媒体としていることから生成物の分離が極めて容易になっている。60℃，52 atm以上の反応条件下で重量平均分子量 (M_w) 50,000～150,000のポリカーボネートが得られる。この圧力より低いと二酸化炭素を含まないポリエーテル部の割合が増える。反応温度を85℃に上げるとポリマーの平均分子量は低下するが，収量は触媒1モルあたり最大2,270 gに達する。

また，Darensbourgはかさ高い置換基をもつ単核のフェノキシ亜鉛錯体を合成，単離し(式12)，その錯体がシクロヘキセンオキシドと二酸化炭素からのポリカーボネート合成触媒として高活性

第12章 超臨界二酸化炭素を用いる固定化技術

を有することを明らかにしている[30,31]。重合物の収量は80℃,51〜442 atmの条件下で触媒1モルあたり最大94,000 gを越える。得られた生成物はシンジオタクチックポリマーであり、平均分子量M_wは45,000〜173,000と高く、分子量分布(M_w/M_n)も2.5〜4.5と従来のポリカーボネートに比べて小さい。本反応系も反応温度や二酸化炭素の圧力を下げると重合活性は低下する。

$$Zn[N\{Si(CH_3)_3\}_2]_2 + HO-\text{Ar} \xrightarrow{THF} Zn(O-\text{Ar})_2(thf)_2 + 2 HN[Si(CH_3)_3]_2 \quad (12)$$

R = C_6H_5, $CH(CH_3)_2$, $C(CH_3)_3$

Beckmanらは酸化亜鉛と無水マレイン酸、3,3,4,4,5,5,6,6,7,7,8,8,8-トリデカフルオロオクタノールから超臨界二酸化炭素に可溶な亜鉛触媒を調製している。この触媒が70〜130℃,136 atmの超臨界二酸化炭素中においてシクロヘキセンオキシドと二酸化炭素の共重合触媒として極めて有効であり、分子量(M_w) 43,400〜299,000のポリカーボネートが収率よく得られることを見いだしている[32]。触媒の構造は不明であるが、反応中の相変化を詳細に検討した結果、超臨界流体-液相の二相系が高い収率を得るために重要であることを明らかにしている。

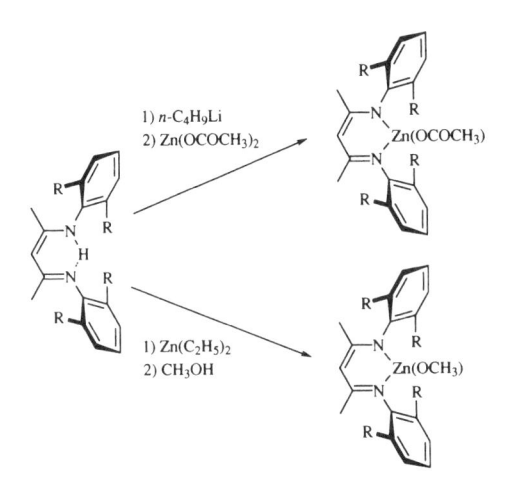

図3 Preparation of highly active zinc methoxide and acetate complexes for the alternating copolymerization of CO_2 and epoxides

CO$_2$固定化・隔離の最新技術

さらに最近, Coatesらにより開発されたβ-ジイミン配位子を有する亜鉛錯体(図3)は上記の亜鉛錯体を凌ぐ重合活性を示している[33]。反応条件は20℃, 6.8 atmと超臨界状態ではないが, シクロヘキセンオキシドが無溶媒条件下, 2時間でTON = 270〜494と高速でポリカーボネートに変換されている。これは前述のDarensbourgやBeckmanの触媒に比べて15〜100倍の反応速度である。また得られたポリマーの分子量分布は狭く, 反応がリビング重合であることを示している(M_w/M_n = 1.07〜1.17)。本反応がより実用に近い重合反応になりつつある。これら一連の研究は分子触媒の合理的設計が反応制御や高効率化を導いていることを示している。

6 おわりに

超臨界条件下における二酸化炭素の固定化反応はまだ研究例が限られており, 反応効率や選択性の点で実用レベルに到達するにはさらなる反応系や触媒の工夫が必要である。超臨界流体のもつ特異性を十分に活用しつつ, 分子触媒の機能を活用した触媒反応の開発が必須である。二酸化炭素の化学や超臨界流体中における分子触媒化学への理解が急速に高まっている現在, 高効率触媒反応が開発されて, 新たな二酸化炭素の実用固定化プロセスの実現も近いと考える。

一方, 実用化の際に必要な高温高圧技術はすでに確立しているが, 高速反応において二酸化炭素の消費に伴う反応系全体の圧力低下が反応活性に及ぼす影響も無視できなくなるであろう。バッチ式の反応だけでなく, 流通系での反応解析や触媒の固定化などの基礎的な知見の蓄積も重要となる。それには化学と化学工学の英知を結集することが肝要であろう。

文　献

1) M. E. Vol'pin, I. S. Kolomnikov, *Pure Appl. Chem.*, 33, 567 (1973)
2) A. Behr, "Carbon Dioxide Activation by Metal Complexes", VCH, Weinheim (1988)
3) a) P. G. Jessop, T. Ikariya, R. Noyori, *Chem. Rev.*, 99, 475 (1999); b) P. G. Jessop, T. Ikariya, R. Noyori, *Science*, 269, 1065 (1995); c) P. G. Jessop, T. Ikariya, R. Noyori, *Chem. Rev.*, 95, 259 (1995)
4) M. T. Reetz, W. Könen, T. Strack, *Chimia*, 47, 493 (1993)
5) V. M. Mazin, E. I. Mysov, S. R. Sterlin, V. A. Grinberg, *J. Fluorine Chem.*, 88, 29 (1998)
6) a) A. Sasaki, H. Kudoh, H. Senboku, M. Tokuda, "Novel Trends in Electroorganic Synthesis", S. Torii (Ed.), Springer-Verlag, Tokyo (1998); b) 仙北久典, 徳田昌生, 化学装置, 41(2), 55 (1999); c) 工藤大樹, 仙北久典, 徳田昌生, 佐々木皇美, 日本化学会第74春季年会予稿集, 3 B1 32 (1998)

第12章 超臨界二酸化炭素を用いる固定化技術

7) 工藤大樹, 飯塚武史, 佐々木皇美, 仙北久典, 徳田昌生, 日本化学会第76春季年会予稿集, 2 B2 33 (1999)
8) P. G. Jessop, T. Ikariya, R. Noyori, *Nature*, 368, 231 (1994)
9) P. G. Jessop, Y. Hsiao, T. Ikariya, R. Noyori, *J. Am. Chem. Soc.*, 118, 344 (1996)
10) C. Y. Tsang, W. B. Streett, *Chem. Eng. Sci.*, 36, 993 (1981)
11) P. G. Jessop, Y. Hsiao, T. Ikariya, R. Noyori, *J. Am. Chem. Soc.*, 116, 8851 (1994)
12) T. Suzuki, Y. Kayaki, T. Ikariya, unpublished results.
13) a) O. Kröcher, R. A. Köppel, A. Baiker, *J. Chem. Soc., Chem. Commun.*, 1497 (1996); b) O. Kröcher, R. A. Köppel, A. Baiker, *Chimia*, 51, 48 (1997); c) O. Kröcher, R. A. Köppel, A. Baiker, *J. Mol. Catal. A*, 140, 185 (1999)
14) O. Kröcher, R. A. Köppel, A. Baiker, *J. Chem. Soc., Chem. Commun.*, 453 (1997)
15) a) Y. Inoue, Y. Itoh, H. Hashimoto, *Chem. Lett.*, 855 (1977); b) Y. Inoue, Y. Itoh, H. Hashimoto, *Chem. Lett.*, 633 (1978); c) Y. Inoue, Y. Itoh, H. Kazama, H. Hashimoto, *Bull. Chem. Soc. Jpn.*, 53, 3329 (1980)
16) a) E. Dinjus, R. Fornika, "Applied Homogeneous Catalysis with Organometallic Compounds", B. Cornils, W. A. Herrmann (Eds.), VCH, Weinheim, Vol. 2, P.1048 (1996) ; b) E. Dinjus, R. Fornika, M. Scholz, "Chemistry under Extreme or Non-classical Conditions", R. van Eldick, C. D. Hubbler (Eds.), Wiley, New York, p.258 (1996)
17) D. Walther, H. Schönberg, E. Dinjus, J. Sieler, *J. Organomet. Chem.*, 334, 377 (1987)
18) M. Aresta, C. F. Nobile, *J. Chem. Soc., Dalton Trans.*, 708 (1977)
19) U. Kreher, S. Schebesta, D. Walther, *Z. Anorg. Allg. Chem.*, 624, 602 (1998)
20) T. Sakakura, Y. Saito, M. Okano, J.-C. Choi, T. Sako, *J. Org. Chem.*, 63, 7095 (1998)
21) T. Sakakura, J.-C. Choi, Y. Saito, T. Masuda, T. Sako, T. Oriyama, *J. Org. Chem.*, 64, 4506 (1999)
22) a) J. Fournier, C. Bruneau, P. H. Dixneuf, *Tetrahedron Lett.*, 30, 3981 (1989); b) J. M. Journier, J. Fournier, C. Bruneau, P. H. Dixneuf, *J. Chem. Soc., Perkin Trans. 1*, 3271 (1991)
23) T. Ikariya, R. Noyori, "Transition Metal Catalysed Reactions",S.-I. Murahashi, S. G. Davies (Eds.), Blackwell Science, p.1 (1999)
24) S. Inoue, H. Koinuma, T. Tsuruta, *J. Polym. Sci., Polym. Lett.*, B7, 287 (1969)
25) a) M. S. Super, E. J. Beckman, *Trends Polym. Sci.*, 5, 236 (1997); b) D. J. Darensbourg, N. W. Holtcamp, *Coord. Chem. Rev.*, 153, 155 (1996); c) A. Rokicki, W. Kuran, *J. Macromol. Sci., Rev. Macromol. Chem.*, C21, 135 (1981)
26) E. J. Beckman, *Science*, 283, 946 (1999)
27) W. Kuran, S. Pasynkiewicz, J. Skupinska, A. Rokicki, *Makromol. Chem.*, 177, 11 (1976)
28) D. A. Morgenstern, R. M. LeLacheur, D. K. Morita, S. L. Borkowsky, S. Feng, G. H. Brown, L. Luan, M. F. Gross, M. J. Burk and W. Tumas, "Green Chemistry: Designing Chemistry for the Environment", ACS Symposium Series 626, eds. by P. T. Anastas and P. T. Williamson, American Chemical Society, Washington DC, p. 132 (1996)
29) D. J. Darensbourg, N. W. Stafford, T. Katsurao, *J. Mol. Catal. A*, 104, L1 (1995)
30) D. J. Darensbourg, M. W. Holtcamp, *Macromolecules*, 28, 7577 (1995)
31) D. J. Darensbourg, M. W. Holtcamp, G. E. Struck, M. S. Zimmer, S. A. Niezgoda, P. Rainey, J. B.

Robertson, J. D. Draper, J. H. Reibenspies, *J. Am. Chem. Soc.*, 121, 107 (1999)
32) a) M. Super, E. Berluche, C. Costello, E. Beckman, *Macromolecules*, 30, 368 (1997); b) M. Super, E. Beckman, *J. Macromol. Symp.*, 127, 89 (1998)
33) M. Cheng, E. B. Lobkovsky, G. W. Coates, *J. Am. Chem. Soc.*, 120, 11018 (1998)

第13章　CO_2を利用する有機合成

佐々木義之[*]

1　はじめに

　CO_2の化学的利用の研究は，1960年代の終わり頃から，石油ショックを経て，炭素資源の有効利用の観点から続けられてきた。10年ほど前に地球温暖化問題が一般の注目を集めるようになってからは，環境問題との関連で議論されるようになったが，その後，CO_2の化学的利用はCO_2の排出削減にはつながらない，との批判があり，国の研究プロジェクトが中止される事態を経て今日に至っている。酸化反応の最終生成物であるCO_2を再び有用な化合物に変換するためには，何らかのエネルギーを加える必要があるのは当然であるが，CO_2の特徴を活かし，それに適した有用物質の合成法を開発することができれば，反応プロセスの合理化による省エネルギーの効果は大きいと考えられる。例えば，サリチル酸や尿素をCO_2を用いないで製造するとすれば，CO_2を用いる方法に比べていかにエネルギーと資源を無駄にし，コストもかかるかを考えてみれば，このようなCO_2の特徴を活かした合成反応は省エネルギープロセスとして十分環境問題にも対応したものになることは明らかである。いずれにしても，CO_2の反応特性については，現在，十分に解明されているとは言い難い。プラスチックや化成品の合成原料として大きな可能性を秘めていることも考えられる。現在の地球温暖化問題に対する取り組みは，敵がどのようなものであるかをよく知らず，そのため，その力を利用するのではなく，ただ力ずくでねじ伏せようとしているようにみえる。

　以上のように，CO_2の反応特性を十分に解明し，種々の有用な有機化合物として固定することが望まれるが，CO_2がその O－C－O 骨格を保ったまま生成物中に取り込まれるならば，エネルギー的に最も有利な合成プロセスになることは明らかである。このような O－C－O 骨格を有する有機化合物としてはカルボン酸やそのエステル，炭酸エステル，あるいはカルバミン酸エステルがあるが，これらの化合物は工業的にも幅広く使用されており，CO_2を用いて合成することができれば，かなり重要な方法になると考えられる。一方，CO_2を用いてケトンやアルデヒドのようなカルボニル化合物を合成する場合には，CO_2から一原子の酸素を除去しなければならず，例えばCOをカルボニル源として用いる反応に比べてエネルギーやプロセスの面で不利になること

---

[*]　Yoshiyuki Sasaki　資源環境技術総合研究所　温暖化物質循環制御部　化学プロセス研究室長

が考えられる。アルコールやエーテル類を合成するときにも同じことが言えるが，特に，炭化水素類を合成しようとする場合には，CO_2 から二原子の酸素を除去しなければならず，合成法としてはかなり不利になると思われる。ただし，このような反応も宇宙空間における応用等エネルギー以外の要因が重要となる場合には有用な方法となる可能性がある。

本稿では，CO_2 を用いる各種有用化合物の合成に関して，まずその反応過程についての全体的な考察を行い，次にそれに基づいて分類した反応のタイプごとに現在までに報告されている代表的な反応例をいくつか紹介する。紙面の都合で，個々の反応についてはその定性的な面を記述するにとどめる。定量的な面については文末の参考文献を参照されたい。

2 CO_2 の反応過程

CO_2 は確かに反応性に乏しい化合物であるが，その O=C=O という化学構造から明らかなように一種のカルボニル化合物である。また，その中心炭素が両端の酸素原子の電子吸引効果により電子不足の状態にあるため一種のルイス酸である。CO_2 の化学的固定はこれらの性質を手がかりとして行われる。CO_2 に強力なエネルギーを与えて直接分解するような場合は別として，一般に CO_2 は基質と呼ばれる反応相手との相互作用により固定されることになる。すなわち，CO_2 は $O^{-\delta}$-$C^{+\delta}$-$O^{-\delta}$ の分極のために，中心炭素がアニオンの攻撃を受けやすくなっており，さらに，通常のカルボニル化合物と同様にその C=O 二重結合への付加反応も可能である。実際には，CO_2 と様々な基質との相互作用の中で，これらふたつの要素が複合的に働くことによって，最終的に何らかの安定な有機化合物として固定されることになる。その場合，CO_2 の反応性を高めるために各種の触媒やプロモーターが使われることが多い。特に，各種遷移金属錯体による CO_2 の活性化は，反応性の低い CO_2 と比較的安定な基質との反応を実現するためにきわめて有効な方法である。

CO_2 と各種基質との反応過程を整理すると，図1のようにまとめられる。すなわち，CO_2 固定化の最初の段階では，何らかの電子に富んだ化合物（B^-）が CO_2 の中心炭素を求核的に攻撃して B-CO_2^- の形の化合物を与えるのが一般的である。様々なアニオンや電子に富んだ化合物が CO_2 と反応してこの種の付加物を与える。例えば，水と CO_2 の反応では炭酸が生成し，アンモニアではカルバミン酸が生成する。しかし，このような CO_2 への求核反応の多くは一般に可逆的なものであり，これらの第一段階の反応だけでは CO_2 を安定な有機化合物として固定することはできない。CO_2 が何らかの安定な有機化合物として固定されるためには，さらに別の反応が必要である。

CO_2 固定の第二段階は大きく二つの反応に分けられる。ひとつは CO_2 が B^- の求核攻撃を受けた後，再び別の求核剤 D^- の攻撃を受ける場合，もうひとつは最初の求核攻撃を受けた CO_2 の酸

第13章 CO_2 を利用する有機合成

素原子が親電子的な攻撃を受ける場合,あるいは,見方を変えれば,今度はCO_2が求核的な反応を行う場合である。さらに,前者においては,B-CO_2^-の炭素が求核剤D^-の攻撃を受けた後,B^-が脱離する場合と,B^-が脱離するかわりに酸素がO^{2-}として脱離する場合がある。B^-が脱離する場合には,CO_2はB^-によって活性化された後,最終的にD^-に転位して固定化されたことになる。また,後者においては,B-CO_2^-が例えばA^+の親電子攻撃を受け,Aがそのまま保持される場合と,もう一度A^+の親電子攻撃を受けて酸素がA_2Oの形で除去され,COが生成する場合がある。Aが保持される反応はCO_2へのA,Bの付加反応とみることができる。COの生成反応では,A^+がプロトンである場合には,酸素は水として除去されるが,これは水性ガス逆シフト反応と呼ばれるものである。

以下に,それぞれの反応形式について,代表的な反応例に沿って説明する。ここにあげた反応以外にも多くの研究例があるので,詳しくは参考文献の最初にあげたいくつかの総説[1]を参照されたい。

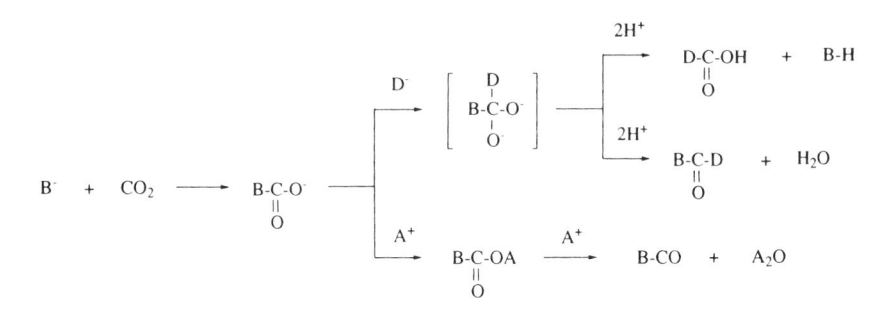

図1 Reaction Path of CO_2 Fixation

3 CO_2 への求核反応

窒素や酸素等のヘテロ原子アニオンがCO_2を求核的に攻撃する反応は一般に可逆的なものであるが,求核剤がカルバニオンあるいはハイドライドの場合には,炭素－炭素結合あるいは炭素－水素結合が直接生成するため,この第一段階の反応だけでCO_2が安定な有機化合物として固定化されることになる。しかし,これを行うためには,まず基質である炭素化合物や水素を何らかの方法で活性化しなければならない。

フェナンスレン[2]やナフタレン[3]のような多環芳香族を芳香族アミン等の電子ドナーの存在

下で光励起すれば，CO_2と反応してカルボン酸を与えることが知られている。式1に示すように，光励起された多環芳香族とドナーから生成するアニオンラジカルが活性中間体と考えられている。

シアノアニオン[4]やトリフェニルホスフィン[5]のような塩基は電子吸引性基のついた不飽和化合物を介してCO_2と反応する。この種の反応では，式2に示すような複雑な構造のカルボン酸が生成する。

セシウムカチオンはカルバニオンによるCO_2への求核攻撃において特異な反応性を示すことが知られている。例えば，式3に示すように，ブテン酸セシウムは炭酸セシウムの存在下，CO_2によりカルボキシル化されてグルタコン酸を与える[6]。

エチレンのようなより単純な不飽和化合物も低原子価の遷移金属錯体に配位することによって活性化され，CO_2と反応するようになる。低原子価遷移金属錯体としてはニッケル錯体が多く用いられ，式4に示すような環状錯体が生成する。この錯体を酸で処理すれば，プロピオン酸が得られる[7]。エチレンの他に，アセチレン化合物やブタジエンも同様に反応する。

電子吸引性基に隣接したメチレン基はカルバニオンになりやすく，そのようなメチレン基を有する化合物を活性メチレン化合物と称する。DBU（ジアザビシクロウンデセン）のような有機強塩基の存在下で，CO_2をシクロヘキサノンやアセトフェノンのような活性メチレン化合物に作用

$$D + \text{naphthalene} \xrightarrow{h\nu} [D^{+\cdot}\cdots\text{naphthalene}^{-\cdot}]^* \xrightarrow[2.\ H^+]{1.\ CO_2} \text{naphthalene-}CO_2H \quad (1)$$

$$MeOCOC\equiv CCO_2Me + Ph_3P + CO_2 \longrightarrow \underset{MeOCO}{\overset{Ph_3P^+}{C}}=\underset{CO_2^-}{\overset{CO_2Me}{C}} \quad (2)$$

$$CH_2=CHCH_2CO_2Cs \underset{}{\overset{Cs_2CO_3}{\rightleftharpoons}} [^-CH_2CH=CHCO_2Cs]Cs^+ \xrightarrow{CO_2} CsOCOCH_2CH=CHCO_2Cs \quad (3)$$

$$LnNi + CH_2=CH_2 + CO_2 \longrightarrow LnNi\text{-lactone} \quad (4)$$

$$\underset{Y}{\overset{X}{>}}CH_2 + CO_2 + \text{DBU} \longrightarrow \underset{Y}{\overset{X}{>}}CHCO_2^- \cdot \text{DBU-H}^+ \quad (5)$$

第13章 CO_2 を利用する有機合成

させると,式5に示すように,メチレン部分がカルボキシル化された化合物が得られる[8]。

グリニャール試薬のようなアルキル金属化合物や金属ハイドライドは CO_2 と容易に反応して,カルボン酸やギ酸化合物を与える。この種の反応は典型金属化合物および遷移金属錯体のいずれを用いても進行し,生成した塩をプロトンやアルキルカチオンで処理すれば,酸やエステルを合成することができる。

以上のように,単純な求核反応によっても CO_2 を種々の有機化合物として固定化することができる。しかし,この種の反応では,基質の活性化に際して,量論量の酸や塩基あるいは錯体を必要とするため,工業的な CO_2 固定法にはなりにくいと考えられる。

4 CO_2 の転位を伴う反応

CO_2 が酸素や窒素の求核攻撃を受けた後,炭素上に転位してカルボン酸が生成する反応が知られている。例えば,サリチル酸の工業的な製造法であるコルベ-シュミット反応では, CO_2 はまずフェニルカルボナートとしてまず酸素上にトラップされた後,オルト位あるいはパラ位の炭素上にカルボキシル基として転位する。式6に示すように,この反応系中に活性メチレン化合物を共存させておけば, CO_2 はフェノキシ基からメチレン基へと分子間で転位して,対応するカルボ

$$\text{PhOK} + CO_2 \longrightarrow \text{PhOCO}_2\text{K} \longrightarrow \begin{array}{c} \text{2-HOC}_6\text{H}_4\text{CO}_2\text{K} \\ \text{XYCHCO}_2\text{K} \end{array} \quad (6)$$

$$\text{Ln-OR}^1 + R^2\text{-N=C=O} \longrightarrow \text{Ln-N(R}^2)\text{-CO}_2R^1 \xrightarrow{CO_2} \text{Ln-OC(=O)-N(R}^2)\text{-CO}_2R^1 \xrightarrow[\text{-R}^2\text{NH-CO}_2R^1]{XYCH_2} \text{XYCHCO}_2\text{Ln} \quad (7)$$

ン酸が生成する[9]。この場合，フェノキシ化合物は一種のCO_2キャリアーとして働いている。

フェノキシ化合物以外にもCO_2キャリアーとして働く塩基性化合物がいくつか報告されている。ジシクロヘキシルカルボジイミド[10]，ジメトキシマグネシウム[11]，アルコキシ鉄化合物[12]の他に，式7に示すように，アルコキシランタン化合物とイソシアナートの組み合わせも活性メチレン化合物のカルボキシル化に有効である[13]。

このようなCO_2の転位反応は生体内でよく見られる反応である。例えば，アセチルCoAのカルボキシル化はビオチン補酵素上の窒素にトラップされたCO_2がアセチル基に転位することにより進行すると考えられている[14]。

5 脱水縮合反応

CO_2が最初の求核攻撃を受けた後，別の求核剤に転位するかわりにCO_2の酸素が除去される場合には，ふたつの求核剤が保持されたカルボニル化合物が生成する。求核剤が活性水素化合物である場合には，酸素は水として除去されるので脱水縮合反応となる。

高温高圧下で2分子のアンモニアがCO_2と反応して尿素が生成する反応は工業的に実施されているが，CO_2とアミンから尿素誘導体を合成する同様の反応を，リン酸エステル[15]やアセチレン[16]の存在下で行えば，比較的温和な条件下でも反応が進行する。これは生成した水が脱水剤によって除去されるためと考えられる。

$$2ROH + CO_2 + Ph_3P + EtOCON=NCO_2Et \longrightarrow ROCO_2R + Ph_3P=O + EtOCONH\text{-}NHCO_2Et \quad (8)$$

$$\begin{array}{c} MeC(OMe)_3 \\ or \\ Me_2C(OMe)_2 \end{array} + CO_2 \xrightarrow{R_2Sn(OMe)_2} MeOCO_2Me + \begin{array}{c} MeCO_2Me \\ or \\ Me_2C=O \end{array} \quad (9)$$

アミンの代わりにアルコール2分子とCO_2が脱水縮合すれば炭酸エステルが生成するはずであるが，この反応は脱水剤がなければ進行しない。式8に示すように，トリフェニルホスフィンとジアゾ化合物を用いれば炭酸エステルが生成する。酸素と水素はこれらの添加物にそれぞれ別に付加して除去される[17]。ジアルキルジアルコキシスズの存在下で同様の反応を行えば炭酸エステルが生成するが[18]，スズ化合物は生成した水で失活することから，一種の脱水剤として働いてい

第13章 CO₂を利用する有機合成

ると考えられる。式9に示すように，アルコールの代わりに，脱水されたアルコール反応種と考えられるオルトエステルやアセタールを用いれば，良い収率で炭酸エステルが生成する[19]。アセタールはアセトンから触媒的に再生できるので，全体として触媒的な脱水縮合反応が実現したことになる。

6 CO_2 の付加反応

CO_2 への求核反応が起こった後，第二の求核反応が起こるのではなく，CO_2 自体が求核反応を行う場合には，CO_2 の炭素－酸素二重結合への基質の付加反応が起こったことになる。これは CO_2 の不飽和化合物としての特徴を生かした固定法であり，特に，付加反応によって CO_2 を触媒的に固定することができれば工業的に重要な反応となる可能性がある。

量論的な反応としては，アルキルハライドを用いる例が多く報告されている。例えば，式10に示すように，アルコールと二酸化炭素より生成するモノアルキルカルボナートに，炭酸カリウムの存在下でアルキルハライドを作用させると，炭酸エステルが生成する[20]。同様に，第二級アミンと二酸化炭素より生成するカルバミン酸にアルキルハライド[21]やオルトエステル[22]を作用させると，カルバミン酸エステルが得られる。アルキルハライド以外のアルキル化剤としては，第三級アミンとアセチレンから生成する第四級アンモニウムがある。式11に示すように，トリアルキルアンモニウムモノアルキルカルボナートにアセチレンが付加して第四級アンモニウム塩となり，これが熱分解して炭酸ジアルキルが生成すると考えられる[23]。

$$\text{ROH} + \text{CO}_2 \xrightarrow{K_2CO_3} \text{ROCO}_2\text{K} \xrightarrow{R'X} \text{ROCO}_2R' + \text{KX} \quad (10)$$

$$\text{ROH} + \text{CO}_2 + R'_3N \longrightarrow \text{ROCO}_2^- \ R'_3NH^+$$
$$\downarrow HC\equiv CH$$
$$\text{ROCO}_2^- \ R'_3N^+\text{-CH=CH}_2 \longrightarrow \text{ROCO}_2R' \quad (11)$$

代表的な触媒反応としては，CO_2 とエポキシドからの炭酸エステルの合成がある。式12に示すように，ニッケル錯体[24]等の触媒を用いる場合には環状エステルが生成し，亜鉛系の触媒[25]を用いる場合にはポリカルボナートが生成する。

著者らは，式13に示すように，パラジウム錯体触媒存在下でブタジエンと CO_2 が反応し，ラ

179

クトンが生成することを見いだした[26]。この反応では，まずブタジエン2分子が結合してパラジウムに配位することによって生成したビアリル型錯体が生成する。次に，ひとつのアリル基がCO_2を求核的に攻撃してカルボン酸錯体となり，このカルボキシル基が今度は逆に別のアリル基を求核的に攻撃して6員環ラクトンが生成する。5員環ラクトンはこの6員環ラクトンが反応系中で異性化して生成するという機構が明らかになっている[27]。この反応はCO_2が炭素－炭素結合生成を伴って触媒的に固定された最初の例となった。

著者らはまた，CO_2に水素が付加してギ酸が生成する反応を触媒的に行うことに初めて成功した[28]。この反応はトリエチルアミン等の塩基と水等の活性水素化合物の共存下で行われるが，ルテニウム錯体はじめ種々の遷移貴金属錯体が触媒として有効である。この反応については，その後，多くの研究グループによって，ギ酸収率の向上と，反応機構を明らかにするために種々の検討がなされている。最近，碇屋らにより，式14に示すような金属ハイドライド，二酸化炭素，活性水素化合物よりなる6員環の中間体を経てギ酸が生成する機構が提案されたが，これはCO_2への求核反応とCO_2の求核反応が協奏的に起こっている可能性を示唆するものとして興味深い。

$$\text{(12)}$$

$$\text{(13)}$$

$$\text{(14)}$$

著者らはさらに，式15に示すように，第二級アミン，CO_2，およびアセチレンがルテニウム錯体触媒の存在下で反応してカルバミン酸エステルが生成することを見いだした[29]。この反応は，第二級アミンとCO_2から生成するカルバミン酸が，ルテニウム錯体の存在下でアセチレンを求核

第13章　CO_2を利用する有機合成

的に攻撃することによって進行すると考えられる。

　非常に活性の高い基質の場合には，CO_2への求核反応とCO_2の求核反応が触媒なしに進行する。例えば，イナミンとCO_2は無触媒で反応し，γ－ピロンを与える[30]。この反応では，式16に示すように，イナミンのアセチレン部分にCO_2が付加してできる四員環の不飽和ラクトンがケテンに異性化し，これに別のイナミンが1,4-付加してγ－ピロンになると考えられている。

$$R_2NH + CO_2 + HC \equiv CH \xrightarrow{\text{"Ru"}} R_2NCO_2CH=CH_2 \quad (15)$$

$$R_2N-C \equiv C\text{-Ph} + CO_2 \longrightarrow \begin{bmatrix} R_2N-C=C\text{-Ph} \\ | \quad | \\ O-C=O \end{bmatrix}$$

$$\downarrow$$

$$\begin{bmatrix} \underset{O}{R_2N-C-C=C=O} \\ \text{Ph} \end{bmatrix} \xrightarrow{R_2N-C \equiv C\text{-Ph}} \begin{array}{c} R_2N \quad O \quad NR_2 \\ \diagdown \diagup \diagdown \diagup \\ Ph \quad Ph \\ O \end{array} \quad (16)$$

7　CO生成反応

　CO_2への求核反応に続いて，CO_2による求核反応すなわちCO_2の酸素に対する親電子的な反応が二度起こる場合には，CO_2から酸素が除去されてCOとなる。例えば，式17に示すように，CO_2が配位したモリブデン錯体をシリルハライドで処理すればカルボニル錯体となる[31]。また，CO_2が配位した錯体がもう1分子のCO_2と反応してCO錯体が生成する場合もある[32]。この反応では，式18に示すように，配位したCO_2の酸素に別のCO_2の炭素が付加してCOとCO_3に不均化する機構が考えられている。

$$Cp_2Mo\underset{C}{\overset{O}{\diagdown}}\underset{O}{\diagup} \xrightarrow{R_3SiCl} \begin{bmatrix} Cp_2Mo\underset{C\text{-}OSiR_3}{\overset{Cl}{\diagdown}} \\ \underset{O}{\parallel} \end{bmatrix} \xrightarrow[-R_3SiOSiR_3]{R_3SiCl} Cp_2Mo(CO)Cl_2 \quad (17)$$

$$K^+_4[Ru_4(CO)_{12}]^{4-} \xrightarrow{CO_2} K^+_3[\{Ru_3(CO)_{12}\}Ru\text{-}CO_2^-K^+]^{3-}$$

$$\xrightarrow{CO_2} K^+_2\begin{bmatrix} \{(OC)_{12}Ru_3\}Ru=C\underset{O\text{-}C\diagup^{O}\diagdown_K}{\overset{O\text{-}K}{\diagup}} \end{bmatrix}^{2-} \xrightarrow[-K_2CO_3]{} K^+_2[Ru_4(CO)_{13}]^{2-} \quad (18)$$

この種の反応で最も重要なのは水素との反応でCOが生成するいわゆる逆シフト反応である。前節で述べたギ酸の生成反応では，一般にCO_2をギ酸以上に還元することはできないが，CO_2をCOに還元することができれば，COをさらにメタノールにまで還元することができる。著者らは，ルテニウムカルボニル錯体−ハロゲン化物系触媒を用いれば，CO_2のCOへの接触的な水素化が可能であることを見いだした[35]。この種の逆シフト反応は不均一系の触媒ではよく知られた反応であるが，均一系の触媒ではこれが初めての例である。式19に示すように，ハロゲン化物としてヨウ化物を用いれば，COはメタノールからメタンへと水素化される。この種の反応に関して，田中らは電気化学的あるいは光化学的な手法を用いて，金属カルボキシレートからカルボニル錯体，さらにはヒドロキシメチレン錯体への還元過程を系統的に研究している[34]。

CO_2の脱酸素反応により，CO以外の生成物が得られる場合もある。式20に示すように，CO_2とニッケルイソニトリル錯体との反応では，一種のメタセシス反応が起こり，金属カルボニルとイソシアナートが生成する[36]。また，式21に示すように，タンタル金属のレーザーによるイオン化によって発生させたタンタルカチオンはCO_2とメタンのカップリングに有効であり，水素，COの他，ケテンが生成する[37]。これらの反応では，CO_2の還元によりイソシアナートやケテンといった工業的に重要な化合物が得られる点で興味深いが，今のところ錯体や金属が量論的に消費されるという問題がある。

$$H_2 + CO_2 \xrightarrow{Ru_3(CO)_{12}-KI} CO + CH_3OH + CH_4 \quad (19)$$

$$Ni(C\equiv NR)_4 + CO_2 + Li^+ \longrightarrow \left[(RN\equiv C)_3Ni=C=N\begin{smallmatrix}R\\+\\C=O\\O\ Li^+\end{smallmatrix} \right]$$

$$\downarrow -Li^+$$

$$Ni(CO)_2(C\equiv NR)_2 + 2R-N=C=O \quad (20)$$

$$Ta^+ + CH_4 \xrightarrow[-H_2]{} TaCH_2^+ \xrightarrow[-CO]{CO_2} Ta(O)CH_2^+ \xrightarrow{CO_2} \left[\begin{smallmatrix} O\diagdown\\ Ta^+-CH_2\\ |\quad\ \ |\\ O-C=O \end{smallmatrix} \right]$$

$$\downarrow -TaO_2^+$$

$$CH_2=C=O \quad (21)$$

第13章　CO_2を利用する有機合成

8　おわりに

以上のように，CO_2の化学的な固定反応はいくつかのタイプに分けることができる。若干の反応は既に工業的に実施されているが，大部分は実験室的な段階にとどまっている。CO_2が基礎的な化学工業原料として幅広く用いられるためには，できるだけ構造が単純で工業的に大量に供給可能な基質との反応により，副生成物なしに有用な化合物を合成できる反応を開発する必要がある。

3節で述べたように，塩基性の基質や遷移金属錯体によって活性化された基質によるCO_2への求核反応は比較的容易に起こる。しかし，一般に，この反応だけではCO_2を安定な有機化合物として固定することはできない。第二段階の反応により，安定な最終生成物に変換する必要がある。この場合，ハロゲン化物によるアルキル化や加水分解等の量論的な反応では塩等の副生成物の問題が避けられないのに対して，触媒的な方法ではそのような問題なしにCO_2を固定できる可能性がある。現在までに，アンモニア，水素，ブタジエン，エポキシド，アセチレン等がこのような触媒反応の基質として使用可能であり，尿素，ギ酸，ラクトン，炭酸エステル，カルバミン酸エステル等が生成することが分かっている。今後は，これらの基質を用いてさらに多様な生成物を合成する方法，あるいはオレフィンやパラフィン等まだCO_2と反応することが明らかになっていない基質を用いた反応の探索が望まれる。

文　　献

1) A. Behr, *Angew. Chem. Int. Ed. Engl.*, 27, 661 (1988); P. Braunstein, D. Matt, and D. Nobel, *Chem. Rev.*, 88, 747 (1988); W. Leitner, *Coord. Chem. Rev.*, 153, 257 (1996)
2) S. Tazuke and H. Ozawa, *J. Chem. Sos., Chem. Commun.*, 1975, 237
3) H. Tagaya, M. Onuki, Y. Tomioka, Y. Wada, M. Karasu, and K. Chiba, *Bull. Chem. Soc. Jpn.*, 63, 3233 (1990)
4) D. A. White, *J. Chem. Soc., Perkin* I, 1976, 1926
5) A. W. Johnson and J.C.Tebby, *J. Chem. Soc.*, 1961, 2126
6) K. Kudo, F. Ikoma, S. Mori, and N. Sugita, 石油学会誌, 38, 48 (1995)
7) H. Hoberg and D. Schaefer, *J. Organometall. Chem.*, 251, C51 (1983)
8) E. Haruki, M. Arakawa, N. Matsumura, Y. Otsuji, and E. Imoto, *Chem. Lett.*, 1974, 427
9) G. Bottaccio and G. P. Chiusoli, *J. Chem. Sos., Chem. Commun.*, 1961, 618
10) Y. Otsuji, M. Arakawa, N. Matsumura, and E. Haruki, *Chem. Lett.*, 1973, 1193

11) M. Stiles, *J. Amer. Chem. Soc.*, 81, 2598 (1959)
12) T. Ito and Y. Takami, *Chem. Lett.*, 1974, 1035
13) H. Abe and S. Inoue, *J. Chem. Sos., Chem. Commun.*, 1994, 1197
14) Y. Kaziro, L. F. Hass, P. D. Boyer, and S. Ochoa, *J. Biol. Chem.*, 273, 1460 (1962)
15) N. Yamazaki, F. Higashi, and T. Iguchi, *Tetrahedron Lett.*, 1974, 1191
16) 佐々木義之, 香川仁志, 公害資源研究所彙報, 18(2), 13 (1989)
17) W. A. Hoffman III, *J. Org. Chem.*, 47, 5209 (1982)
18) 酒井鎮美, 藤波達雄, 山田強, 古沢敏, 日本化学会誌, 1975(10), 1789
19) T. Sakakura, J. Choi, and Y. Saito, *J. Org. Chem.*, 64, 4506 (1999)
20) 大井秀一, 黒田義人, 松野敏, 井上祥雄, 日本化学会誌, 1993, 985
21) Y. Yoshida, S. Ishii, and T. Yamashita, *Chem. Lett.*, 1984, 1571
22) S. Ishii, H. Nakayama, Y. Yoshida, and T. Yamashita, *Bull. Chem. Soc. Jpn.*, 62, 455 (1989)
23) Y. Sasaki, *Chem. Lett.*, 1996, 825
24) R. J. De Pasquale, *J. Chem. Sos., Chem. Commun.*, 1973, 157
25) S. Inoue, *Chemtech*, 1976, 588
26) Y. Sasaki, Y. Inoue, and H. Hashimoto, *J. Chem. Sos., Chem. Commun.*, 1976, 605
27) A. Behr and K. Juszak, *J. Organometall. Chem.*, 255, 263 (1983)
28) Y. Inoue, H. Izumida, Y. Sasaki, and H. Hashimoto, *Chem. Lett.*, 1976, 863
29) Y. Sasaki and P. H. Dixneuf, *J. Org. Chem.*, 52, 1518 (1987)
30) J. Ficini and J. Pouliquen, *Tetrahedron Lett.*, 1972, 1131
31) J-C. Tsai, M. Khan, and K. M. Nicholas, *Organometallics*, 8, 2967 (1989)
32) B. Chang, *J. Organometall. Chem.*, 291, C31 (1985)
33) G. R. Lee, J. M. Maher, and N. J. Cooper, *J. Amer. Chem. Soc.*, 109, 2956 (1987)
34) H. Nakajima, K. Tsuge, and K. Tanaka, *Chem. Lett.*, 1997, 485
35) K. Tominaga, Y. Sasaki, T. Watanabe, and M. Saito, *Bull. Chem. Soc. Jpn.*, 68, 2837 (1995)
36) W. Y. Kim, J. Chang, S. Park, G. Ferrence, and C. P. Kubiak, *Chem. Lett.*, 1998, 1063
37) R. Wesendrup and H. Schwartz, *Angew. Chem. Int. Ed. Engl.*, 34, 2033 (1995)

第14章　高分子合成

杉本　裕[*1], 井上祥平[*2]

1　はじめに

　二酸化炭素はその潜在的な有用性にもかかわらず,「温室効果」との関連などから極めてネガティブな扱いを受けている化学物質である。したがって二酸化炭素の科学と言えば,すぐに大気中の二酸化炭素濃度を低く抑えようとする試みをはじめとして,主として環境問題を解決するための対象物質としての認識・取り扱いが多い。

　しかし,二酸化炭素は,自然界に豊富に存在している,安価である,毒性がない,不燃性である,などの特徴があるため,化学の分野,とりわけ,合成化学の観点からながめてみると重要な化学原料と見なすことができる。高分子合成においては,二酸化炭素をモノマーユニットの一つとして主鎖構造に含むポリマーは,主鎖にエステル結合が導入されることが予想されるため,生分解性や酸素透過性をはじめとする種々の特性を発現するといった期待がかけられているため,二酸化炭素は有用な化学原料として興味深い化合物であると考えられる。

　二酸化炭素は古くから種々の有機金属化合物と反応することが知られていたが,実際に高分子合成に用いられるようになったのは1960年代後半のことである。二酸化炭素をモノマーの一つとする高分子生成反応の最初の例は,1968年に筆者らが見いだした,二酸化炭素とエポキシドの交互共重合による脂肪族ポリカルボナートの生成である[1]。

　以来,二酸化炭素の共重合の相手になるモノマーの拡張,二酸化炭素－エポキシド共重合の触媒の探索などが世界各地で行われてきた。

2　二酸化炭素とエポキシドの共重合

　二酸化炭素とエポキシドの交互共重合は,主に有機亜鉛系の触媒を用いることにより,室温付近,二酸化炭素圧30～50気圧程度の比較的温和な条件で進む。たとえば二酸化炭素とエチレンオキシドの組み合わせからは分子量10万～15万のポリ（エチレンカルボナート）が得られる。

　＊1　Hiroshi Sugimoto　　東京理科大学　工学部　工業化学科　助手
　＊2　Shohei Inoue　　東京理科大学　工学部　工業化学科　教授

$$CH_2-CH_2 + CO_2 \longrightarrow \left[CH_2-CH_2-O-\underset{\underset{O}{\|}}{C}-O \right]_x \quad (1)$$

　代表的な触媒はジエチル亜鉛と水の等モル反応の生成物である。たとえば，エポキシドと溶媒（ジオキサン）を入れた反応容器に，ジエチル亜鉛と水の等モル反応物を加え，続いて二酸化炭素を圧入し室温で撹拌すると，重合が進行しポリマーが生成する。この際，エポキシドのホモポリマーも生成するが，それは可溶性であるため，メタノール不溶性の生成物から分別できる。得られたメタノール不溶性ポリマーは，エポキシドと二酸化炭素が交互に結合したポリカルボナートである。この反応が，二酸化炭素をモノマーとする高分子合成のはじめての例であった[1]。

　同様の手法により，エチレンオキシド以外にも種々の置換基を有するエポキシドと二酸化炭素から相当するポリカルボナートが得られる。

2.1 有機亜鉛系触媒

　有機亜鉛系触媒による二酸化炭素とエポキシドの交互共重合の機構は以下の二つの反応の繰り返しであると考えられている。すなわち，アルキル亜鉛とエポキシドが反応して生成した亜鉛アルコキシドが二酸化炭素へ求核的に攻撃し亜鉛カルボナートが生成する反応（式2）と，生成した亜鉛カルボナートとエポキシドが反応し再び亜鉛アルコキシドを生成する反応（式3）である。この二つの反応が繰り返し交互に起こることによって交互共重合が進行するのである。

$$-C-C-O-ZnX + CO_2 \longrightarrow -C-C-O-\underset{\underset{O}{\|}}{C}-O-ZnX \quad (2)$$

$$-C-C-O-\underset{\underset{O}{\|}}{C}-O-ZnX + C-C \longrightarrow$$
$$-C-C-O-\underset{\underset{O}{\|}}{C}-O-C-C-O-ZnX \quad (3)$$

　エポキシドと二酸化炭素の共重合では多くの場合，環状カルボナートが副生する。そのため環状カルボナートがいったん生成し，それが開環重合することでポリマーが生成するという機構も考えられる。しかし共重合が進行する条件下では，環状カルボナートが開環重合することはない。したがって，エポキシドと二酸化炭素が開始剤やポリマーの活性末端に交互に付加を繰り返し，ポリカルボナートが生成するものと結論されている。

　エポキシドと二酸化炭素の共重合に有効な触媒の多くはジエチル亜鉛と複数の活性水素をもつ化合物との間の反応生成物である。すでに紹介したようにジエチル亜鉛－水系が有効であるが，一級アミン，2価のフェノール，2価の芳香族カルボン酸，芳香族ヒドロキシ酸といった，ジエチル亜鉛と反応しうる活性水素を一分子中に二つ持つ化合物とジエチル亜鉛との反応生成物を用い

第14章 高分子合成

ても，同様に温和な条件で種々の脂肪族ポリカルボナートを得ることができる。

ジエチル亜鉛とこれら多官能性活性水素化合物の反応生成物は単純な構造ではない。たとえば，ジエチル亜鉛と水やレゾルシンの反応では様々な鎖長のオリゴマーの混合物であると考えられる。反応は，

$$x\text{Et}_2\text{Zn} + x \;\;\text{(resorcinol)} \longrightarrow \text{Et}\!-\!\!\left[\text{Zn}\!-\!\text{O}\!-\!\text{(C}_6\text{H}_4\text{)}\!-\!\text{O}\right]_x\!\!-\!\text{OH} \tag{4}$$

のように表すことができる。またこれらオリゴマーは分子間で会合を起こしやすいため，一般的に反応系は不均一である。

ジエチル亜鉛－レゾルシン系（式4）開始剤を用いて合成された共重合体は，どのポリマー分子も一端にはレゾルシン基をもっている。この事実は，共重合反応が触媒の亜鉛－レゾルシノラート結合から開始し，亜鉛－エチル結合からは起こらないということを意味している。

2.2 無機亜鉛系触媒

高価かつ取り扱いの難しいジエチル亜鉛に代わってより安価な無機亜鉛化合物を原料の一つに用いて触媒を開発しようとする試みがあり，これまでにいくつかの例が特許に見られた。最近になって無機亜鉛化合物とグルタル酸から合成される触媒（二酸化炭素とプロピレンオキシドの共重合が詳しく調べられた[2]。

グルタル酸と無機亜鉛化合物（酸化亜鉛，水酸化亜鉛，硝酸亜鉛）から合成された触媒を用いて二酸化炭素とプロピレンオキシドの共重合を行うといずれの場合も交互共重合体が得られた（エーテル結合は全体の1%未満）。触媒の活性は原料となる無機亜鉛化合物の種類によって大きく異なり，無機亜鉛化合物として酸化亜鉛を用いた場合に最も高い収率で共重合体を得ることができた。また高いポリマー収率を実現するには他の有機溶媒を用いずコモノマーの一つであるプロピレンオキシドを反応媒とすることがポイントである。

グルタル酸亜鉛（酸化亜鉛とグルタル酸から合成）による二酸化炭素とプロピレンオキシドの共重合反応は，超臨界流体状態にある二酸化炭素（300～1200気圧）を溶媒として行うことも可能である。この場合にもカルボナート結合を多く含む共重合体が得られる[3]。

2.3 構造明確な亜鉛錯体触媒

二酸化炭素とエポキシドの交互共重合反応は今日でもいまだに多くの化学者の興味の的となっており活発に研究されている。近年ではX線結晶構造解析により分子構造が明確にされた遷移金属錯体を触媒に用いた均一な反応系での共重合が報告されている。

たとえば，亜鉛ビス(2,6-ジフェニルフェノキシド)(1)や亜鉛ビス(2,4,6-トリメチルフェノキシド)が二酸化炭素とシクロヘキセンオキシドの共重合に極めて有効であり，高収率でコポリマーを得ることができると報告されている。ところが同じ錯体を用いてもプロピレンオキシドと二酸化炭素の組み合わせからは環状カルボナートしか得られない。

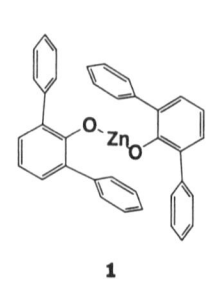

亜鉛ビス(2,6-ジフェニルフェノキシド)を用いた場合，生成するコポリマーの分子量は20万近くにも達し，またコポリマー中のカルボナート結合の割合は90％以上と高い。しかし，分子量分布はそれほど狭くはならない。コポリマーを効率よく得るには錯体に導入されたフェノキシ基が嵩高い構造であることが重要である。このことに関連して，錯体のX線構造解析からは中心金属の周りにエポキシドが配位できるサイトがあることが示唆されている[4]。また，フェノキシ基部分に置換基を持たず，より単純な構造の亜鉛ジフェノキシドを用いて共重合を試みた場合にはコポリマーは生成せず，得られるのは環状カルボナートばかりである。

一方，類似の構造のカドミウムビス(2,4,6-トリメチルフェノキシド)は二酸化炭素とシクロヘキセンオキシドの共重合をほとんど引き起こさない。カドミウムビス(2,6-ジフェニルフェノキシド)は二酸化炭素と反応しないため得られるのはわずかな量のポリエーテル(エポキシドのホモポリマー)のみである[5]。

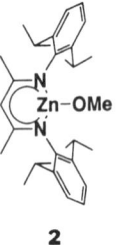

亜鉛β-ジイミンメトキシド錯体(2)による二酸化炭素とシクロヘキセンオキシドの共重合も可能である。X線結晶構造解析から錯体は固体状態においては二量体で存在していると考えられる。^{1}H NMRの測定からは溶液中では単量体として存在していると示唆するデータを得ている。この錯体は極めて高活性で，同程度の収率でコポリマーを得るには，亜鉛ビス(2,6-ジフェニルフェノキシド)を用いた場合の30分の1程度の反応時間で済む。得られたコポリマー中のカルボナート結合の含量は95％以上と非常に高く，またコポリマーの分子量分布は狭い[6]。

2.4 アルミニウム系触媒

有機アルミニウム化合物は，有機亜鉛と同様にエポキシドの単独重合の優れた開始剤となるが，二酸化炭素との共重合では，エポキシド由来のユニットを多く含むコポリマーを与え，交互コポリマーは得られない。たとえばトリエチルアルミニウム－水系は二酸化炭素とエポキシドの共重合に対してはあまり有効ではない。生成物は交互共重合体ではなく，エポキシド単位すなわち

第14章 高分子合成

エーテル結合に富んでいる。

しかし,筆者らは,二酸化炭素とエポキシドの共重合に用いる触媒として新たにアルミニウムポルフィリン錯体(3)と四級アンモニウム塩あるいはホスホニウム塩を組み合わせた系を開発した[7]。この共重合では分子量分布の狭いポリカルボナートが得られ,分子量の制御も可能である(リビング重合)。

この交互共重合は,酸無水物とエポキシドの交互共重合と同様に,ポルフィリン平面の両側で進行すると考えられている。エポキシドと無水フタル酸を共重合させ,引き続いてエポキシドと二酸化炭素の共重合を行うと,ポリエステルとポリカルボナートからなる鎖長の制御されたブロックコポリマーが生成する。

2.5 希土類系触媒

希土類金属のホスホナート(4)とトリイソブチルアルミニウムをトルエン中で反応させ,さらに適当な第三成分(たとえばグリセリン)を添加した系は,二酸化炭素とプロピレンオキシドの共重合に有効であると報告されている[8]。収量よく分子量の高い生成物が得られるが,生成物は完全な交互共重合体ではなく,カルボナート単位の含量は30〜40%である。

$R = CH_3(CH_2)_3CH(C_2H_5)CH_2-$
Ln = La, Nd, Eu, Gd, Tb, Dy, Ho, Er, Tm, Yb, Lu, Sc, Y

3 二酸化炭素とエポキシド以外の環状モノマーの共重合

3.1 二酸化炭素とオキセタンの共重合

二酸化炭素と4員環の環状エーテルであるオキセタンの共重合も報告されてる。この重合には,エポキシドと二酸化炭素の共重合に用いられる有機亜鉛系開始剤は適していない。一方,有機アルミニウム系開始剤は有効である。たとえばトリエチルアルミニウム−水−アセチルアセトン系開始剤を用いると二酸化炭素とオキセタンの共重合が起こる。しかしこの場合に得られる生成物は交互共重合体ではなく,そのカルボナート結合の含量は低い(17%)[9]。

二酸化炭素とオキセタンの交互共重合には有機スズを含む開始剤系がよい。すなわち,Bu_3SnI/Bu_3Pなどの有機スズハロゲン化物とルイス塩基からなる開始剤を用いると二酸化炭素とオキセタ

ンの交互共重合が可能となる（式5）[10]。

$$\square_O + CO_2 \xrightarrow{Bu_3SnI / Bu_3P} \left[(CH_2)_3-O-\underset{\underset{O}{\|}}{C}-O \right]_x \quad (5)$$

たとえば，Bu_3SnIとBu_3Pの等量混合物を用いて二酸化炭素とオキセタンの共重合を行うと，平均分子量1200程度の交互コポリマーが得られる。このとき反応系からは6員環の環状カルボナートも得られる。重合時間が短い時点では，ポリカルボナート（収率19%）よりもむしろ環状カルボナートの生成量が多い（収率25%）。また，この有機スズ系開始剤により6員環環状カルボナートの開環重合が進行することから，重合機構は（式6）のように考えられている。

$$Bu_3SnI + \square_O \longrightarrow \underset{5}{Bu_3Sn-O-(CH_2)_3-I}$$

$$\xrightarrow{CO_2} \underset{6}{Bu_3Sn-O-\underset{\underset{O}{\|}}{C}-O-(CH_2)_3-I}$$

$$\xrightarrow{-Bu_3SnI} \underset{O}{\underset{\|}{\overset{\frown}{O\frown O}}}C \xrightarrow{Bu_3SnI} \left[(CH_2)_3-O-\underset{\underset{O}{\|}}{C}-O \right]_x \quad (6)$$

まず，有機スズ錯体がオキセタンと反応してスズアルコキシド（5）となる。この（5）のスズ－酸素結合間に二酸化炭素が挿入し，スズカルボナート（6）が生成する。続いてこの（6）から環状カルボナートが脱離するのと同時に元の有機スズ錯体が再生する。その後，生成した環状カルボナートが開環重合することによりポリカルボナートが生成する。

3.2 二酸化炭素とエピスルフィドの共重合

二酸化炭素とエポキシドの共重合との関連から二酸化炭素とエピスルフィドの共重合が研究されているが，これまでに交互共重合体は得られていない。たとえば，トリエチルアルミニウム－1,2,3-トリヒドロキシベンゼン（1：2）系開始剤を用いて二酸化炭素とプロピレンスルフィドを反応させると収率12%で共重合体が得られる。

$$\underset{S}{\overset{CH_3}{\underset{|}{CH}-CH_2}} + CO_2 \longrightarrow \left[CH_2-\underset{\underset{|}{CH_3}}{CH}-S-\underset{\underset{O}{\|}}{C}-O \right]_x \quad (7)$$

生成物のチオカルボナート結合の含量は約85%（二酸化炭素含有率42%）である[11]。

二酸化炭素とエポキシドの共重合に有効である有機亜鉛系開始剤は，この重合ではエピスルフィドのホモポリマーのみを与え，共重合体を生成することはない。

3.3 二酸化炭素とアジリジンの共重合

　この反応は二酸化炭素とエポキシドの共重合の発見とほぼ同じ頃に見いだされた。ホルムアルデヒドの液化二酸化炭素中での重合反応の研究の過程で，生成ポリマーの中に添加物のN-フェニルエチレンイミンが，さらには溶媒と考えられていた二酸化炭素がわずかながら取り込まれ，ホルムアルデヒド－N-フェニルエチレンイミン－二酸化炭素三元共重合体が生成することが見つかったのである[12]。重合開始剤としては$CH_3CO_2CH_2OCH_3$が有効である。融点が$178 \sim 265 ℃$の三元共重合体が得られるが，この共重合体の二酸化炭素含量は0.5～5％と低い。三元共重合の機構は次のように考えられている（式8）。すなわち，重合に先立って三つのモノマー間で（10）のような錯体が生成する。

$$\sim\sim\sim N(Ph)-CH_2-CH_2-O-\underset{O}{\overset{||}{C}}-O-CH_2-\underset{O}{\overset{||}{C}}-CH_3 + H_2C\underset{O-\overset{||}{C}=O}{\overset{Ph-N-CH_2}{\diagdown\!\diagup}}$$

開始剤から　　　　　　　　10

$$\longrightarrow \sim\sim\sim\left[N(Ph)-CH_2-CH_2-O-\underset{O}{\overset{||}{C}}-O-CH_2 \right]_2 O-\underset{O}{\overset{||}{C}}-CH_3 \tag{8}$$

　後に二酸化炭素とN-フェニルエチレンイミンのみからでも共重合体が生成することがわかった[13]。また二酸化炭素とホルムアルデヒドが第三級アミン存在下で反応して，分子量1800～2800の交互共重合体（ポリカルボナート）を生成するという報告もある[14]。

　フェノールや酢酸などの弱プロトン酸の存在下，二酸化炭素はN-フェニルエチレンイミンと共重合し，ポリカルバマート（ウレタン）となる。共重合体のカルバマート結合の含量は最大40％である。また，二酸化炭素とN-フェニルエチレンイミンの共重合は，アルミニウムブトキシド，チタニウム（IV）ブトキシド，塩化亜鉛，塩化マンガン（II），マンガン（II）アセチルアセトナートなどのルイス酸を開始剤として用いても進行する。たとえば，塩化マンガン（II）・4水和物を用いると，共重合体の一部はカルバマート単位の含量が80％になる[15]。

　一方，プロピレンイミンとエチレンイミンは触媒を用いなくとも二酸化炭素と共重合する。二酸化炭素とプロピレンイミンの共重合を100℃で行うと，得られる生成物は50％のカルボナート結合を含む共重合体である。－20℃では環状カルバマートも生成する（式9）。

$$\underset{Ph}{\overset{CH-CH_2}{\diagdown\!\diagup}} + CO_2 \longrightarrow$$

$$\left[CH_2-CH_2-\underset{Ph}{N}-\underset{O}{\overset{||}{C}}-O \right]_x \left[CH_2-CH_2-\underset{Ph}{N} \right]_y \tag{9}$$

4 二酸化炭素と非極性炭化水素モノマーの共重合

上述のように二酸化炭素と環状化合物の共重合は様々な成功例が報告されているが、これまでに二酸化炭素とエチレンやプロピレンなどの単純オレフィンとの共重合は報告例がない。しかし、二酸化炭素は、非極性炭化水素モノマーのうちブタジエンやジインなどとは共重合することが知られている。

4.1 二酸化炭素とジエンの共重合

二酸化炭素とブタジエンを80～100℃に加熱すると、有機溶媒に不溶のゴム状の生成物が得られる。この生成物はカルボニル基をもち、加水分解すると水酸基とカルボキシル基を含む生成物を与えることから、エステル結合を持っていると考えられる[16]。

イソプレンまたは2,3-ジメチルブタジエンも二酸化炭素と共重合してポリマー状の生成物を与える。これらに含まれるカルボニル基は$NaBH_4$と反応するので、ケト基の存在が示唆される。しかし詳細な構造の評価や反応機構はわかっていない。

4.2 二酸化炭素とジインの共重合

他方、ジインについては詳しい成功例が報告されている。

ゼロ価ニッケル錯体を触媒として用いると、二酸化炭素は1分子内に2つのC-C三重結合を有するジイン（ジアセチレン）と交互共重合し、環状不飽和エステルの2-ピロン構造を主鎖骨格に含む高分子を生成する[17]。たとえば、

$$\text{(構造式)} + CO_2 \longrightarrow \text{(ポリマー構造式)} \qquad (10)$$

この反応はジアルキル置換アセチレンと二酸化炭素の環化付加による2-ピロンの生成を高分子の合成に応用したものである。

二酸化炭素とその反応で交互共重合体が生成するためには、ジイン分子中の二つのC-C三重結合をつなぐジョイント部の長さなどが重要である。双環2-ピロンの生成する場合も多い。(10)式の例のほかにフェニレン基を含むジインからも交互共重合体が生成する。

5 二酸化炭素と極性ビニルモノマーの共重合

5.1 二酸化炭素とビニルエーテルの共重合

二酸化炭素と非極性ビニルモノマーとの共重合については，ビニルエーテルとの共重合が報告されている[18]。二酸化炭素とエチルビニルエーテルの混合物をアルミニウムアセチルアセトナート（またはアルミニウムアルコキシド）の存在下，$65 \sim 85 \, ℃$に加熱すると共重合が進行し，23%のエステル（および/またはケトン）結合を含む高分子生成物が得られる（$\eta_{sp/c}, 0.1 \sim 0.3$）。メチルビニルエーテルの場合は触媒なしに$80 \, ℃$に加熱すると分子量1300の共重合体を与える。

共重合体に含まれるカルボニル基は$NaBH_4$と反応する。したがってカルボニル基はエステル基由来でなくケト基由来であると考えられ，その説明には次のような共重合体の構造が提案されている。

$$H_2C=CH\text{-}OCH_3 + CO_2 \longrightarrow \left[\text{-CH(OCH}_3\text{)-CH}_2\text{-C(=O)-}\right]\left[\text{-CH}_2\text{-CH(OCH}_3\text{)-O-CH(OCH}_3\text{)-CH}_2\text{-}\right] \tag{11}$$

ケト基が生成するためには二酸化炭素の2個のC=O結合の1個が切れる必要があることから，β-ラクトンの生成を経る機構が考えられている。

5.2 二酸化炭素，環状ホスホナイト，アクリルモノマーの三元共重合

ビニルエーテル以外の極性ビニルモノマーとの共重合の例に，二酸化炭素とエチレンホスホナイトとアクリル酸エステルまたはアクリロニトリルの三元共重合があげられる。3種類のモノマーの混合物を$130 \sim 150 \, ℃$に加熱すると，分子量が2000程度の1:1:1三元周期重合体が生成する[19]。

$$Ph\text{-}P(O\text{-}O) + H_2C=CHR + CO_2 \longrightarrow \left[\text{-CH}_2\text{-CH}_2\text{-O-P(=O)(Ph)-CH}_2\text{-CH}_2(R)\text{-C(=O)-O-}\right]_x \tag{12}$$

$R=CN, COOCH_3$

これは求電子性モノマーと求核性モノマーの間の電子移動で生成する双性イオン間の結合による高分子の生成を発展させたもので，まずエチレンホスホナイトとビニルモノマーから双性イオンが生成し，さらに二酸化炭素が反応して三元双性イオンとなり，これが順次Michaelis-Arbuzov

型反応を起こし進行すると考えられている。

6 二酸化炭素とジアミンの縮合重合

ピリジンの存在下，二酸化炭素，アミン，亜リン酸エステルを反応させると，温和な条件で尿素結合が生成することが見いだされ，これをジアミンの反応に適用することによって，温和な条件でのポリ尿素の合成が可能になった。たとえば，亜リン酸ジフェニルを用い二酸化炭素とジアミノベンゼンの反応を行うと高分子量（平均分子量5万以上）のポリ尿素が得られる[20]。

$$H_2N-\underset{}{\bigcirc}-NH_2 + CO_2 \xrightarrow[\underset{N}{\bigcirc}]{(PhO)_2PH(=O)} \sim\!N-\underset{}{\bigcirc}-N-C\sim \quad (13)$$
$$ H H\; O$$

ここで，亜リン酸エステルは脱水剤として働くので生成する尿素結合に対して等量必要である。

7 二酸化炭素とジオールのアルコキシドから生じるアルキルカルボナート塩と，ジハライドの縮合重合

炭酸カリウムとジブロミドの反応をクラウンエーテル存在下で行うとポリカルボナートを得ることができる。炭酸カリウムの代わりに二酸化炭素とジオールのアルカリ金属アルコキシドを用いても同様の反応が進行する[21,22]。たとえばクラウンエーテル（18-クラウン-6）の存在下，二酸化炭素，ジオールのカリウム塩，ジブロミドの反応をジオキサン中，80℃で行うとポリカルボナートが得られる。

まず，二酸化炭素とジオールのカリウム塩が反応してジカルボナート塩となる。クラウンエーテルはこの段階で触媒として働く。続いて生成したジカルボナート塩がジブロミドと反応することによってポリカルボナートが生成する。

第14章 高分子合成

文　献

1) S. Inoue, H. Koinuma, and T. Tsuruta, *J. Polym. Sci., Polym. Lett. Ed.*, 7, 287 (1969)；S. Inoue, H. Koinuma, and T. Tsuruta, *Makromol. Chem.*, 130, 210 (1969)；S. Inoue, H. Koinuma, and T. Tsuruta, *Polymer J.*, 2, 220 (1971)；M. Kobayashi, S. Inoue, and T. Tsuruta, *Macromolecules*, 4, 658 (1971)
2) M. Ree, J.Y. Bae, J.H. Hung, and T.J. Shin, *J. Polym. Sci., Polym. Chem. Ed.*, 37, 1963 (1999)
3) D. Darensbourg, N.W. Stafford, and T. Katsurao, *J. Mol. Cat., A.*, 104, L1 (1995)
4) D.J. Darensbourg and M.W. Holtcamp, *Macromolecules*, 28, 7577 (1995)
5) D.J. Darensbourg, S.A. Niezgoda, J.D. Draper, and J.H. Reibenspies, *J. Am. Chem. Soc.*, 120, 4690 (1998)
6) M. Cheng, E.B. Lobkovsky, and G.W. Coates, *J. Am. Chem. Soc.*, 120, 11018 (1998)
7) T. Aida, M. Ishikawa, and S. Inoue, *Macromolecules*, 19, 8 (1986)
8) X. Chen, Z. Shen, and Y. Zhang, *Macromolecules*, 24, 5305 (1991)
9) H. Koinuma and H. Hirai, *Makromol. Chem.*, 178, 241 (1977)
10) A. Baba, H. Meishou, H. Matsuda, *Makromol. Chem., Rapid Commun.*, 5, 665 (1984)
11) W. Kuran, A. Rokicki, and W. Wielgopolam, *Makromol. Chem.*, 179, 2545 (1978)
12) T. Kagiya and K. Narita, *Bull. Chem. Soc. Jpn.*, 42, 3211 (1969)
13) T. Kagiya and T. Matsuda, *Polym. J.*, 2, 398 (1971)
14) W.-Y. Chang, *Ta Tung Hsueh Pao*, 8, 255 (1978); *Chem. Abst.*, 90, 187402f
15) K. Soga, S. Hosoda, and S. Ikeda, *J. Polym. Sci., Polym. Chem. Ed.*, 12, 729 (1974)
16) K. Soga, S. Hosoda, and S. Ikeda, *Makromol. Chem.*, 176, 1907 (1975)
17) T. Tsuda, K. Maruta, and Y. Kitaike, *J. Am. Chem. Soc.*, 114, 1498 (1992)；T. Tsuda and K. Maruta, *Macromolecules*, 25, 6102 (1992)；T. Tsuda, O. Ooi, and K. Maruta, *Macromolecules*, 26, 4840 (1993)
18) K. Soga, S. Hosoda, Y. Tazuke, and S. Ikeda, *J. Polym. Sci., Polym. Lett. Ed.*, 13, 265 (1975)；K. Soga, M. Sato, S. Hosoda, and S. Ikeda, *J. Polym. Sci., Polym. Lett. Ed.*, 13, 543 (1975)
19) T. Saegusa, S. Kobayashi, and Y. Kimura, *Macromolecules*, 10, 68 (1977)
20) N. Yamazaki, F. Higashi, and T. Iguchi, *J. Polym. Sci., Polym. Chem., Ed.*, 12, 517 (1974)
21) K. Soga, Y. Toshida, S. Hosoda, and S. Ikeda, *Makromol. Chem.*, 178, 2747 (1977)；K. Soga, Y. Toshida, S. Hosoda, and S. Ikeda, *Makromol. Chem.*, 179, 2379 (1978)
22) A. Rokicki, W. Kuran, and J. Kielkiewicz, *J. Polym. Sci., Polym. Chem. Ed.*, 20, 967 (1982)

第15章 直接分解

1 CO_2 の直接分解

滝田祐作[*]

1.1 はじめに

CO_2 分子を直接分解する場合、COを生成する場合と、その構成元素である炭素に分解する方法が考えられる。プラズマによる方法では強烈にエネルギーを投入すれば炭素が生成するが、マイルドな反応条件を選べば主にCOが生成する。固体炭素まで分解する方法としては金属マグネシウムと反応させる方法、マグネタイトと反応させる方法、触媒上でメタンと反応させる方法などがある。以下に個々の方法について述べる。

1.2 プラズマによる CO_2 のCOへの分解

林はプラズマと触媒の共存下、化学反応を行うPACT (Plasma and Catalyst Technology) という反応器を提案し[1-5]、CO_2 の分解を試みている。PACTは図1に示したようなモーターのローター (10枚羽、直径6.7cm) とステーターの間が約0.3mm離れていて、この間でグロー放電が起こる。ローターとステーターの表面に触媒金属が塗布してある。この反応器に2.5mol%のCO_2を含むHeガスを 30,60,100cm^3/min で供給し、3600rpmで回転させ、8.1kHz、411,711,906Vを印加して反応させると、COとO_2への分解反応が進行した。411Vでは7.2～11.7%だったCO_2転化率は印加電圧が高くなると15.2～30.5%まで上昇した。触媒として使用した金属の種類によって反応率は異なり、Rh＞Pt＞Pd＞Auの活性序列が得られた。また、ガス流速が遅くなるほど転化率は上昇した。CO_2の最大消費速度は35.5g/1000hであった。CO_2分解に要したプラズマエネルギーの効率 (kJ/mol) は印加電圧が高いほど、また流速が小さくなるほど低下した (表1)。発光スペクトルの解析からHe$^+$とHe$_2^+$からCO_2への電荷移動またはエネルギー移動によってCO_2^+あるいはCO$^+$をへて CO＋O_2 への分解が進行するものと推定している。Rh触媒でHeの時30.5%だった転化率は稀釈剤をAr、N_2にした時、それぞれ19.6%と13.5%に低下した。この反応性の序列は報告されているHe$_2^+$、Ar$_2^+$、N_2^+からCO_2への分子間エネルギー移動の反応速度定数と一致しているので、その経路を支持しているとしている。ローターとステーター表面に最良のRh触媒と最低のAu触

---

[*] Yusaku Takita 大分大学 工学部 応用化学科 教授

第15章　直接分解

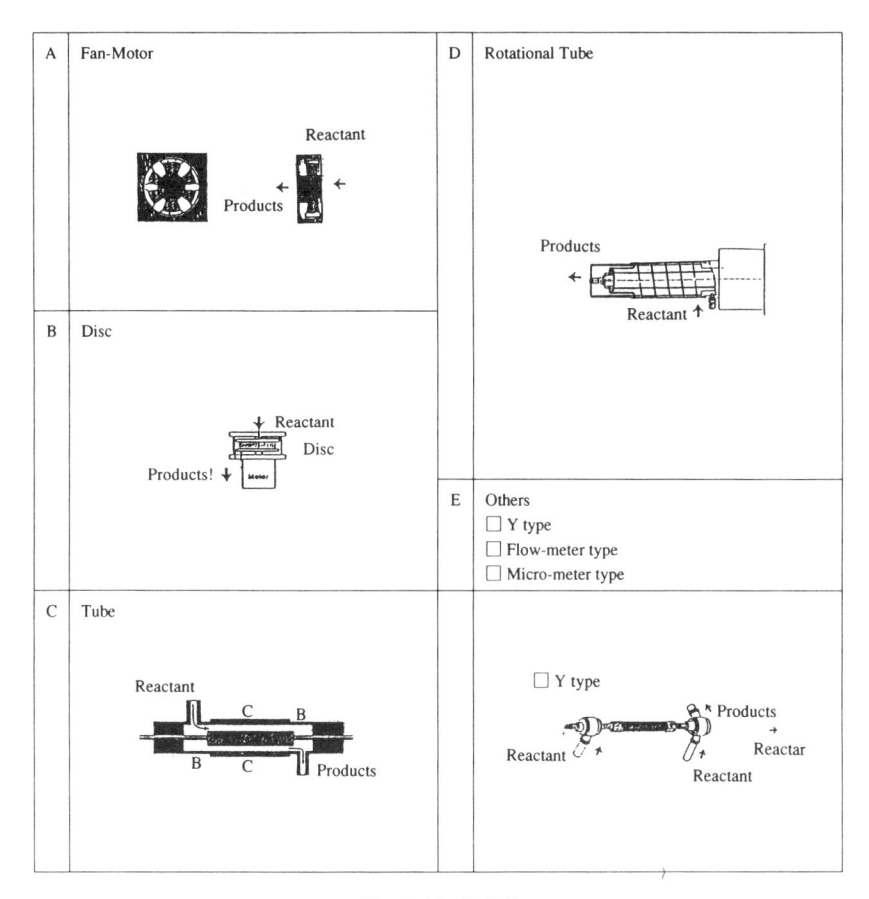

A	Fan-Motor Reactant Products	D	Rotational Tube Products Reactant ↑
B	Disc Reactant Disc Products!	E	Others ☐ Y type ☐ Flow-meter type ☐ Micro-meter type
C	Tube Reactant C B B C Products		☐ Y type Products Reactant　　Reactar Reactant

図1　Original PACT

媒を担持した場合は，転化率はAuよりほんの数％高くなっただけであった。プラズマを用いたオゾン合成やアンモニア合成では触媒金属の特性が現れるのに対し，CO_2分解では用いた金属の仕事関数と活性の間に相関関係は見られなかった。CO_2分解では酸素により金属表面が酸化されているためであろうとしている。反応器の触媒のすぐ後方にCuを置いてその表面をXPSで測定しても，RhもAuも検出されないので気相の金属原子やクラスターは反応に関与していないものと思われる。

　Joganら[6)]は交流を用いて誘電体を充填した反応器を用いてCO_2の分解を行っている。図2に示したような20mmの電極間に，誘電体である$BaTiO_3$の球体を充填した充填層反応器を用いて，

表1 Percentage Conversion of CO_2, Reaction Rate, and Percentage Efficiency[a] of CO_2 Dissociation as a Function of Metal Catalyst, Input Voltage, and Flow Rate for a 2.5% CO_2 in He Mixture

		Flow rate							
		30cc/min			60cc/min			100cc/min		
Metal	V_{in} rms (V)	Conv. (%)	Rate ×10⁴ (mol/h)	Eff. (%)	Conv. (%)	Rate ×10⁴ (mol/h)	Eff. (%)	Conv. (%)	Rate ×10⁴ (mol/h)	Eff. (%)
Au	411	7.2	1.32	1.24	4.5	1.66	1.55	2.8	1.75	1.61
	711	11.5	2.14	0.82	8.1	3.02	1.16	5.0	3.09	1.18
	906	15.2	2.82	0.78	9.4	3.48	0.96	5.0	3.09	0.86
Pd	411	8.1	1.50	1.43	6.1	2.39	2.16	4.1	2.54	2.41
	711	15.8	2.91	1.10	10.1	3.93	1.41	7.2	4.48	1.67
	906	20.9	3.86	1.04	13.6	5.29	1.35	9.9	6.11	1.65
Cu	411	7.9	1.45	1.47	5.3	1.94	1.96	4.6	2.83	2.84
	711	21.5	3.81	1.65	11.7	4.32	1.86	8.8	5.38	2.31
	906	24.2	4.46	1.35	16.4	6.01	1.65	12.4	7.61	2.30
Pt	411	11.7	2.16	2.53	7.8	2.89	3.40	3.8	2.36	2.75
	711	20.5	3.77	1.51	14.1	5.20	2.08	7.8	4.82	1.90
	906	24.1	4.45	1.24	16.7	6.18	1.71	11.1	6.86	1.88
Rh	411	10.6	1.95	1.96	6.9	2.54	2.55	5.8	3.75	3.55
	711	21.6	4.00	1.45	13.2	4.89	1.79	10.5	6.93	2.35
	906	30.5	5.66	1.41	16.6	6.16	1.53	12.4	8.07	1.90

Note. The standard deviations for the conversion, rate, and efficiency are ≤5% of the value.
[a] Percentage efficiency calculated as 100 * E_c/E_p. E_c is the calculated free energy for $CO_2 \rightarrow CO+O$ (257 kJ/mol) E_p is the plasma energy (kJ) per mole of CO_2 consumed.

$N_2:O_2:CO_2 = 0.75:0.15:0.1$ の組成のガスを送り，60Hzの交流を印加して反応を行っている。印加電圧を上昇させていくと，部分放電状態を経てスパーク状態へと変化して行く。反応器の大きさがよく分からないが，0.5～1.4 ℓ /minで反応させた場合はCOとO_2に分解するのだが反応後に触媒上に炭素質の析出物が生成した。CO_2ガスの反応器での滞在時間が大きいほど，また印加電圧が高いほどCO_2の分解速度は上昇した。また充填した化合物の誘電率が小さくなるほどCO_2の反応速度は上昇した。最適条件は部分放電からスパーク状態に変化するあたりである。10％の初濃度のCO_2を18000ppmにまで低下させることができた。そして1kWhの電力で108gのCO_2を除去できたとしている。この場合，CO_2をプラズマで分解するには0.407kWh/mol=350kcal/molであり，$CO_2 \longrightarrow CO+1/2O_2$の反応熱の約5倍のエネルギーを使用していることになる。

Arが共存しても基本的な反応は同じであるが，C_2O，NCO，CO_3，とCが生成すると報告されている[7]。

第15章 直接分解

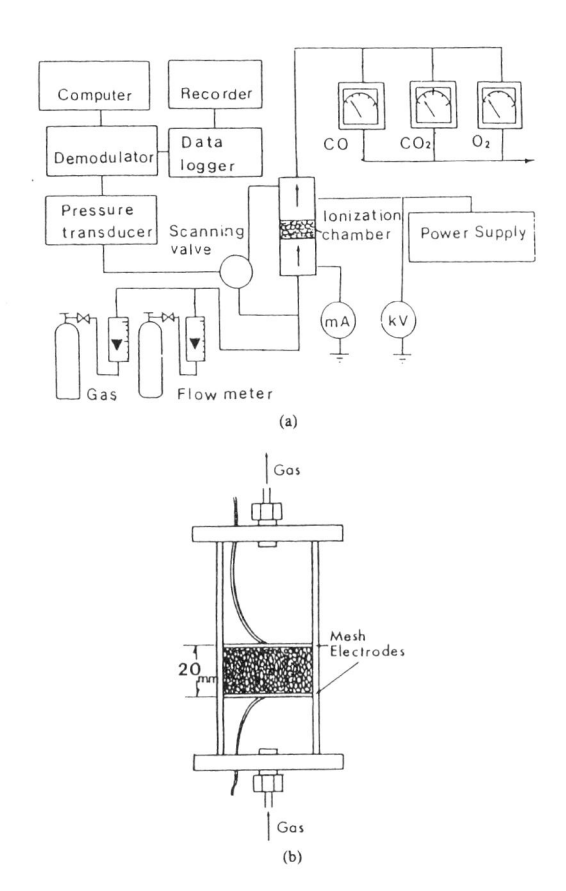

図2 (a) Schematics of the experimental apparatus.
(b) Ferroelectric packed-bed reactors.

CO_2 のプラズマ分解では, CO_2 の濃度が高いときは一般に (1), (2) の反応が進行するが,

$$CO_2 + e^- \longrightarrow CO + O + e^- \qquad (1)$$

$$CO_2 + e^- \longrightarrow C + O_2 + e^- \qquad (2)$$

希釈ガスが高濃度に存在するときは (3) ～ (6) の反応が進行する。

$$He + e^- \longrightarrow He^+ + 2e^- \qquad (3)$$

$$He^+ + 2He \longrightarrow He_2^+ + He \qquad (4)$$

$$He^+ \text{ (or } He_2^+) + CO_2 \longrightarrow CO_2^+ + He \text{ (or 2He)} \qquad (5)$$

CO₂固定化・隔離の最新技術

$$CO_2^+ + e^- \longrightarrow CO + O \qquad (6)$$

Sonnenfeldら[8]は純粋なCO_2をグロー放電と無性放電中で反応させている。低圧のグロー放電中ではCOとO_2が生成し、CO_2の圧力が大きくなるに従ってCO_2の転化率は低下した。そしてCO_2の初圧が大きくなって、無性放電になっても転化率は低下し、圧力の対数に対して転化率はほぼ直線的に低下した。結局CO_2の導入圧が高いと$CO+O \longrightarrow CO_2$の反応速度が大きくなり、$CO_2$の転化率は低下する。

結局、放電によるCO_2の分解では、CO_2からCOへの分解反応が主として進行する。反応の効率は反応装置に依存する。実験室的反応器の報告しか見られず、他の方法に対するエネルギー効率は比較できる段階にない。

1.3 マグネタイトによる分解

CO_2を固体カーボンに分解する試みは非常に少ないが、古くからいくつかの報告がある。Saccoら[9]はFe触媒上で水素を用いたCO_2の分解反応を試みている。水素の共存下、CO_2は527～627℃で金属鉄の上で固体炭素に分解され、触媒はマグネタイトおよびビュスタイトに変化した。Wagnerら[10]は同様に水素の共存下、金属Fe触媒で426～726℃で固体炭素を得ているが、CO_2の分解レベルは10～20%程度で、COやCH_4が副生している。Leeら[11]も、調べているが、やはり鉄触媒は反応後、マグネタイトとカーバイドになっていた。このようにFe触媒を用いた研究が過去に少しあるが、いずれも鉄触媒であり、断片的な結果である。

玉浦ら[12-17]は水素還元したマグネタイトにCO_2を導入してCO_2の酸素をマグネタイトに取り込み、固体炭素を得るCO_2分解法を報告している。硫酸第1鉄水溶液に3-MのNaOHをpHが10になるまで加え、生成した沈殿を300℃で1～3時間窒素気流中で焼成して合成したマグネタイト(Fe_3O_4) 1.00gに、300℃で18cm³/minの流速で水素を2時間通じて、還元すると試料の化学組成は$Fe_3O_{3.93}$になった(表2)。もとのマグネタイトの組成は$Fe_3O_{4.09}$なので、1.00gの試料から、691 μg-原子の酸素が引き抜かれたことになる。還元されると格子定数は0.8391から0.8399へと少し増大した。これはFe^{3+}がFe^{2+}になったことによる。試料の比表面積は8.07m²/gとあまり大きくない。この試料に171 μmolのCO_2を導入すると、一部分解されて、酸素はマグネタイトの酸素欠陥を埋め、表面に固体炭素が1.3mg (108 μmol) 析出した。このときCOも生成しているのだが、生成量がはっきりしない(図3)。他のデータから未反応のCO_2と同程度の約50 μmolだとすると、析出炭素量が108 μmolであるので、フェライトに取り込まれた酸素量は約266 μg-原子程度となる。したがって、還元によって抜けた酸素の約40%の酸素が取り込まれたことになる。Feの一部をZnやMnで置き換えると、置換金属イオンの電子構造により、スピネルの4面体点、8面体点に入った時の安定性が異なるので、Feイオンの原子価も変化する。即ち酸素イオン

第15章 直接分解

表2(a) The lattice constant and chemical composition of Mn(II)-bearing ferrites

Sample	$\gamma_{Mn}{}^a$	Chemical composition				Lattice constant (nm)
a	0	$Mn^{2+}_{0.00}$	$Fe^{2+}_{0.81}$	$Fe^{3+}_{2.19}$	$O^{2-}_{4.09}$	0.8387
b	0.12	$Mn^{2+}_{0.32}$	$Fe^{2+}_{0.34}$	$Fe^{3+}_{2.34}$	$O^{2-}_{4.17}$	0.8413
c	0.35	$Mn^{2+}_{0.78}$	$Fe^{2+}_{0.21}$	$Fe^{3+}_{2.01}$	$O^{2-}_{4.00}$	0.8460
d	0.50	$Mn^{2+}_{1.00}$	$Fe^{2+}_{0.00}$	$Fe^{3+}_{2.00}$	$O^{2-}_{4.00}$	0.8498

a Molar ratio of Mn/Fe in the samples.

表2(b) Lattice constant and oxygen deficiency, δ, in H_2-reduced Mn(II)-bearing ferrites ($Mn_xFe_{3-x}O_{4-\delta}$)

Sample	$\gamma_{Mn}{}^a$	Chemical composition^b				δ	Lattice constant (nm)
a'	0.0	$Mn^{2+}_{0.00}$	$Fe^{2+}_{1.14}$	$Fe^{3+}_{1.86}$	$O^{2-}_{3.93}$	0.07	0.8399
b'	0.1	$Mn^{2+}_{0.32}$	$Fe^{2+}_{0.88}$	$Fe^{3+}_{1.80}$	$O^{2-}_{3.90}$	0.10	0.8433
c'	0.3	$Mn^{2+}_{0.78}$	$Fe^{2+}_{0.52}$	$Fe^{3+}_{1.70}$	$O^{2-}_{3.85}$	0.15	0.8474
d'	0.5	$Mn^{2+}_{1.00}$	$Fe^{2+}_{0.11}$	$Fe^{3+}_{1.89}$	$O^{2-}_{3.94}$	0.06	0.8501

a Molar ratio of Mn/Fe in the samples.
b Reduction time=2h.

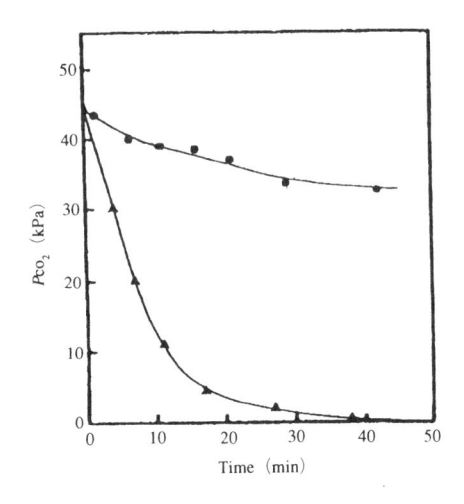

の非化学量論性が変化するので,これにつれて,炭素の生成量,COの選択性が変化することを報告している。

マグネタイトに析出した炭素は水素処理をして,酸素の欠乏したマグネタイトを再生するとき,メタンとして脱離すると報告されている。しかし,300℃という温度で全ての炭素がメタンとして除去できるのではなく,何回繰り返し使用できるのかという点については明らかではない。この方法は水素と300℃の温度を必要とするが,反応速度が大きくないので,大量のCO_2の処理にはとてつもなく反応装置が大きくなるのと,CO_2分解サイクルとしてどう成立させるかが今後の問題である。

図3 Change in P_{CO_2}, as a function of time for reaction with (●) activated magnetite and (▲) Ni(II)-bearing ferrite at 300℃. Material, 3.0g ; conditions for hydrogen-reduction: 1.5 h in a flow rate of 50 cm^3 min^{-1} ; amount of injected CO_2, 10cm^3.

1.4 金属マグネシウムによる分解

この方法は,Fe以外の化合物を用いるので別の項目とした。三菱重工業はCO_2をMgを高温で反応させてCO_2をMgOとCに分解してCを分離回収する方法を提案している[18]。MgOはHClと反応させて$MgCl_2$にし,電解してMgとCl_2にする。Cl_2はHClにして,MgとHClをリサイクル

表3 種々の金属酸化物上でのCO$_2$のH$_2$による炭素への接触還元反応

触媒	温度[a] ℃	Conversion／%			
		of CO$_2$	to C	to CO	to H. C.[b]
WO$_3$	700	69.9	27.6	42.3	0.0
Y$_2$O$_3$	700	55.9	21.3	34.6	0.0
LaFe$_{0.9}$Cu$_{0.1}$O$_3$	600	58.1	19.1	39.0	0.0
LaFe$_{0.9}$Cu$_{0.1}$O$_3$	500	47.1	17.1	30.0	0.0
ZnO	700	60.1	17.1	50.7	0.0
Cu-ZSM-5	700	49.2	16.6	32.6	trace
Cr$_2$O$_3$	700	65.3	14.5	50.8	0.0
CeO$_2$	700	64.3	13.2	51.1	0.0
Mn$_2$O$_3$	700	61.2	11.7	49.5	0.0
MgO	700	46.2	11.1	35.1	0.0
V$_2$O$_5$	400	14.9	10.9	4.0	0.0
ZrO$_2$	700	51.6	10.5	51.6	0.0
MoO$_3$	600	51.0	10.4	40.6	0.0
La$_{0.9}$Sr$_{0.1}$CoO$_3$	400	32.0	9.5	21.3	1.2
TiO$_2$	300	6.6	6.6	21.3	0.0
LaFeO$_3$	300	5.1	5.1	0.0	0.0
Sb$_2$O$_3$	—	0.0	0.0	0.0	0.0
PbO	—	0.0	0.0	0.0	0.0
SnO$_2$	—	0.0	0.0	0.0	0.0
Bi$_2$O$_3$	—	0.0	0.0	0.0	0.0

[a] Cへの転化率が最も高くなった反応温度
[b] Conversion to Hydrocarbon

して使用する方法である。MgOは棒状で赤熱したものにCO$_2$ガスを通じる。反応速度，反応率ともに不明である。CO$_2$の分解に必要なエネルギー量は調べられていない。

1.5 触媒法によるメタンを用いた分解

前項で述べたように，Saccoら[9]，Wagnerら[10]，Lee[11]らのFe触媒上でのCO$_2$の分解では還元剤として水素を用いている。その他に還元剤として使用するには水素を含有するメタンやアンモニアなどが考えられる。

著者らは金属酸化物上でCO$_2$とCH$_4$を直接反応させて固体炭素と水にする触媒反応について検討した。しかし，この場合はCH$_4$の分解が主に進行し，CO$_2$の転化はほとんど認められなかった。そこでCO$_2$の水素による還元分解，CO$_2$ + 2H$_2$ ⟶ C + 2H$_2$O (7) 反応について検討した[19-24]。通常水素化反応に使用される8属の金属触媒では還元力が高く，固体炭素を生じることなくメタンが生成した。そこで水素化能の小さい酸化物を触媒に使用した。その結果を表3に示す。300から700℃の間で固体炭素生成反応が進行した。(7) 反応の他にCO$_2$のCOへの還元反応 (8) が併

第15章 直接分解

発的に進行した。WO_3上では700℃でCO_2の約70%が反応し,固体炭素へ27.6%が転化した。したがって,(7)反応の選択率は約40%となる。Y_2O_3やペロブスカイト構造の$LaFeO_3$がこれに続いた。V_2O_5や$LaCoO_3$では400℃程度の温度でも反応が進行したが,炭素への転化率は低かった。反応後のWO_3触媒はWO_2とWのXRDピークを与えた。したがって,触媒はWO_2とWの間の状態で作用しているものと思われる。他の触媒もかなり還元状態で作用しているものと推定される。700℃では(7)反応の反応の自由エネルギー変化は0に近く,CO_2から固体炭素の直接生成は可能であるが,接触時間が小さくなるとCOの選択率が100%に近づくことから,CO_2はまずCOに還元され,続いて固体炭素にまで還元されるものと思われる(図4)。

析出炭素はXRDよりグラファイトであった。XPSの結果もグラファイトを支持し,WCに帰属される炭化物は認められなかった。

この反応はCO_2の分解反応に分類できるかよく分からないが,メタンを固体炭素に分解して水素を得,その水素で固体炭素を生成する反応プロセスを考えると,

$$CH_4 \longrightarrow C + 2H_2 \tag{9}$$
$$CO_2 + 2H_2 \longrightarrow C + 2H_2O \tag{10}$$

Net reactionは$CO_2 + CH_4 \longrightarrow 2C + 2H_2O$ (11) となり,メタンによるCO_2の分解と見なすことができよう。

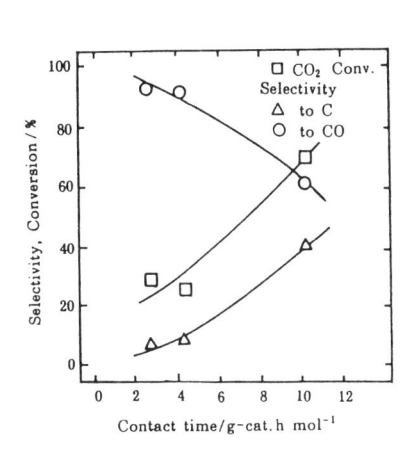

図4 酸化W触媒における700℃でのCO_2転化率およびCO, C選択率の接触時間依存性

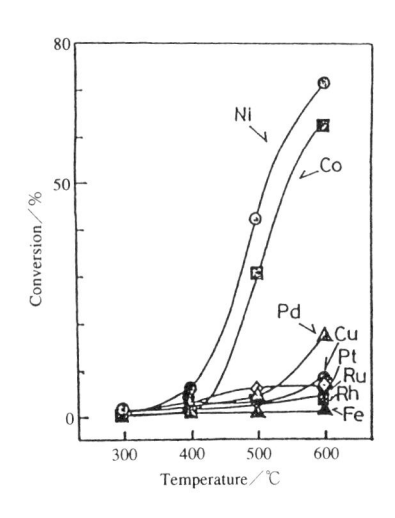

図5 SiO_2上に担持した種々の金属触媒によるCH_4分解反応

CO_2固定化・隔離の最新技術

次にこれも CO_2 の分解と見なせるかどうか分からないが，関連のプロセスについて述べる。CO_2 の水素化は古くより研究されており，乾ら[25,26)]は CO_2 の水素化が炭化水素の燃焼反応に匹敵するくらい高速で進行することを報告し，高速メタン化反応と名づけている。そこでこれを利用して，CO_2 をまずメタンに転化し，生成したメタンを固体炭素と水素に分解する反応プロセスを考えると，

$$CO_2 + 4H_2 \longrightarrow CH_4 + 2H_2O \quad (12)$$
$$2CH_4 \longrightarrow 2C + 4H_2 \quad (13)$$

Net reaction は $CO_2 + CH_4 \longrightarrow 2C + 2H_2O$ となり，前述の反応と同じとなる。CO_2 の水素化

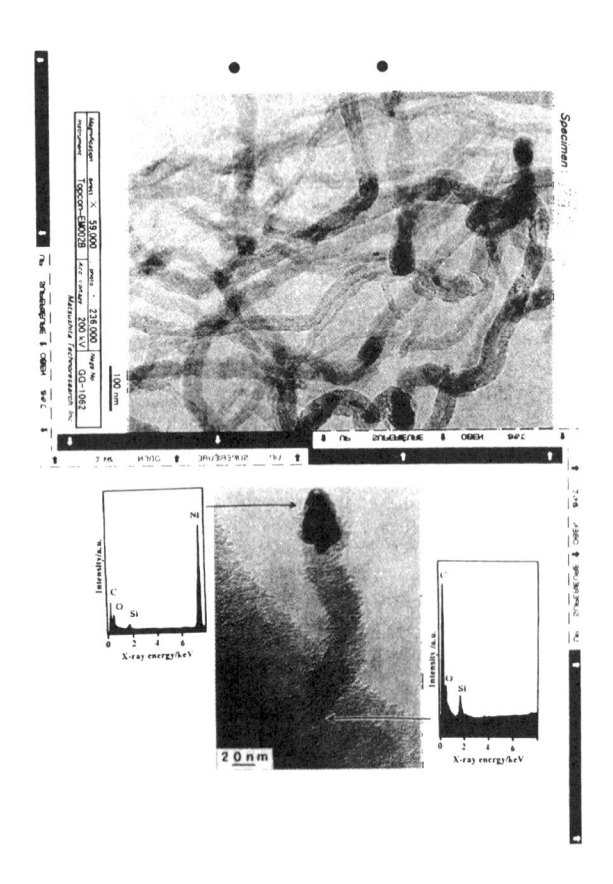

写真1 TEM photographs of carbon filament formed on Ni/SiO$_2$ catalysts in the CH$_4$ decomposition reaction.

第15章　直接分解

反応については，別の項で述べられているのでCH₄の分解について述べる。CH₄の分解は水素化に用いられる8属の金属が有効である。Niの活性が最も高く，Coがそれに次ぐ（図5）。それ以外の金属の活性は極めて低い。Ni/SiO₂上では（13）反応がほぼ定量的に進行する。Niの担体としてはSiO₂，ZSM-5，Y₂O₃安定化ジルコニアなど中性に近いものほど適している。塩基性のMgOは良くなく，Ni/SiO₂に水素化反応で炭素析出の抑制のために使用されるKを添加すると活性はやや低下する。これらの結果は，メタンが分解するときにカルボニウムイオンを生成せず，中性の炭素表面種が生成する方がよいことを示唆している。この反応ではグラファイトからなる，中心に孔の空いたチューブ状の炭素が生成する。そのSEM写真を写真1に示す。この炭素チューブの先にはNiの小粒子を包接しているものも見られることから，Audierら[11]が報告している(110)方向に成長したものと同じようにCH₄のC-H結合がNi表面上で順次分解していく機構で生成しているのであろう。メタンの分解反応は平衡の制約のある反応である。したがってメタンの転化率を上げるためには反応系から水素を引き抜くことが必要である。図6はPd-Agチューブを内管に用い，外管との間にNi/SiO₂触媒を充填して分解反応を行い，内管を通して水素を透過抽出したときの効果を示している。同一の炭素生成速度を得るのに通常の固定床に比べて150℃も反応温度を低下させることができる。

このように，CO₂をメタン経由で固体炭素に分解する方法は400℃くらいの廃熱が発生するところであれば，それを利用して反応を進行させることができる。生成した固体炭素はグラファイトであるので，Li二次電池の材料など機能材料として使用できるし，カーボンブラックとしても使用できる。したがって，限定された量のCO₂の処理には実用できるプロセスである。

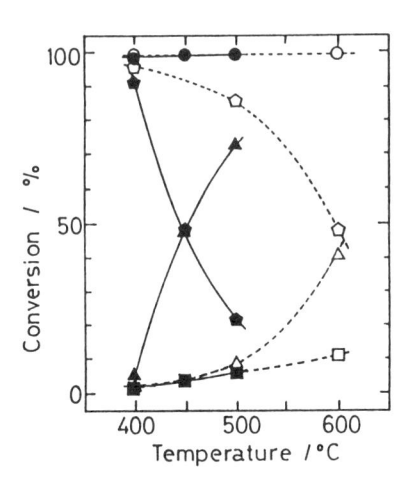

図6　メンブレンリアクターを用いた CO₂-H₂ 反応
Catalyst；Ni/SiO₂, 一段目反応器温度；300℃,
CO₂/H₂/N₂＝2/8/6cc・min⁻¹, 透過側Ar；16cc・min⁻¹
● : of CO₂, ◆ : into CH₄, ▲ : into C,
■ : into CO, filled symbol：膜型反応器
open symbol：通常の反応器

文　献

1) Y. Hayashi, USP 5,492,678
2) 日本特許2,111,722
3) S. L. Suib, S. L. Brock, M. Marquez, J. Luo, H. Matsumoto, Y. Hayashi, *J. Phys. Chem.*, B, 102, 9661 (1998)
4) Y. Hayashi, USP 5,474,747
5) S. L. Brock, M. Marquez, S. L. Suib, Y. Hayashi, H. Matsumoto, *J. Catal.*, 180, 225 (1998)
6) K. Jogan, A. Mizuno, T. Yamamoto, J.S. Chan, *IEEE Trans. Ind. App.*, 29, 876 (1993)
7) I. Maezono, J. S. Chen, *IEEE Trans. Ind. Appl.*, 26, 651 (1990)
8) A. Sonnenfeld, H. Strobel, H. E. Wagner, *J. Non-Equilib. Thermodyn.*, 23, 105 (1998)
9) A. Sacco Jr. and R. C. Reid, *Carbon*, 17, 459 (1979)
10) R. C. Wagner, R. Carrasquillo, J. Edwards, R. Holmes, Proc. 18th Intern. Conf. Environ. System, SAE Technical Paper Series 880995 (Soc. Autom. Eng.)
11) M. Lee, J. Lee, C. Chang, *J. Chem. Eng. Jpn.*, 23, 130 (1990) ; M. Audier, *et al.*, *Carbon*, 23, 317 (1985)
12) K. Nishizawa, T. Kodama, M. Tanabe, T. Yoshida, M. Tsuji, Y. Tamaura, *J. Chem. Soc. Faraday Trans.*, 88, 2771 (1992)
13) M. Tanabe, Y. Nishida, T. Kodama, K. Mimori, T. Yoshida, Y. Tamaura, *J. Mater. Sci.*, 28, 971 (1993)
14) K. Akanuma, K. Nishizawa, T. Kodama, M. Tabata, K. Mimori, T. Yoshida, M. Tsuji, Y. Tamaura, *J. Mater. Sci.*, 28, 860 (1993)
15) H. Kato, T. Kodama, M. Tsuji, Y. Tamaura, *J. Mater. Sci.*, 29, 5689 (1994)
16) M. Tabata, K. Akanuma, T. Togawa, M. Tsuji, Y. Tamaura, *J. Chem. Soc. Faraday Trans.*, 90, 1171 (1994)
17) M. Tabata, K. Akanuma, K. Nishizawa, K. Mimori, T. Yoshida, M. Tsuji, Y. Tamaura, *J. Mater. Sci.*, 28, 6753 (1993)
18) 長谷崎和洋, 佃 洋, 岩本啓一, 特開平6-114238
19) 石原達己, 滝田祐作, ファインケミカル, 12, 5 (1992)
20) Y. Takita, T. Ishihara, T. Fujita, Proc. Intern. Symp. Chem. Fixation CO_2, Nagoya, 1991, pp179-184
21) T.Ishihara, T.Fujita, Y.Mizuhara, Y.Takita, *Chemistry Letters*, 1991, 2237
22) 石原達己, 滝田祐作, ケミカルエンジニアリング, 38, 31 (1993)
23) T. Ishihara, Y.Miyashita, H.Iseda, Y.Takita, *Chem. Lett.*, 1995, 93
24) H.Nishiguchi, A.Fukunaga, Y.Miyashita, T.Ishihara, Y.Takita, *Stud. Surface Sci. Catal.*, 114, 147 (1998)
25) T. Inui, M. Funabiki, Y. Takagami, *J. Chem. Soc. Faraday Trans. I*, 76, 2237 (1980)
26) 乾 智行, エネルギー・資源, 18, 511 (1997)

2 CO_2 の CH_4 による接触還元反応 NASA 技術とその CO_2 固定化への応用

加藤三郎[*]

2.1 はじめに

CO_2固定化学的方法の研究を遡れば，1960年代のNASAが行った閉鎖環境制御技術にたどり着く。彼らは優秀な人材と，豊富な資金を投入し，膨大な時間を費やして，基礎研究を重ねた。研究成果は克明に，膨大な数の技術レポートにまとめられている。その多くは公表されており，我々の研究開発の良き指針として活用することができる。またそれらから彼らの研究開発の目的，ねらい，装置化設計理念の一端をうかがい知ることができる。もとより彼らの目指している研究と，環境対策としてのCO_2化学的固定とは目的，方法，理念を異にするが，CO_2の化学的固定を考えるにあたり，彼らの研究成果を参考とすべきところは多い。彼らの研究成果を紹介することはそれなりの意義があろうし，現在CO_2固定化研究に携わっておられる方々，これから取り組もうと考えておられる若い研究者，技術者に少しでも参考になればと考え，本稿を執筆した次第である。

前段でNASA技術の一端を紹介し，後段でこの技術の応用として，バイオマスエネルギーを利用したCO_2固定化技術研究の試みについて紹介する。

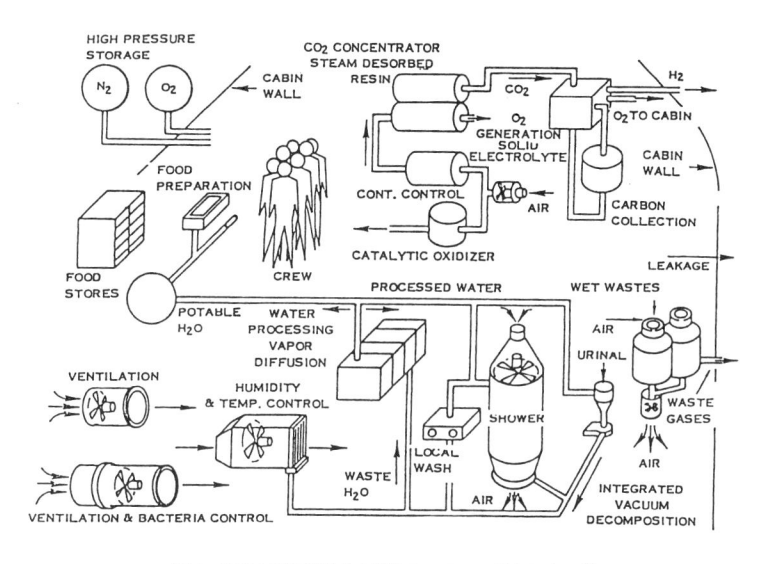

図1 NASA閉鎖環境生命維持システムの基本概念図[2)]

---

[*] Saburo Kato ㈱島津製作所　航空機器事業部　技術部　参事

2.2 NASAにおける閉鎖環境制御生命維持コンセプト

図1はNASAが提案した閉鎖環境生命維持システムの概念図である。基本コンセプトはおおよそ次のとおりである。

1) 環境制御生命維持に必要な酸素，窒素，水および食料は地上で調達し宇宙空間に運び込む。
2) 食料を除きこれら物質は循環再使用することによりその補給を最小とする。人の呼吸により消費される酸素は，呼気中の二酸化炭素を分離，濃縮，還元することにより得られた水を電気分解することにより入手する。呼吸および生命維持等に使用して生じた汚廃水は収集，濃縮，浄化して再使用する。
3) 空気中に含まれる微小有害ガスは，触媒酸化等の処理により無害化する。
4) 廃棄物は水分を取り除き，一部ガスを機外に放出し，真空乾燥した後地上に持ち帰る。
5) これら処理に必要なエネルギーは，宇宙空間で比較的豊富に入手できる太陽電池電力でまかなう。

2.3 化学的固定基本反応

閉鎖環境生命維持のキーテクノロジーの一つは，CO_2の還元技術である。CO_2の還元方式にはBosch反応方式とSabatier反応方式とがある。

(1) **Bosch 反応方式**

主反応式：$CO_2 + 2H_2 \longrightarrow C + 2H_2O + Heat$

作動原理図：図2参照

作　動：
系外からCO_2と$2H_2$を供給し，コンプレッサを経て反応器に送る。再生式熱交換器で熱交換しガス温度を高め，反応器中央部から触媒槽に導き上式の反応を行わせる。未反応ガスは水分離器で水を除去し，再度反応器に送り反応させる。

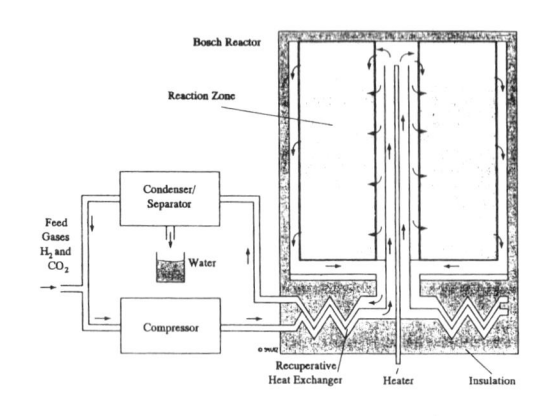

図2　Bosch CO_2 Reduction Process [3]

(2) **Sabatier 反応方式**

主反応式：$CO_2 + 4H_2 \longrightarrow CH_4 + 2H_2O + Heat$

第15章 直接分解

作動原理図：図3参照

作　動：
系外からO_2と$4H_2$を供給し，反応器中央部を通り，反応器内筒部との熱交換によりガス温度を高め，反応器先端部から反応槽に導き，上式の反応を行わせる。反応熱は冷却空気および供給ガスと熱交換。反応および未反応ガスはそのまま系外に排出する。

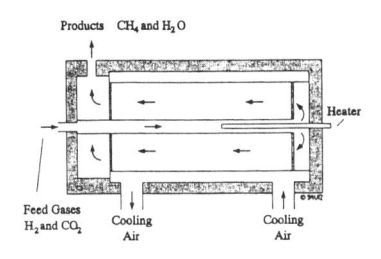

図3　Sabatier CO_2 Reduction Process [3]

(3) CO_2還元方式の比較

Bosch反応方式はSabatier方式に比して，反応温度が800～1,000Kと高く（Sabatier方式は450～800K），反応槽一段での反応率が10％以下と低く（Sabatier方式は98％以上），リサイクル操作の必要からシステム構成も複雑になる欠点があるが，生成物が炭素(C)の形をとるので（SabatierはCH$_4$），閉鎖環境系として使用する場合，有用資源としてのH_2の物質損失を少なくすることができる。両方式とも反応ガス圧力は約140kpaとしている[1]。

2.4　CO_2のCH_4による接触還元反応例

(1) CO_2のCH_4による接触還元反応の目的

Sabatier反応方式はCO_2の還元に，4倍モルのH_2を必要とするので，資源の限られた閉鎖環境ではH_2の不足から，すべてのCO_2をCH_4とH_2Oに変換することができない。CO_2のCH_4による接触還元反応の目的は，Sabatier反応で残ったCO_2を，同反応で得られたCH_4を用いて，炭素と水に変換することにある。以下にNASAが2種類の触媒（Lindeモレキュラーシーブ担持Ni触媒とGirdlerモレキュラーシーブ担持Ni触媒）を銅合金製の，内径2.36cm，外径2.54cm，長さ61cmの反応器を用いて行った実験結果および触媒特性データ[4]を紹介する。

(2) 還元反応式および反応率

CO_2のCH_4による接触還元主反応式は

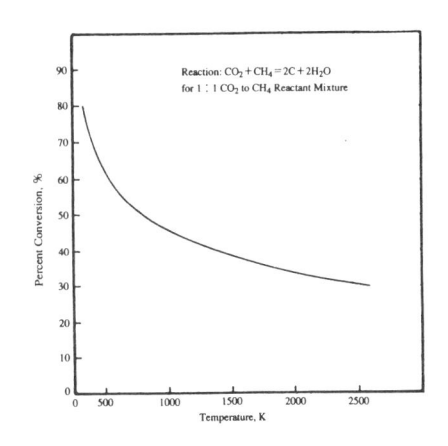

図4　MAXIMUM CO_2-CH_4 CONVERSION VERSUS TEMPERATURE [4]

下記の通りである。いくつかの副反応も同時に進行する。

$$CO_2 + CH_4 \longrightarrow 2C + 2H_2O \tag{1}$$

この反応の最大理論反応率と温度との関係は図4の通り，反応温度が低いほど反応率は高い。ここでいう反応率および以下に出てくる反応速度，空間速度は下記の通り定義されている。

反応率：(反応によりH_2Oに変換されたCO_2の質量)／(反応器に供給されたCO_2の質量)[%]

反応速度：(反応によりH_2Oに変換されたCO_2の質量速度)／(触媒の質量)[g CO_2/g Catalyst・hour]

空間速度：(供給ガス体積流量)／(反応槽容積)[hour^{-1}]

(3) CO_2のCH_4による接触還元反応の触媒特性に関与する変数量

CO_2のCH_4による接触還元反応の触媒特性に関係する変数量は以下の4項目(反応温度，反応ガス流量，反応ガス組成，反応ガス圧力)である。

(4) 触媒特性例

①触媒重量対反応率特性

図5は触媒重量と反応率との関係を示したものである。以下試験条件については図中に記載されているので参照いただきたい。触媒重量の増加とともに反応率は増大している。一方触媒重量当たりの反応率は，触媒重量の増加とともに低下している(図6参照)。この理由は反応器軸方向の温度勾配(最大100K)があったためとされている[4]。

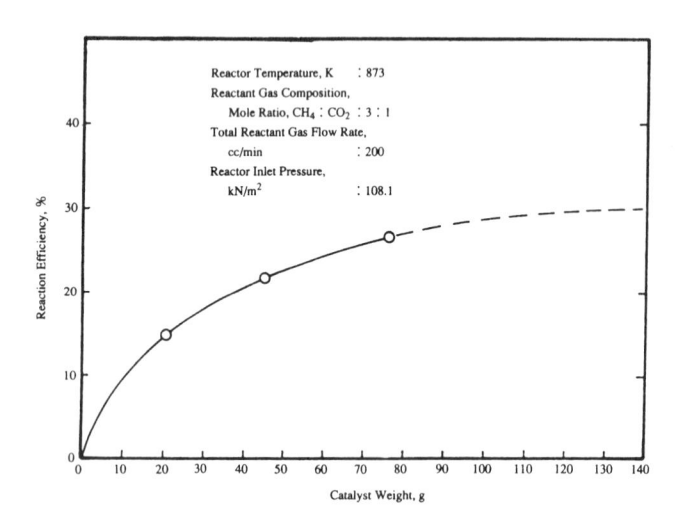

図5 REACTION EFFICIENCY OF LINDE CATALYST VERSUS CATALYST WEIGHT [4]

第15章 直接分解

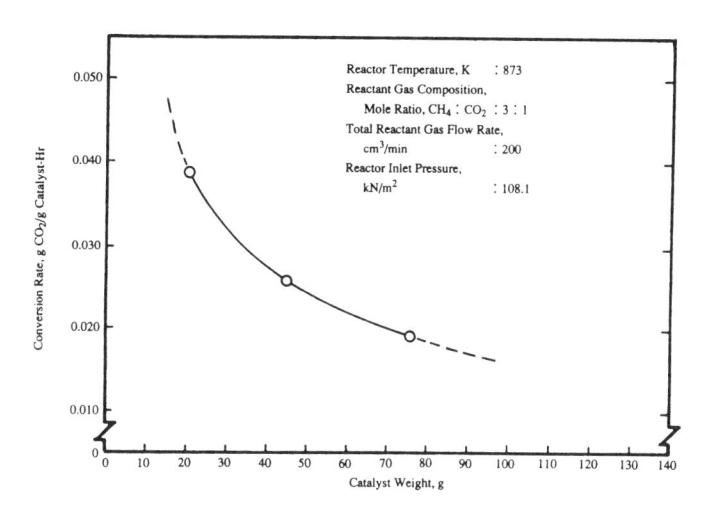

図6 REACTION EFFICIENCY OF LINDE CATALYST VERSUS CATALYST WEIGHT [4]

②反応温度対反応率特性

図7は，2種類の触媒の反応温度と反応率の関係を示したものである。双方とも反応率に極値を有しているが，これら温度（Linde触媒は950K，Girdler触媒は873K）は実装置設計から見ればかなり温度が高く，装置材料の温度的制約から動作温度をかなり低温側にシフトさせる必要がある。

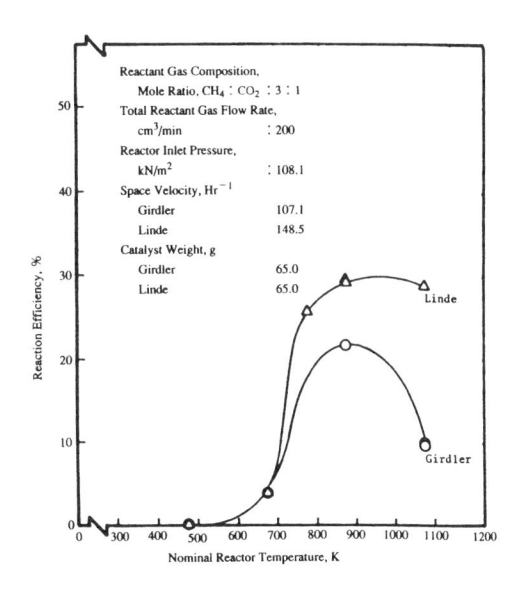

図7 REACTION EFFICIENCY OF GIRDLER AND LINDE CATALYSTS VERSUS NOMINAL REACTOR TEMPERATURE [4]

③反応器出口ガス組成対反応温度特性

図8はGirdler触媒の反応温度と反応器出口ガス組成（モル％）との関係を示したものである。COおよびH_2の生成は約500Kから始まり，この反応は高温になるとより顕著となっている。水の生成は873Kで最大となっているが，CH_4はこの温度よりより高い温度でより多くの反応を示している。一般にNi触媒は (2) 式の反応でCOとH_2が生ずることが知られているが，図8から以下の3つの反応が同時に起こっているものと考える。反応器出口ガス組成から下記反応がどのような割合で起こっているか特定できる。

$$CO_2 + CH_4 \longrightarrow 2CO + 2H_2 \qquad (2)$$

$$CH_4 \longrightarrow C + 2H_2 \qquad (3)$$

$$CO_2 + CH_4 \longrightarrow 2C + 2H_2O \qquad (4)$$

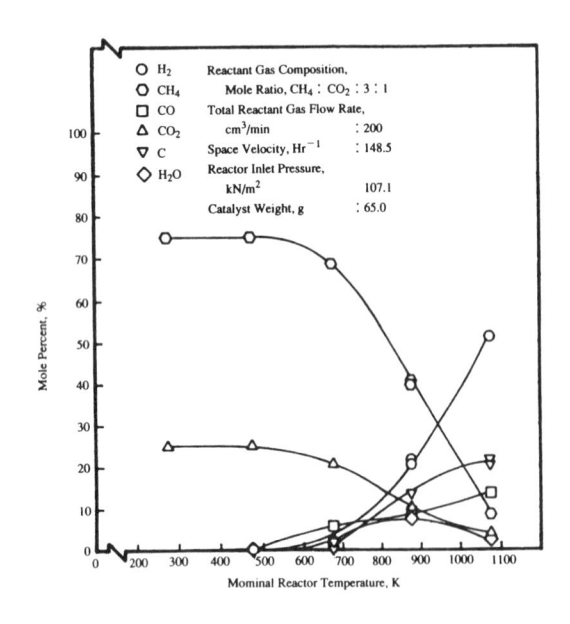

図8 REACTOR EFFLUENT COMPOSITION FOR GIRDLER CATALYST VERSUS NOMINAL REACTOR TEMPERATURE [4]

第15章 直接分解

④反応ガス流量対反応率特性

図9は触媒の反応ガス流量と反応率との関係を示したものである。両触媒とも反応ガス流量を増すと反応率が低下している（低下の割合は流量が4倍になると約40%）。両触媒の流量対反応率特性に差があるように思えるが、空間速度で整理すれば（図10参照）流量特性はほぼ同じといえよう。

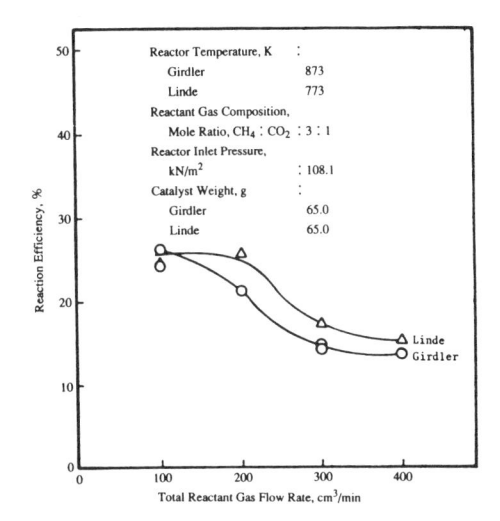

図9 REACTION EFFICIENCIES OF GIRDLER AND LINDE CATALYST VERSUS TOTAL REACTANT GAS FLOW RATE [4]

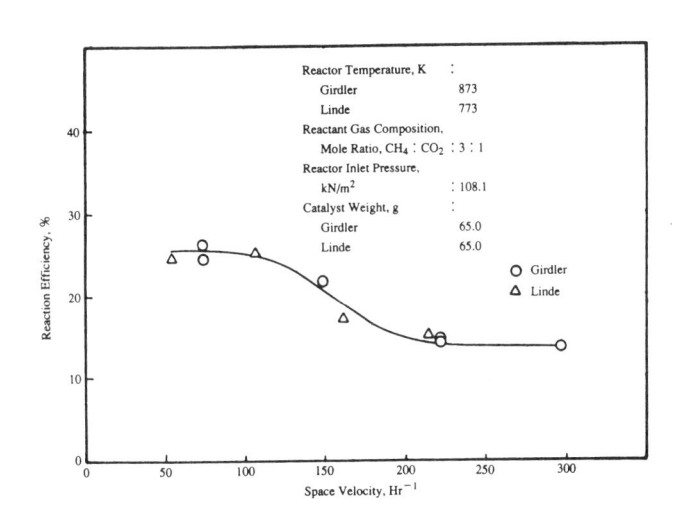

図10 REACTION EFFICIENCIES OF GIRDLER AND LINDE CATALYSTS VERSUS SPACE VELOCITY [4]

⑤ 反応ガス組成対反応率特性

図11はCH$_4$とCO$_2$の混合モル比を1（量論的比率）から7に変化させたときの，反応率との関係を表したものである。双方の触媒ともCH$_4$の混合比を大きくするに従って反応率は増大している。Girdler触媒は混合モル比が3を超えると反応率の増大はLinde触媒に比して少ないようである[4]。

⑥ 反応ガス圧力対反応率特性

図12は反応ガス圧力（反応器入り口ガス圧力）と反応率との関係を表したものである。双方の触媒とも，反応ガス圧力の増大とともに反応率は直線的にわずかながら低下している。しかし低下の度合いは少なく，反応器圧力のわずかな変動に対し，反応率の変化は無視し得るといえよう。

(5) システム構成例

図13にシステム構成例および物質収支を示す。紙面の都合で説明は省略しているが，本図から多くの情報が読み取れよう。

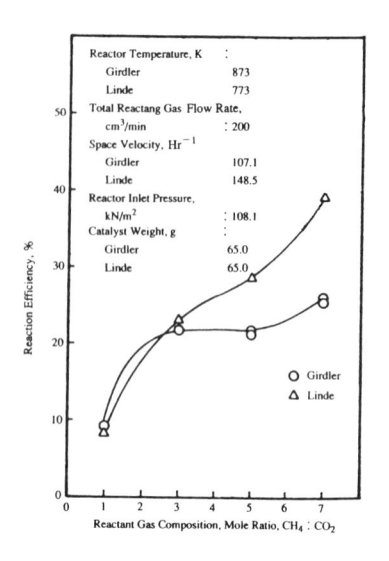

図11 REACTION EFFICIENCIES OF GIRDLER AND LINDE CATALYSTS VERSUS REACTANT GAS COMPOSITION [4]

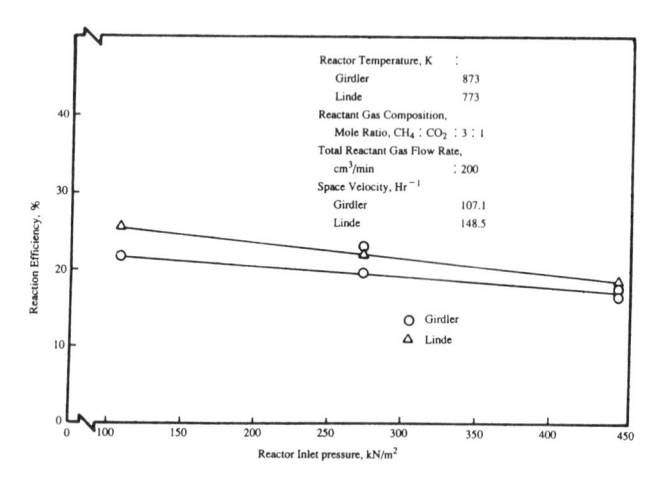

図12 REACTION EFFICIENCIES OF GIRDLER AND LINDE CATALYSTS VERSUS REACTOR INLET PRESSURE [4]

第15章 直接分解

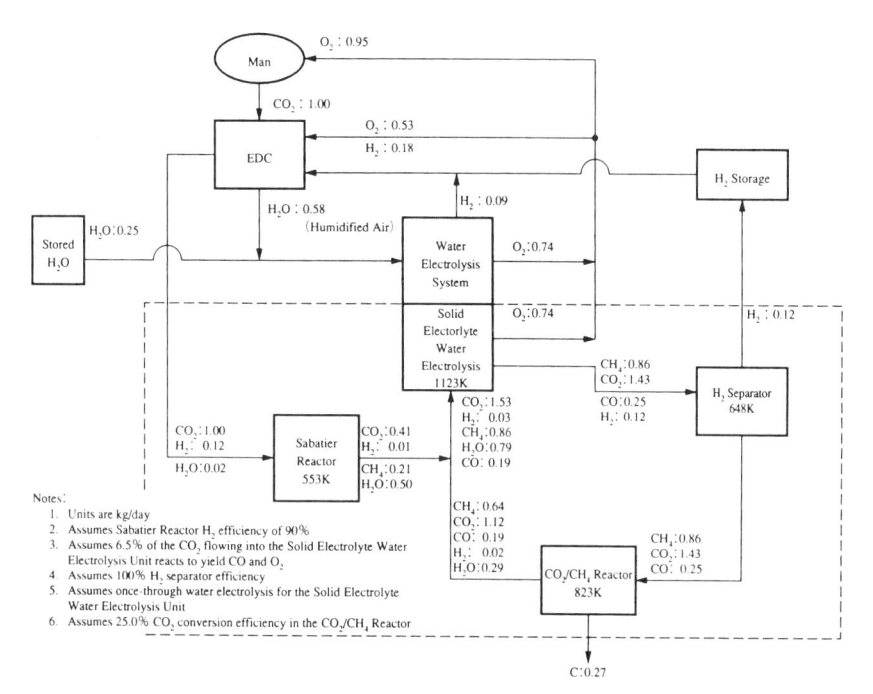

図13 システム構成例および物質収支 [4]

2.5 バイオマスエネルギーを利用した CO_2 固定化技術について [5]

(1) CO_2 固定実用化の課題

わが国でも過去10年以上の長きにわたり，多くの研究者，研究機関，企業がCO_2固定化研究に取り組み，優れた研究成果も数多く発表されているものの，CO_2固定化技術はまだ実用化のレベルには達していない。これは固定化技術が格段に難しい技術であること，固定化コストがあまりにも高いこと，世の中に抵抗なく受け入れられる固定化コンセプトが提案できていないことにあると考える。

(2) バイオマスエネルギー利用 CO_2 固定化システム

化学的CO_2固定化の一つの試みとして食品，紙パルプ等の製造工程で発生する有機性廃棄物を嫌気性発酵（メタン発酵）させ，そのとき発生するCH_4ガス（体積比で約70％）とCO_2（約30％）の全ての炭素成分を，触媒により炭素と水に変換しようとする研究が試みられている。図14にこのシステムの概念を示す。トータルの反応式は以下の通りである。

CO_2固定化・隔離の最新技術

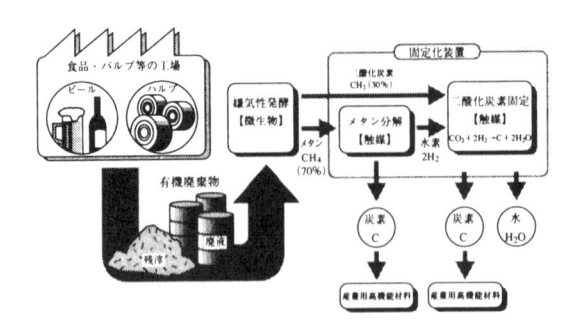

図14　バイオマスエネルギー利用CO_2固定化システム概念図[5]

$$CH_4 \longrightarrow C + 2H_2 + 90.1 kJ/mol \qquad (5)$$
$$CO_2 + 2H_2 \longrightarrow C + 2H_2O - 96.0 kJ/mol \qquad (6)$$
$$CO_2 + CH_4 \longrightarrow 2C + 2H_2O - 5.9 kJ/mol \qquad (7)$$

上式から明らかなように，メタン分解時CH_4 1モル当たり90.1kJの分解熱が必要であるが，一方CO_2を水素雰囲気のもとで還元させたとき，CO_2 1モル当たり96.0kJの反応熱が発生するので，メタン分解と二酸化炭素還元をうまく組み合わせてシステムを構成し，熱の授受を工夫してやれば，外部からの少ない熱補給でCO_2を固定化することができることを意味している。

(3) システムの物質およびエネルギー収支

図15に物質およびエネルギー収支をもとにした「バイオマスエネルギー利用CO_2固定化シス

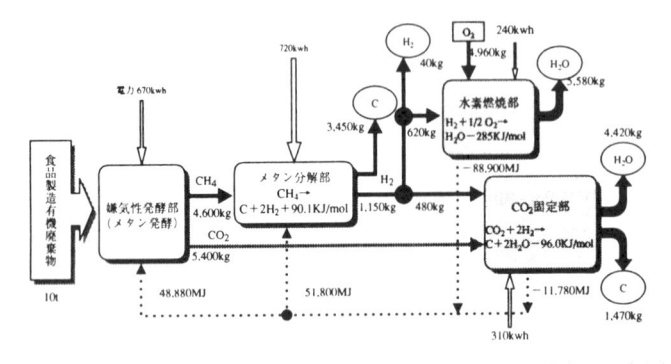

(上記価は1日あたりのもの)

図15　物質およびエネルギー収支をもとにした二酸化炭素固定システムの構成例[5]

第15章　直接分解

テム」の構成例を示す。本システムにより，10トンの有機性廃棄物が，約5トンの炭素と約10トンの水と，若干の余剰水素（約40kg）に連続的に変換される。

CH_4分解に必要な熱量は，CO_2固定部からの反応熱と水素燃焼部からの燃焼熱でまかなわれ，外部からの熱供給は不要としている。

システム運転のため約1,700kWhの電力（ガス供給，循環ポンプ駆動用他）が必要であるが，系統からの熱放散をおさえ，触媒性能を向上させることにより，余剰水素が増え，電力消費をかなり減らし得るものと考える。

(4)　本システムの特徴および期待される効果

本システムの特徴は
1)　CO_2固定化に要する熱源は，メタンガスの有する潜在的エネルギーが利用できるのでCO_2固定化コストを大幅に低減することが期待できる。
2)　CO_2固定化により生成する炭素が有用資源として工業的に利用可能である。
3)　本システムは，食品，紙パルプ等の製造工程に組み込まれ設置できる。

本システムにより，食品，紙パルプ等の製造工程で排出される年間約700万トンの有機性廃棄物から，炭素換算約300万トンのCO_2が固定化できる。これは日本のCO_2削減目標の1％に相当する。

2.6　おわりに

前段でNASA技術の一端を紹介した。紙面の都合で十分言い尽くせないところがあるが，関連文献を参照いただきたい。後段で紹介したバイオマスエネルギーを利用したCO_2固定化技術研究の試みは緒についたばかりであるが，幸い内外の多くの関心と期待が寄せられている。実用化まで更なる検討，評価が必要である。本研究は，財団法人地球環境産業技術研究機構（RITE）の地球環境保全関係産業技術開発促進事業（通商産業省補助事業）の一環として実施されているものである。おわりにあたり，本研究を進めている社内共同研究者各位，研究支援をいただいているRITEおよび山口専務理事並びに熱心にご指導いただいている京都大学乾名誉教授，大分大学滝田教授，千葉大学袖澤助教授の諸氏に深く感謝する次第である。

文　　献

1)　SAE 851343, Comparison of CO_2 Reduction Process-Bosch and Sabatier, L.Spina and M.C.Lee, Fifteenth

CO$_2$固定化・隔離の最新技術

Intersociety Conference on Environmental Systems San Francisco ,California July 15-17,1985
2) NASA CR-1458,ADE-OFF STUDY AND CONCEPTUAL DESIGNS OF REGENERATATIVE ADVANCED INTEGRATED LIFE SUPPORT SYSTEMS(AILSS)
3) Peter Eckart, LIFE SUPPORT & BIOSPHERICS, Fundamental Technologies Applications, Herbert Utz Publishers
4) NASA-CR-143890,EVALUATION AND CHARACTERIZATION OF THE METHANE-CARBON DIOXIDE DECOMPOSITION REACTION Final Report,20 Jun. 1974-19 Jun. 1975(Life Systems,Inc.)
5) 加藤三郎,バイオマスエネルギー利用二酸化炭素固定化について,月刊エコインダストリー,Apr. 4. 1999,シーエムシー

第16章 触媒水素化

1 CO_2の接触水素化によるメタノール合成
― NIRE/RITE 共同研究を中心にして ―

斉藤昌弘[*]

1.1 はじめに

CO_2の接触水素化反応については、触媒や反応条件の適当な選択により、図1に示すような種々の燃料や基礎化学品を合成できる可能性があるので、多くの研究が行われてきている。とくに、メタノール合成については、他の化学品の合成に比べて非常に多くの研究開発が行われてきている[1]。筆者らも、メタノール合成について、平成2年から(財)地球環境産業技術研究機構(通称RITE)と共同で研究開発を行っている。本稿では、はじめに、CO_2の水素化反応によるメタノール合成

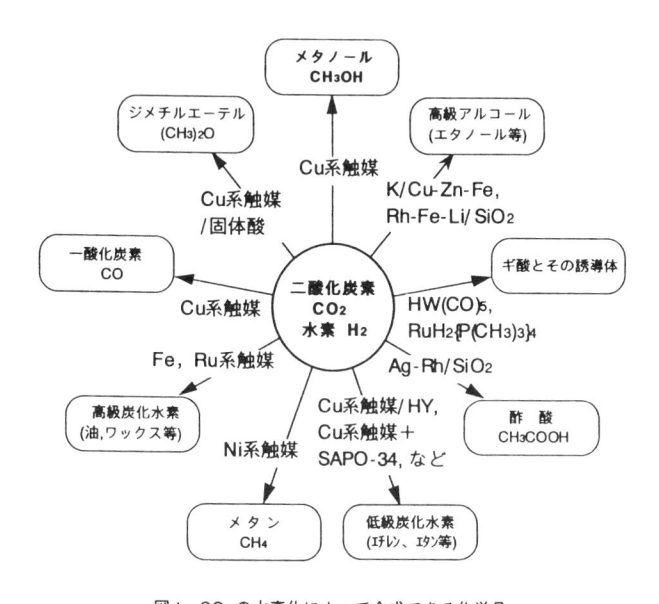

図1 CO_2の水素化によって合成できる化学品

* Masahiro Saito 資源環境技術総合研究所 温暖化物質循環制御部 主任研究官

の特徴や意義，メタノール合成反応の概要を述べ，次いで，筆者らの共同研究開発の研究内容，主要な成果の概要を紹介する。

1.2 メタノール合成の特徴や意義[1-3]

ここでは，CO_2の水素化によるメタノール合成の特徴や意義について，主に筆者の私見を述べる。

① 水素の使用

CO_2と反応させる物質として，最も簡単な物質の一つである水素を用いることが最大の特徴である。水素は，地球上に大量に存在する水から製造することができるので，将来も水素源に困ることはないと思われる。

現在，水素は，主に，石油や天然ガスなどの化石燃料を水蒸気などと反応させる方法により製造されている。これは，現在，最も安価な方法であり，石油精製・化学工業などで行われているが，必ずCO_2を副生するので，このような方法で製造された水素をCO_2の水素化に用いても，地球温暖化防止の観点からは意味がない。したがって，水の電気分解，水の光分解，バイオマスからの水素製造など，CO_2の排出を伴わないあるいはCO_2排出量の少ない方法で製造された水素を用いる必要がある。水の電気分解に用いる電力も，化石燃料を用いる火力発電で得られたものでは意味がないので，太陽熱発電，太陽光発電，水力発電などの非化石エネルギー由来の電力を用いる必要がある。化石燃料を用いない方法で製造される水素は，現時点では，かなり高価になるが，研究開発の進展によっては，将来は，より安価になるものと期待される。また，炭化水素の脱水素反応プロセスなどからの余剰水素を使用することもできると考えられる。

上に述べたように，CO_2の水素化によるメタノール合成では，水素が重要な鍵を握っているので，この反応は，CO_2の固定化ということもできるが，水素の固定化あるいは形態変換と考えることもできると筆者は考えている。

② エネルギー変換・輸送システムの構築が可能

①でも述べたように，CO_2の排出を抑制するには，CO_2を排出しない太陽エネルギーなどの非化石エネルギーを使用することが理想的であるが，CO_2の接触水素化を利用して海外の自然エネルギー等を輸送しようというシステム（図2，後述のプロジェクトの全体システム）が提案されている。国土の狭い日本では，自然エネルギーを大量に得ることは難しいので，海外の砂漠等で太陽熱発電や太陽光発電により得られた電力や海外の水力発電所の余剰電力などを利用して，現地で水の電気分解を行って水素を製造する。得られた水素を日本から輸送したCO_2と反応させてメタノールを製造し，それを日本に返送しようというものである。すなわち，自然エネルギー等の変換・輸送システムができることになる。RITEの試算によると，このシステムにおいて，メタ

第16章 触媒水素化

ノールを燃料電池／複合発電システム（効率約60％）により電力に変換すると，海外で得られた電力の約35％が日本で使用できることになるといわれている．即ち，このシステムは非化石エネルギー由来の電力の変換・固定化システムであり，CO_2の水素化によるメタノール合成は水素の変換・固定化としての役割を果たしていることになる．もちろん，このシステムは，水の電気分解以外の方法で得られた水素にも適用できるものである．ちなみに，図2のシステムにおいて太陽エネルギーを用いる場合は，太陽をエネルギー源としてCO_2と水からメタノールを合成していることになるので，多段階の人口光合成システムとみることもできよう．

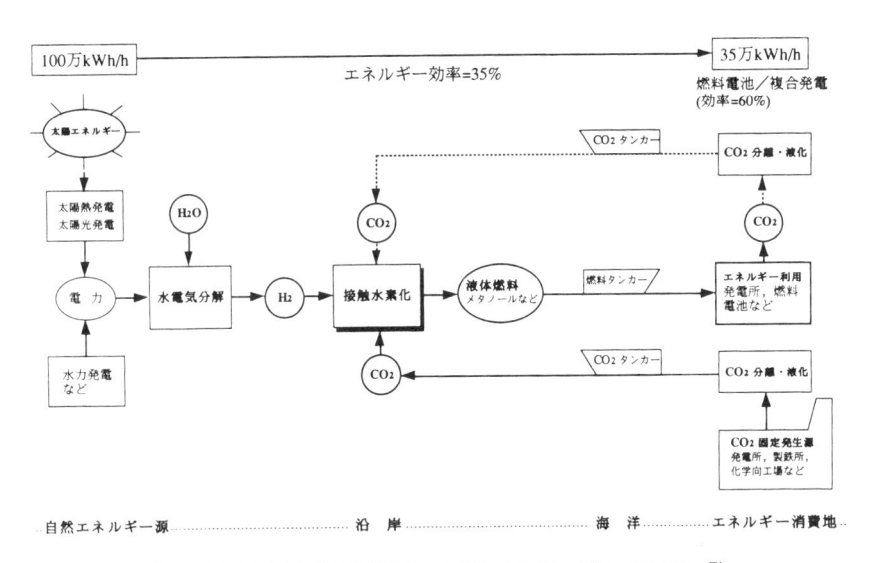

図2 接触水素化反応利用二酸化炭素固定化・有効利用全体システムの一例
（二酸化炭素水素化反応利用水素エネルギー変換・輸送システムの一例）
点線は，メタノールを使用した後に発生するCO_2を分離回収する場合の工程

③ メタノールの広い用途

メタノールの主な用途を，将来の可能性も含めて，図3に示す．メタノールは，現在，主に有用化学品の原料として使用されているが，将来は，発電，燃料電池，自動車などのエネルギー分野でも広く使用されることになり，メタノールの需要が急増するという予測がある．そのような予測から，脱水素反応プロセスなどからの余剰水素とCO_2との反応によるメタノール合成が検討されているようである．

CO$_2$固定化・隔離の最新技術

気体／液体燃料

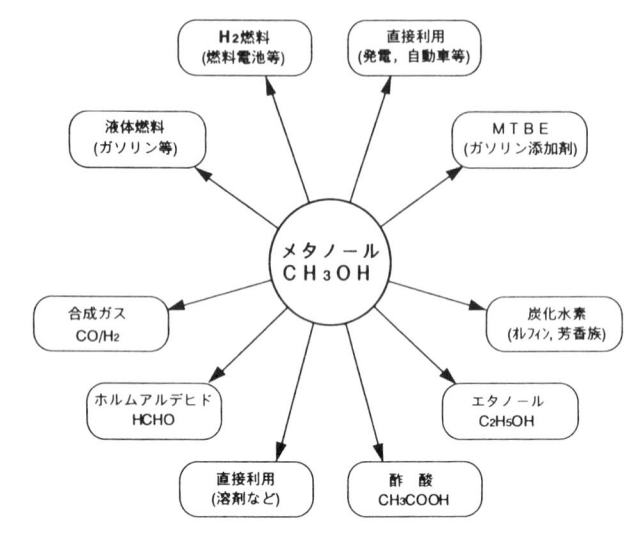

```
          H₂燃料              直接利用
        (燃料電池等)          (発電, 自動車等)

  液体燃料                            MTBE
 (ガソリン等)                      (ガソリン添加剤)

                メタノール
                 CH₃OH

  合成ガス                            炭化水素
   CO/H₂                         (オレフィン, 芳香族)

 ホルムアルデヒド                      エタノール
    HCHO                            C₂H₅OH

         直接利用              酢 酸
        (溶剤など)           CH₃COOH
```

化 学 製 品

図3 メタノールの主な用途（将来の可能性も含めて）

④ 現行のメタノール合成技術の適用が容易

メタノール合成は，既に，天然ガスから合成ガス（COとH$_2$の混合ガス，ただし，メタノール合成では，少量のCO$_2$を含む）を経由して工業的に製造されているので，その技術をCO$_2$の水素化によるメタノール合成に適用することはそれほど難しいことではないと考えられる。しかし，1.3項で述べるように，原料ガス中のCO$_2$濃度が上昇すると，生成物中の水の量が増加するために，現行のメタノール合成用触媒では，耐久性が十分ではなく実用的とは言えないので，実用プロセスの構築のためには，新たな高性能触媒の開発が必要である。

1.3 メタノール合成反応の概要[1-5]

(1) 熱力学的考察

CO$_2$の水素化によるメタノール合成において起こる主な反応は，次の3つの式で表すことができるといわれている（ただし，(3) の反応はCu系触媒では起こらないと考えられている）。

$$CO_2 + 3H_2 = CH_3OH + H_2O \quad (1) \qquad \triangle H^0_{523} = -58.4 \text{ kJ/mol}$$

$$CO_2 + H_2 = CO + H_2 \quad (2) \qquad \triangle H^0_{523} = +39.6 \text{ kJ/mol}$$

$$CO + 2H_2 = CH_3OH \quad (3) \qquad \triangle H^0_{523} = -98.0 \text{ kJ/mol}$$

第16章 触媒水素化

(1) 式と (2) 式がともに平衡になるとき ((3) 式も平衡になる) のメタノール収率およびCO収率は図4に示す通りであり，低温，高圧ほどメタノール収率は高くなる。また，原料ガス中のCO_2濃度が増加する（CO濃度が減少する）につれて，反応平衡におけるメタノール収率は減少し，水の収率は増加する（図5参照）。後述するが，CO_2の水素化では，水の生成量が多くなるということが最大の問題である。反応熱は，CO_2濃度の増加とともに減少することになる。

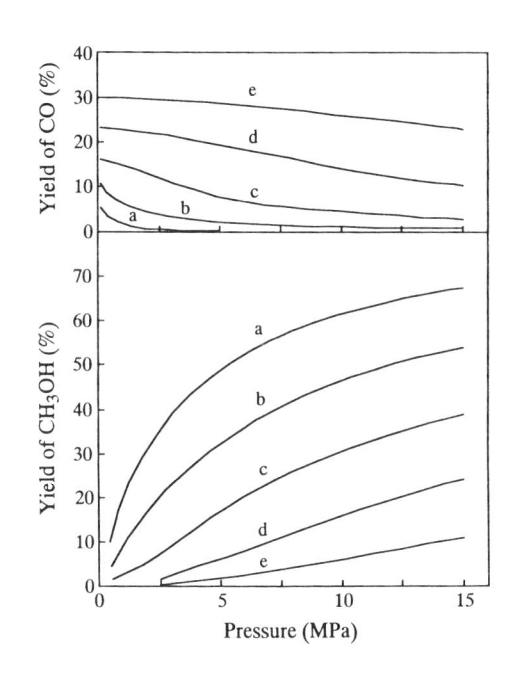

図4 CO_2の水素化反応において式 (1) および (2) が平衡になったときのメタノールおよびCOの平衡収率に及ぼす反応条件の影響（a：150℃，b：200℃，c：250℃，d：300℃，e：350℃）
$CO_2 + 3H_2 = CH_3OH + H_2O$ (1), $CO_2 + H_2 = CO + H_2O$ (2)

(2) メタノール合成用触媒

メタノール合成用触媒の研究動向については，筆者が既に総説として発表しているので[1,5]，ここでは，その概要だけを述べる。これまでに検討された触媒は，Cu/ZnO系触媒が非常に多く，次いでPd系触媒である。その他に，Ag系，Pd以外の貴金属系触媒も検討されている。実用的には，Cu/ZnO系触媒が有利と考えられており，その改良（種々の物質の添加による修飾など）が行われてきている。筆者らもCu/ZnO系触媒の改良を行っているが，その成果は，1.4項に述べる通りで

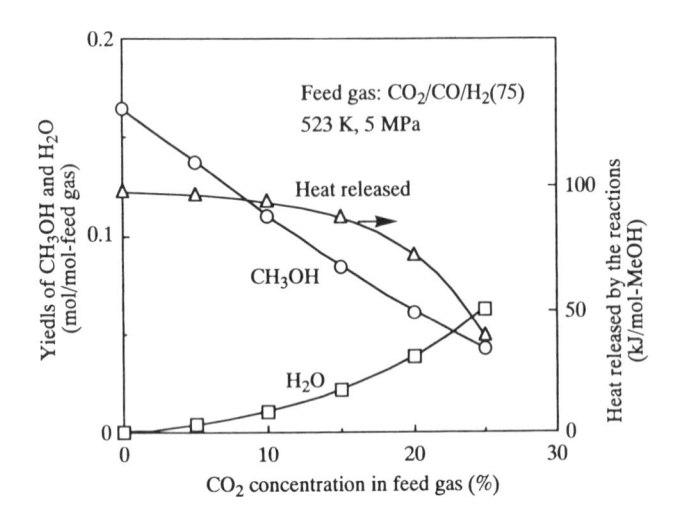

図5 メタノール／水の平衡収率および反応熱に及ぼす原料ガス中のCO_2濃度の影響

ある。

(3) Cu／ZnO系触媒上での反応経路と反応機構

実用的な触媒であるCu/ZnO系触媒上でのメタノール合成経路についてまとめておく。図6に，メタノール収率と1/SVの関係を示すが，これから，(1) 式の反応と (2) 式の反応が同時に進行し，メタノールとCOが生成することがわかる。(3)式の反応は起こらないと考えられている。また，CO収率は，最高値を示した（この時 (2) 式は平衡になる）後，(2) 式の平衡を維持したまま減少する。

また，図7に示すように，メタノール生成速度は，水により大きく低下することがわかる。そのために，CO_2の水素化によるメタノール合成では，図6に示したように，1/SVが大きくなるにつれてメタノール生成速度（メタノール収率と 1/SV との関係を示す曲線の接線）が減少してくる。一方，合成ガスからのメタノール合成では，水の生成量が少ないために，メタノール生成速度がそれほど減少しない。

これらの結果から，Cu/ZnO系触媒上でのメタノール合成の経路は，CO_2含有量の高い原料ガスからのメタノール合成では，(1) 式の反応よりメタノールが，(2) 式の反応によりCOが並行的に生成する。(2) 式の反応の方が先に平衡になり，メタノール合成は水による阻害のために，1/SVの増加に伴いメタノール生成速度が低下する。一方，現行のメタノール合成のように，CO含有量が高く，CO_2含有量が低い原料ガスからのメタノール合成では，(1) 式によるメタノール

第16章 触媒水素化

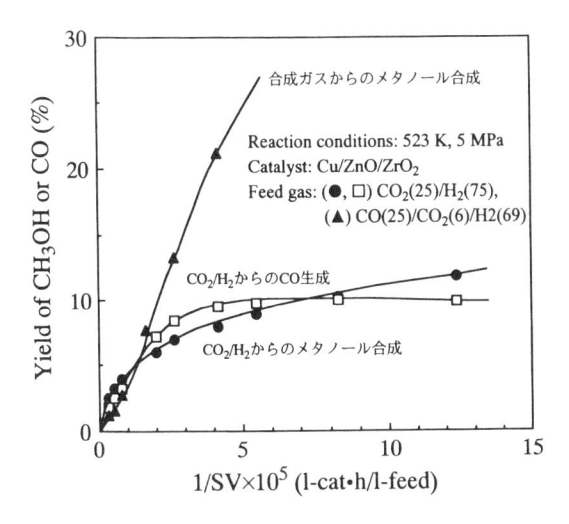

図6 メタノール収率（●，▲）および CO 収率（□）に及ぼす 1/SV（接触時間）の影響

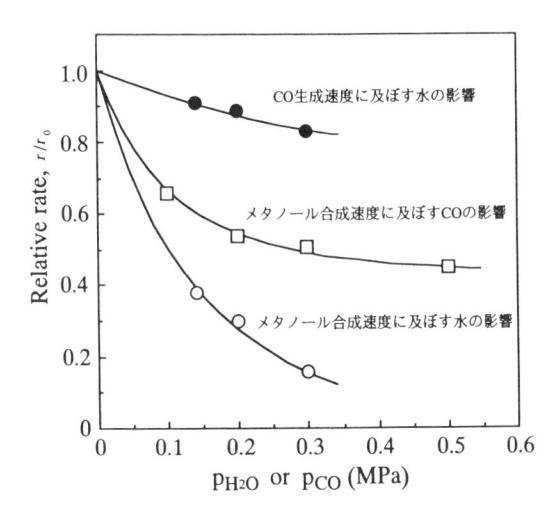

Reaction conditions: 523 K, 5 MPa
Catalyst: Cu/ZnO/ZrO$_2$
Feed gas: (●, □) CO$_2$(25)/H$_2$(75), (▲) CO(25)/CO$_2$(6)/H2(69)

図7 水（○）および CO（□）のメタノール合成速度に及ぼす影響および水（●）の CO 生成速度に及ぼす影響（r_0 および r は，それぞれ水あるいは CO を添加しない時および添加した時のメタノール合成速度あるいは CO 生成速度）
触媒：Cu/ZnO/ZrO$_2$，反応条件：温度 = 523K, SV = 180,000h^{-1},
圧力 = 5MPa（水添加），3.5MPa（CO 添加）

合成で生成した水と原料ガス中のCOとが，(2)式の逆反応によりCO_2と水素を生成し，さらに(1)式によりメタノールが合成される。そのため，反応系内の水の量は僅かであり，反応阻害も少ない。

Cu/ZnO系触媒上での反応機構についても，検討が進んできており，CuとZnからなる活性点の形成と，活性点上でフォーメイト吸着種，メトキシ吸着種を経て，メタノールが生成することが示唆されている。

1.4 NIRE/RITE共同研究開発の概要と主な成果 [4-9]

(1) 本プロジェクトの概要

本共同研究開発は，NEDOからの委託よりRITEが進めている「接触水素化反応利用二酸化炭素固定化・有効利用技術研究開発」（全体システムは，図1に示したものである）の主要な要素技術開発（CO_2の膜分離技術，水の電気分解による水素製造技術，CO_2の接触水素化反応技術）の一つである。各要素技術の開発は，RITEと3つの国立研究所（物質研，大工研，資環研）との間の共同研究により行われているが，筆者らのグループは，CO_2の接触水素化反応技術の開発を担当している。この水素化反応において重要な点は，反応速度および選択性の高いことであり，メタン合成およびメタノール合成が適している。当グループでは，燃料や化学品としての重要性，取り扱いや輸送の容易さ，将来性などを考慮して，メタノール合成について研究開発を行っている。

本共同研究開発では，表面科学的手法や計算機による反応機構の研究，実用的なメタノール合成用触媒の開発研究，気相・液相メタノール合成プロセスの研究など基礎的なものから実用的なものまで，かなり幅広い研究を行っている。ここでは，実用的なメタノール合成用触媒の開発状況，ベンチプラントの運転状況などについて紹介する。

(2) 実用的なメタノール合成触媒の開発

まず，Cu/ZnO系触媒への他の金属酸化物の添加による触媒性能の向上を図った。その結果，図8に示すように，Al_2O_3, ZrO_2, Ga_2O_3 および Cr_2O_3 が触媒活性を向上することが見出された。図8で，各直線の傾きは，比活性（Cu表面積あたりの触媒活性）を示すので，上の酸化物の役割は次のように分類することができた。

・Al_2O_3, ZrO_2 ――Cu表面積（Cu分散度）の向上
・Ga_2O_3, Cr_2O_3 ――比活性の向上

次に，これらの酸化物の役割を考慮して，2～3の酸化物を含むCu/ZnO系多成分触媒を開発した。図9に示すように，多成分触媒（4成分触媒と5成分触媒）は，3成分触媒（Cu/ZnO/Al_2O_3），他の酸化物を含まないCu/ZnO触媒よりも，高活性であり，耐熱性も優れていることが明らかに

第16章　触媒水素化

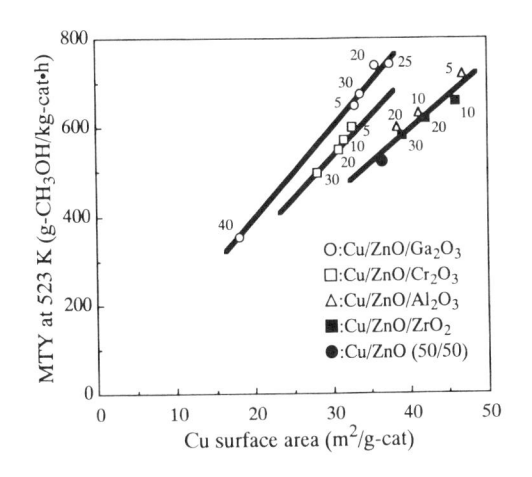

図8　種々のCu/ZnO系3成分触媒のメタノール合成活性とCu表面積との関係
触媒中のCu含有量は50wt%，金属酸化物含有量は図中に記載
反応条件：523K, 5MPa, H_2/CO_2 = 3, F/W = 18,000 ml-feed/g-cat・h

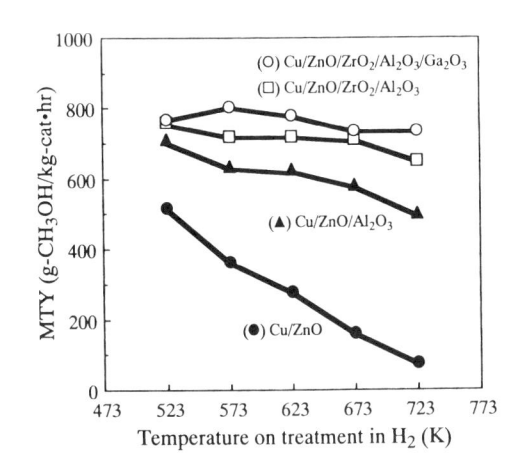

図9　Cu/ZnO系多成分触媒の活性に及ぼす水素前処理温度の影響
触媒：(○)Cu/ZnO/ZrO_2/Al_2O_3/Ga_2O_3, (□)Cu/ZnO/ZrO_2/Al_2O_3,
(▲)Cu(50)/ZnO(45)/Al_2O_3(5), (●)Cu(50)/ZnO(50)
反応条件は，図8と同じ

なった．

　また，実用触媒としては，長時間の反応における触媒活性の安定性が重要であるので，その改

善策を検討した。その結果,Cu/ZnO 系多成分触媒に少量のシリカを添加し,高温 (600℃程度)
で焼成することにより,図10および図11に示すように,触媒活性が長時間にわたり安定になる

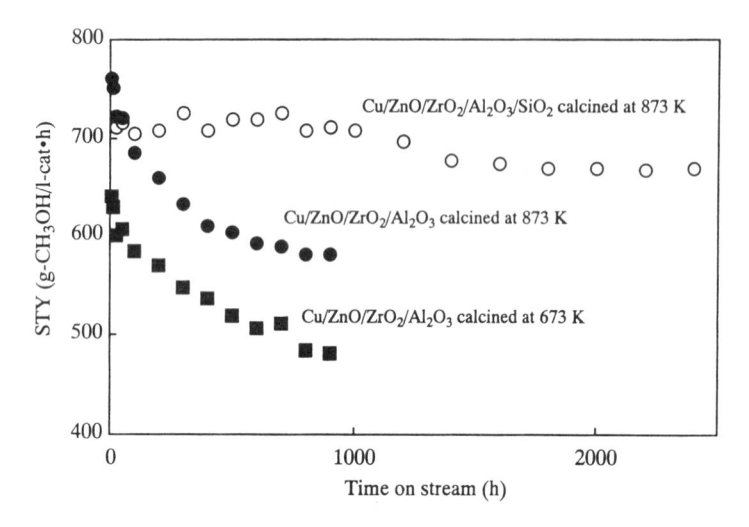

図10 Cu/ZnO 系触媒の活性の安定性に及ぼす少量の SiO_2 の添加効果
触媒:ビーカーで少量調製した触媒
反応条件:523K, 5MPa, $CO_2(22)/CO(3)/H_2(75)$, $SV = 10,000h^{-1}$

図11 少量のメタノールおよび水を添加した原料ガス(リサイクル反応装置での反応を考慮)からのメタ
ノール合成における開発触媒の安定性
触媒:工業的製法で数kg製造した触媒
反応条件:523K, 5MPa, $SV = 10,000h^{-1}$, $CO_2/CO/H_2 = 22/3/75$, CH_3OH分圧 = 11KPa, H_2O分圧 = 6KPa

第16章 触媒水素化

ことがわかった。これは，触媒の添加された少量のシリカが，触媒中の酸化物，とくに，酸化亜鉛が水（メタノールとともに（1）式により生成）により結晶化されるのを抑制する効果を示すためであることが明らかになった。

(3) ベンチプラントでのメタノール合成

図4に示したように，CO_2の水素化によるメタノール合成におけるメタノール平衡収率は，523 K，5 MPaの反応条件では，約17％である。大量の未反応ガスは，合成ガスからのメタノール合成でも行っているように，循環再使用する必要がある。

そこで，未反応ガスを循環できるベンチプラント（メタノール合成能力50 kg／日，フローシートを図12に，概観を写真1に示す）を設計・建設し，上記の開発触媒を用いてメタノール合成試験を行った。

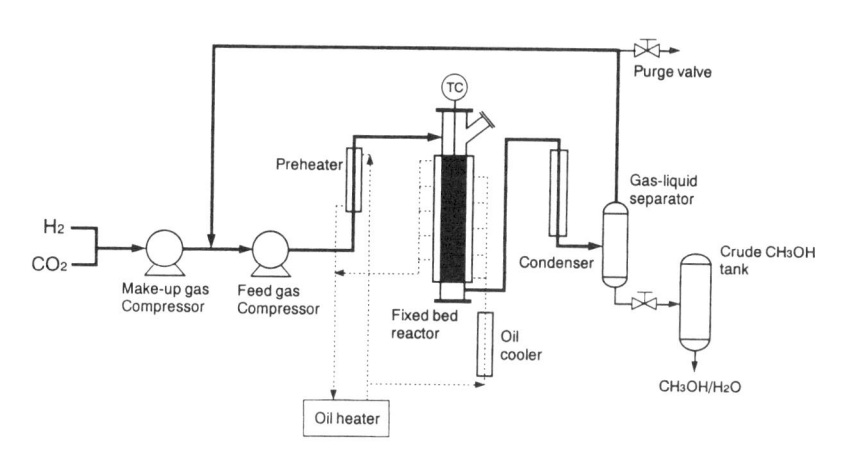

図12　ベンチプラント（メタノール合成能力 50kg/日）のフローシート
反応器：38.4mm ID×4m L，触媒充填量＝3l

ベンチプラントの運転は順調に行われ，運転中の触媒活性も安定であったので，メタノール合成の工業化基礎データの取得を行った。

反応生成物は，主に，メタノール，水，COであったが，その他に，メタン，エタン，ジメチルエーテル，ギ酸メチル，エタノール，プロパノールなどが生成したが，それらの量はごく僅かであり，メタノール合成の選択率は99.7％以上であった。データの一例として，図13に反応条件を変えた場合のメタノール生成量を示す。メタノール生成量は，反応温度および反応圧力が高く

なるにつれて増加する傾向があるが,反応温度260℃で最高値が得られた。さらに,ベンチプラントから取り出した粗メタノール(ベンチプラントからは,水との混合物が取り出されるが,これから,水を除いたもの)の純度は,表1に示すように,99.9％以上であり,現在,合成ガスから工業的に製造されている粗メタノールの純度よりも高いことが明らかになった。これは,反応器の入口における反応ガス中のCO(炭素数を増加させる反応に対して反応性が高い)濃度が,CO_2からのメタノール合成の場合の方が,合成ガスからのメタノール合成の場合に比べて低いためと考えらえる。

(4) **合成ガスからのメタノール合成との比較**

ここで,現行の合成ガスからのメタノール合成とCO_2の水素化によるメタノール合成との相違をまと

写真1 ベンチプラントの全景

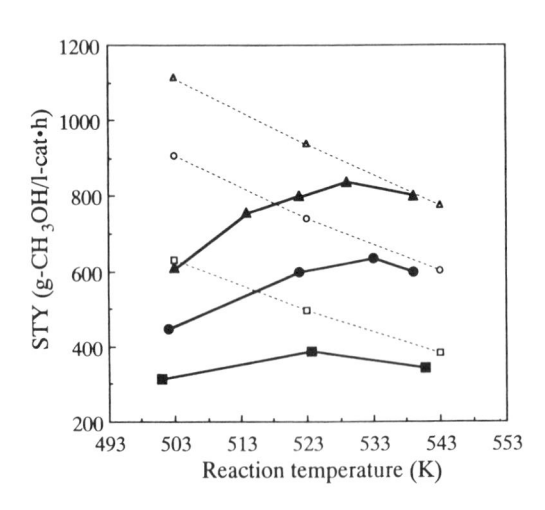

図13 ベンチプラントにおける開発触媒($Cu/ZnO/ZrO_2/AhO_3/SiO_2$)の活性
(破線は,平衡に達するとした時のSTY)
反応条件:圧力(△, ▲)=7MPa, (○, ●)=5MPa, (□, ■)=3MPa, SV=10,000h^{-1}

第16章 触媒水素化

表1 ベンチプラントにおいて CO_2/H_2 から製造されたメタノールの純度[a] と現行の商業プラントにおいて合成ガスから製造されたメタノールの純度[b] との比較

Compound		Composition	
		This work	Commercial plant
Methanol	CH_3OH	99.5wt%	99.59 wt%
Methyl formate	$HCOOCH_3$	460ppm	700ppm
Higher alcohols (C_2-C_4)	ROH	70ppm	530ppm
Hydrocarbons (C_6-C_{10})	C_nH_m	—	50ppm
Dimethyl ether	$(CH_3)_2O$	—	230ppm

a) Reaction conditions: catalyst=$Cu/ZnO/ZrO_2/Al_2O_3/SiO_2$, temperature=523K, total pressure=5 MPa, H_2/CO_2 ratio in the make-up gas=3.
b) cited from a booklet on ICI methanol synthesis catalyst.

めておく。

CO_2 の水素化によるメタノール合成の不利な点は、①メタノールの平衡収率が低い（図5）。②水が生成するため、メタノール合成速度が低下し、触媒の活性劣化が起こりやすい。有利な点は、①反応熱が小さいので、反応が制御しやすい。②副反応が少ないので、メタノール選択率が高くなる。

1.5 おわりに

以上、CO_2 の接触水素化反応によるメタノール合成について、筆者らの共同研究開発を中心に概説したが、本反応が、図2に示すような新しいエネルギーシステム等に利用されて、CO_2 の排出削減に少しでも貢献できることを強く期待している。

文　献

1) 斉藤昌弘, 触媒, 35, 485 (1993)
2) 斉藤昌弘ほか, 資源と環境, 3, 85 (1994)
3) 斉藤昌弘ほか, 資源と環境, 6, 421 (1997)
4) M. Saito, et al., *Appl. Catal. A: General*, 138, 311 (1996)
5) M. Saito, *Catal. Surveys from Jpn.*, 2, 175 (1998)
6) M. Saito, et al., *Catal. Today*, 45, 215 (1998)

7) M. Saito, *et al.*, "Greenhouse Gas Control Technologies", p.337, Elsevier Science Ltd., Oxford (1999)
8) K. Ushikoshi, *et al.*, *Stud. Surf. Sci. Catal.*, 114, 357 (1998)
9) K. Mori, *et al.*, "Greenhouse Gas Control Technologies", p.409, Elsevier Science Ltd., Oxford (1999)

2 エタノール,炭化水素合成

荒川裕則[*]

2.1 エタノール合成
2.1.1 はじめに

エタノールは飲食料品として使用されるほか,有機溶剤や化学原料として重要な基礎化学品である。またエタノールは簡単な脱水反応により容易に重要基礎化学品であるエチレンに変換できるので,石油代替エチレン合成ルートの原料としても戦略的に重要である。メタノールに比べ高価で販売価格は約3倍である。発酵法で製造されるエタノールの他に,現在年間約10万トンの合成アルコールが式 (1) で示すリン酸系触媒を用いたエチレンの水和反応で合成されている。

$$CH_2=CH_2+H_2O-(リン酸触媒) \longrightarrow CH_3CH_2OH \qquad (1)$$

非石油化学法によるエタノールの合成法としては式 (2) に示す合成ガス (H_2/CO) からの製造法が過去に検討されている。現在経済的な理由で実用化には至っていないが,原油価格の高騰時に通産省の大型プロジェクト「C1化学プロジェクト」において製造法が検討され,優れた触媒プロセスが開発されている。

$$2CO+4H_2-(触媒) \longrightarrow CH_3CH_2OH+H_2O \qquad (2)$$

固体触媒ではRh系の触媒が検討されエタノール選択率50％以上の高選択的触媒が開発されている[1]。錯体触媒を用いた液相直接合成法も検討され,Ru-ホスフィン系触媒で高収率を得ることができる[2]。

一方,二酸化炭素の接触水素化によるエタノール合成の研究例は少ない。(3)式に示すように水が大量に副生するので,合成ガスからのエタノール合成よりも経済性は低いからであろう。しかし,時代が変わり排出された二酸化炭素の再資源化という観点や,炭素循環プロセスの構築あるいは光合成プロセスの人工的な実現という観点からも,改めて検討すべき興味ある反応である。

$$2CO_2+6H_2-(触媒) \longrightarrow CH_3CH_2OH+3H_2O \qquad (3)$$

少ない過去の研究例を拾ってみると以下のようなものが報告されている。1940年代の古い日本特許にバッチ式反応で二酸化炭素と水素の混合ガスをMn-Fe-Cd-Cu複合酸化物触媒の存在下高温 (400℃),高圧 (150気圧) で反応させるとエタノール,プロパノール,ブタノール等の混合アルコールが生成することが報告されている[3]。また比較的新しい研究例としてはKCl/Mo/SiO_2触媒で二酸化炭素の接触水素化によりエタノール,プロパノールが生成することが報告されている[4]。この触媒は合成ガスからのアルコール合成にも活性であることから二酸化炭素から一酸化炭素を経由して反応が進むものと考えられる。また合成ガスからの炭化水素合成でもエタノールが副生

---

[*] Hironori Arakawa 工業技術院 物質工学工業技術研究所 基礎部

することが知られている[5]。二酸化炭素の接触水素化によるエタノール合成用触媒を設計する上から，これらの報告は参考になろう。

さて，二酸化炭素の接触水素化によるエタノール合成反応を設計するためには，この反応が熱力学的にどの程度可能かどうかを調べておく必要がある。図1は，$H_2/CO_2=3/1$，反応圧力10〜200kg/cm^2，反応温度150〜450℃の条件でのエタノール平衡収率を示している。ただし，炭素含有生成物としてはエタノールと一酸化炭素を想定している。図1から明らかなように，反応圧力が高いほど，また反応温度が低いほどエタノールの生成に有利である。ちなみに反応圧力10kg/cm^2，反応温度250℃の反応条件では約60％の選択率でエタノールが生成することになる。いずれにしても熱力学的には二酸化炭素からエタノールの合成は十分に可能な反応であることが言える。

上述したように二酸化炭素の接触水素化によるエタノール合成の研究例は国内外においても極めて少ない。ここでは最近の研究例を紹介する。

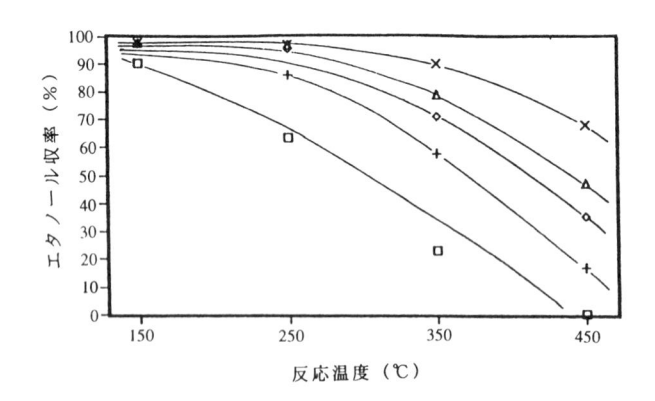

図1　CO_2とH_2からのエタノール合成の平衡収率
□…10kg/cm^2，＋…40kg/cm^2，◇…70kg/cm^2
△…100kg/cm^2，×…200kg/cm^2
$H_2/CO_2=3/1$，生成物はエタノールとCOの場合

2.1.2　鉄-カリウム系固体触媒によるエタノールの高収率合成

エタノール合成の反応機構を考えた場合，可能性ある反応ルートとして二酸化炭素から一酸化炭素への変換過程（4）と，それに続く一酸化炭素の水素化によるエタノール合成過程（5）を組み合わせた反応が考えられる。そこで(4)，(5)式を進行させる触媒を選べば良いことになる。

$$CO_2 + H_2 -（触媒A）\longrightarrow CO + H_2O（逆シフト反応） \quad (4)$$

$$2CO + 4H_2 -（触媒B）\longrightarrow CH_3C_2HOH + H_2O（合成ガス反応） \quad (5)$$

第16章 触媒水素化

図2には,逆シフト反応の触媒となるK/CuO-ZnO, Pt/SiO$_2$, 酸化鉄FeOxの3つの触媒の反応圧力70kg/cm^2, H$_2$/CO$_2$=3/1, ガス流速=70ml/minの条件でのCO収率の反応温度効果を示す。反応前に触媒は水素還元を行う。300℃以上ではK/CuO-ZnO(Kは複合酸化物に担時)やPt/SiO$_2$触媒がCOへの収率が高いことがわかる。表1の上段には還元したK-CuO-ZnO触媒とFeOx触媒を用いた350℃での反応結果を示す。COへの選択率も90%以上と高い。次に逆シフト反応に有効で,かつ合成ガス反応(5式)にも有効であると考えられる鉄系のFe-K触媒について二酸化炭素の接触水素化を検討した[6,7]。図3はFe-K触媒を用いた反応の生成物選択性の反応温度依存性を示す。250℃前後の低温では,COが主生成物であるが,反応温度が高くなるにつれてCOが減少し,炭化水素やアルコールが生成するようになる。すなわち,予想されたように,炭化水素やアルコール生成の中間体としてまず,COが生成する反応機構を示している。反応温度350℃ではエタノールが約7%の選択率で生成した。Cu-Zn-Fe触媒,Cu-Zn-Fe-K触媒を用いた結果を表1の下段に示す。触媒は,炭酸カリウム,水酸化鉄,水酸化銅,水酸化亜鉛等を混合して練り込んだ後,焼成,水素還元処理を行った複合酸化物触媒である(混練法触媒)。エタノールが約10%程度の選択率で生成することがわかる。最も好ましい触媒はCu-Zn-Fe-K触媒であった。そこで,触媒の調整法や組成,反応条件を最適化するとエタノール収率はさらに向上した。表2にその結果を示す。共沈法で調製したCu-Zn-Fe複合酸化物に炭酸カリウムを担持した触媒(K/Cu-Zn-Fe触媒)では,CO$_2$転化率約45%,エタノール選択率20%を達成した[8]。

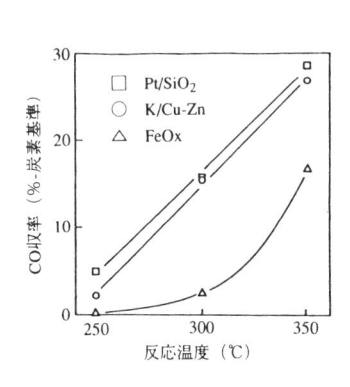

図2 3つの触媒における逆シフト反応の性能
反応条件:反応圧力 = 70kg/cm^2, ガス流速 = 70ml/min., H$_2$/CO$_2$ = 3/1

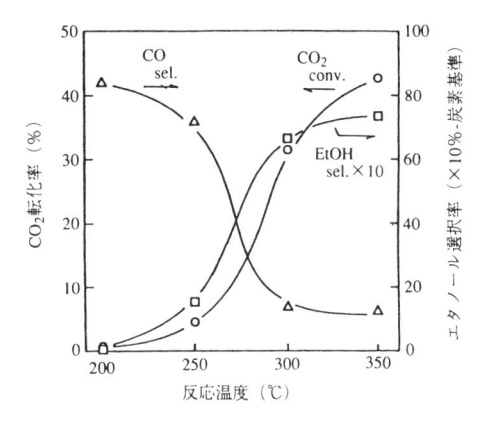

図3 鉄-カリウム(Fe-K)触媒によるCO$_2$の接触水素化反応の反応温度依存性

表1 逆シフト用触媒と鉄-カリウム系触媒によるCO_2の接触水素化反応

成分元素	原子比	CO_2転化率%	選択率 %C-base					
			CO	MeOH	EtOH	C_3+OH*a	CH_4	C_2~C_5HC*b
Cu-Zn-K	1-2-0.4	28.4	94.8	5.1	0.1	0.0	tr	0.0
Fe		18.2	92.5	3.5	0.4	0.3	2.4	0.8
Fe-K	1-0.1	42.6	12.3	0.1	7.3	4.4	16.4	28.7
Cu-Zn-Fe(混練)	1-2-1	36.5	15.4	1.2	7.5	2.0	27.8	44.6
Cu-Zn-Fe-K(混練)	1-2-1-0.4	45.4	8.9	0.6	11.9	7.3	15.5	28.7

cat. 1.0g temp. 350℃ Press. 7.0MPa
gas CO_2/H_2=1/3, 90ml/min
*a C_3およびC_4アルコールの直鎖,分岐アルコールの合計
*b C_2~C_5炭化水素の合計

表2 K/Cu-Zn-Fe複合酸化物触媒によるCO_2からのエタノール合成

鉄-カリウム系複合酸化物触媒の組成原子比(K/Cu-Zn-Fe)	CO_2転化率(%)	生成物選択率(炭素基準%)						
		CO	MeOH	EtOH	C_3^+-OH	CH_4	C_2~C_5 H.C.	その他
K/Fe (0.4 /0-0-2)	32.7	11.9	0.2	6.5	4.3	13.4	29.3	34.3
K/Cu-Zn-Fe (0.4 /1-2-1)	39.0	8.7	1.9	13.2	6.2	12.4	21.6	36.0
K/Cu-Zn-Fe (0.04/1-1-2)	42.3	7.1	2.3	17.7	4.6	13.0	31.7	23.6
K/Cu-Zn-Fe (0.08/1-1-3)	44.4	5.9	2.0	19.5	5.5	13.6	32.5	21.0

反応条件:触媒1g,反応圧力=7MPa,ガス流速=90ml/min.,ガス組成H_2/CO_2=3/1,反応温度=300℃,MeOH:メタノール,EtOH:エタノール,C_3-OH:プロパノールとブタノール,C_2-C_5H.C.:C_2からC_5までの炭化水素,その他:C_6以上の高級炭化水素と少量の含酸素化合物

本触媒系の特徴はCO_2転化率が高く,エタノール収率が高いことである。例えば,反応温度300℃,反応圧力70kg/cm^2,ガス空間速度(GHSV)=20000/hの場合エタノールの空時収率(STY)は270g/L-cat.hを得ることができる。上述したように,現在発酵法以外のエタノールはリン酸系触媒を用いたエチレンの水和反応で合成されている。その反応のエタノール選択率は高く99%程度であるが,エチレンの一段転化率は4~6%と低い。すなわちエタノール収率はエチレン基準で約4~6%となる。一方,炭酸ガスからのエタノール合成の収率は炭酸ガス基準で約8%と高く,STYも上述したように高い結果を得ている。乾らは,K/Cu-Zn-Fe系触媒をさらに改良したFe-Cu-Zn-Al-K系触媒でエタノール合成を検討し,反応温度330℃,反応圧力80kg/cm^2,GHSV=2000/hでエタノールの空時収量476g/L-cat.hを達成している[9]。本触媒系の弱点はエタノールの選択率が低いことである。生成物の約50%以上がメタン,エタン等の炭化水素である。エタノール選択率をどの程度まで向上できるかが今後の課題となろう。二酸化炭素の接触水素化反応が合成ガス反応のような炭素数1個の表面中間体の連鎖成長で進行するとすれば,シュルツ・フローリーの重合モ

第16章　触媒水素化

デル式による理論的な炭素数2個の化合物（エタン，エチレン，エタノール等）の選択率は最高で約30％程度である。精密な触媒設計によりエタノール選択率がどの程度までこの値に近づけるか興味深い。

2.1.3 ロジウム系固体触媒によるエタノールの高選択的合成

鉄-カリウム系触媒の検討からも明らかなようにCO_2からのエタノール合成はCOを経由して生成することが強く示唆されることから，合成ガス反応でエタノールや酢酸等の炭素数が2個の含酸素化合物を高い選択率で得ることができるシリカ担持ロジウム（Rh/SiO_2）系触媒でもエタノールの合成が考えられる。Rh触媒の特徴は表面CH_3基に対する高いCO挿入能を有することであり，その結果炭素数2個の化合物合成に特異な能力を発揮する。

表3に1wt％Rh/SiO_2触媒と5wt％Rh/SiO_2触媒によるCO_2の接触水素化反応の結果を示す。触媒は$RhCl_3 \cdot 3H_2O$などのRh塩をシリカに含浸担持し，乾燥の後水素還元処理を行ったものである。5wt％Rh/SiO_2触媒では予想に反して含酸素化合物は，ほとんど生成せずほとんどがメタンであった。COの接触水素反応では60％から70％のエタノールを含むC_2含酸素化合物が生成するが，CO_2の接触水素化では全く様相が異なる。1wt％Rh/SiO_2触媒ではCOが主生成物であるが，260℃では約6％の選択率でエタノールが生成した[10]。図4に生成物選択性のRh触媒の分散度依存性を示す[11]。Rh粒子径の小さい高分散触媒でCOが生成し，Rh粒子径の大きい低分散触媒でメタンが生成する。その中間の分散度領域でメタノールやエタノール等のアルコールが生成する興味深い現象を示す[12,13]。これらの結果は触媒のRh分散度により反応の選択性が支配されていることを示唆している。

しかし，Rh/SiO_2触媒ではエタノールの生成は非常に低いので，選択性の制御をねらいRh/SiO_2触媒に対して種々の添加物を加えた添加物効果が検討されている。図5に示すように添加物はCO_2の接触水素化の反応活性や選択性に著しい影響を及ぼすことが明らかである[14,15]。添加物の

表3　1wt％Rh/SiO_2触媒と5wt％Rh/SiO_2触媒のCO_2水素化反応の違い

Catalyst/Temperature	CO_2 conv. (％)	Selectivity in carbon efficiency（％）			
		CH_3OH	C_2H_5OH	CO	CH_4
5wt％Rh/SiO_2					
240℃	1.4	1.0	0.0	0.0	99.0
260℃	3.8	0.1	0.0	0.0	99.7
1wt％Rh/SiO_2					
240℃	0.9	7.6	3.4	82.1	6.9
260℃	1.1	11.2	5.6	68.4	14.7

Conditions ; Pressure：5 MPa, Flow rate：100 ml/min., H_2/CO_2＝3/1, Catalyst charge：1.0g

CO_2 固定化・隔離の最新技術

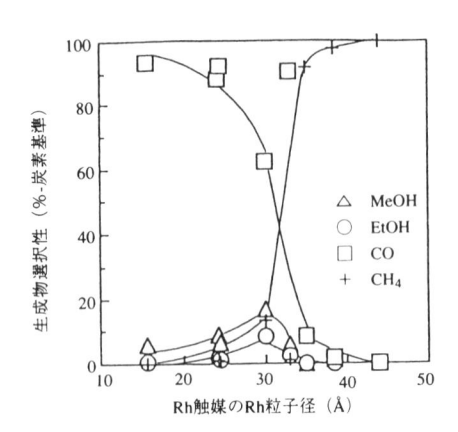

図4 CO_2 の折衝水素化の生成物選択性に及ぼす Rh 触媒の Rh 粒子径の影響

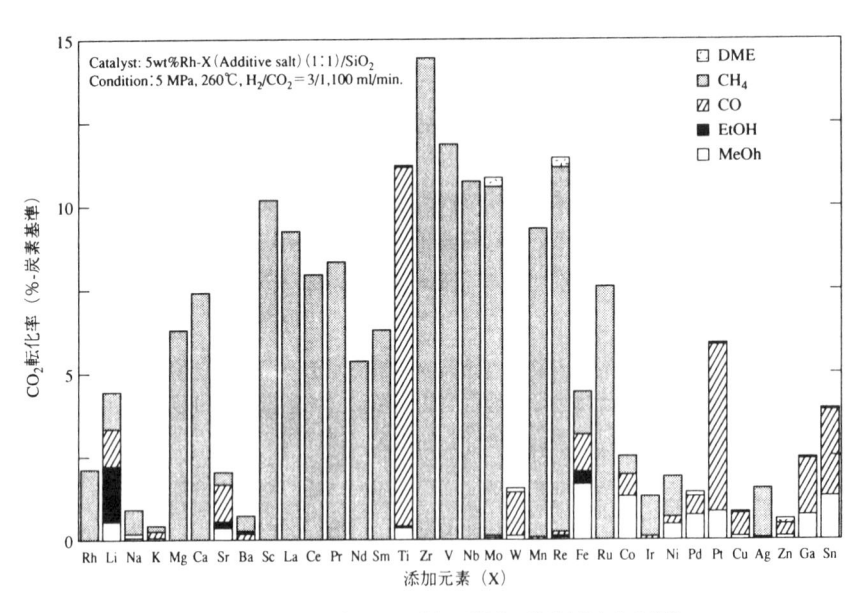

図5 CO_2 接触水素化反応の活性や選択性に及ぼす添加物の効果

第16章 触媒水素化

効果は大きく3つに分類することができる。第1はCO_2の転化活性を著しく増加させる添加物であり，例えばZr，V，Ti，Mo，Re等の塩化物がその例である。CO_2転化活性はRh/SiO_2単味触媒に比べ約5倍から7倍向上する。ただしほとんどの場合生成物はメタンである。第2は選択性に大きな影響を及ぼす添加物で，生成物は添加物の添加によりメタン生成からCOやメタノール生成に変化する。例えば，Ti，Ga，Sn，Pt等の塩化物がその例である。特に，Ga，Sn添加物においてはメタノールの生成が促進される。第3はエタノールの生成を促進する添加物であり，Li，Fe，Sn塩化物がエタノールの生成を促進する。表4に結果を示す。表から明らかなようにRh-Fe/SiO_2触媒[16]ではエタノール選択率約7%，Rh-Li/SiO_2触媒では38～40%となった。ただしCO_2転化率は低く5%程度であった。両添加物を複合したRh-Fe-Li/SiO_2触媒ではCO_2転化活性も14%に向上し，エタノール選択率も34%と高く，両添加物添加の相乗効果が発現している[17]。添加物によりRh分散度や電子状態，表面構造が変化したためと考えられる。CO_2転化活性促進添加物とエタノール選択性向上添加物の組み合わせを詳細に検討し，またその最適化を計りCO_2転化活性，エタノール選択性とも優れたRh系複合触媒の開発を期待したい。図6にRh/SiO_2触媒系によるエタノール合成の推定反応機構を示す。実際反応条件下でのin situ FT-IR分光法の研究結果からRhの表面は，ほとんどCOに覆われていることが明らかになったことから[15,16,17]，やはり反応はCO_2→CO中間体経由の反応機構で進行するものと考えられる。本触媒系の特徴は鉄-カリウム触媒系に比べエタノールの選択率が高い点にある。CO挿入能の高いRhの特徴を充分に発揮できる状況を設定すればエタノール選択率の大幅な向上が期待される。一方，本触媒系の弱点は鉄-カリウム系触媒に比べCO_2転化率が低いことである。またRhは貴金属であり価格が高いことも実用化の点で弱点であり，今後Rh担持量を低くした触媒で高いCO_2転化活性をいかにして得るかが研究課題となろう。

表4 Rh/SiO_2触媒によるCO_2からのエタノール合成

触媒（組成原子比）	CO_2転化率(%)	生成物選択率（炭素基準%）			
		CO	MeOH	EtOH	CH_4
5wt%Rh/SiO_2	3.8	0.2	0.1	0.0	99.7
5wt%Rh-Fe(1:1)/SiO_2	3.7	29.1	26.8	6.5	37.2
5wt%Rh-Li(1:1)/SiO_2	5.1	21.9	14.3	40.8	23.1
5wt%Rh-Li-Fe(1:1:1)/SiO_2	14.1	33.4	22.8	34.0	9.8

反応条件：触媒1g，反応圧力=5 MPa，ガス流速=100 ml/min，ガス組成H_2/CO_2=3/1，反応温度=260℃

CO₂固定化・隔離の最新技術

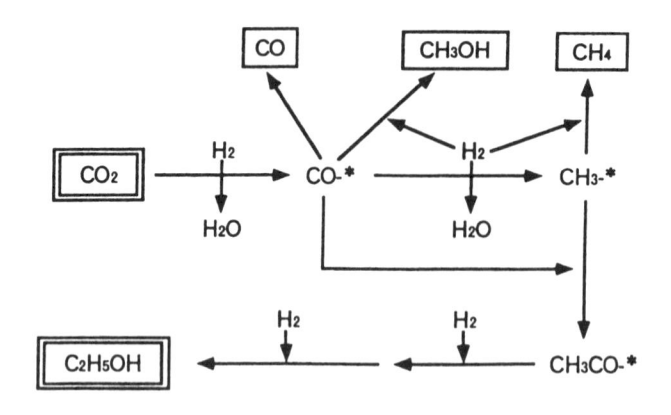

```
         ┌────┐    ┌──────┐    ┌────┐
         │ CO │    │CH3OH │    │CH4 │
         └────┘    └──────┘    └────┘
           ↑         ↑           ↑
           │         │           │
  ┌───┐   H2         H2          │
  │CO2│──────→ CO-* ──────→ CH3-*
  └───┘    ↓         ↓           
          H2O       H2O          
                                 
           H2        H2          │
  ┌──────┐                       │
  │C2H5OH│←────────←──────── CH3CO-*
  └──────┘
```

図6 Rh触媒によるCO₂からのエタノール合成の推定反応機構

2.1.4 ルテニウム系錯体触媒によるエタノールの効率的な合成

均一系錯体触媒プロセスでも炭酸ガスからのエタノール合成は可能である。COの接触水素化によるエタノールの液相直接合成法では，ルテニウム（Ru）錯体触媒系が有効であるので[2]，これを応用したRu錯体触媒プロセスによる炭酸ガスからのエタノール合成が検討された[18-20]。$Ru_3(CO)_{12}$錯体を主活性金属種として，助触媒，添加物，溶媒，反応条件等を検討した結果 $Ru_3(CO)_{12}/Co_2(CO)_8/LiBr/Bu_3PO$ 触媒系が優れたエタノール合成活性を示すことが明らかになった。結果を表5に示す。例えば反応温度200℃，反応圧力110kg/cm²，$H_2/CO_2=5/1$，反応時間18hの反応条件ではCO_2転化率33%，エタノール選択率16%，エタノール収率5.3%を得ることができる。Li添加物はエタノールの生成に必須である。$Co_2(CO)_8$助触媒はメタンの副生を抑え，エタ

表5 Ru-Co錯体触媒によるCO₂からのエタノール合成

Catalyst Type	Yield/mmol (Selec.%/C-base)				CO₂ Conversion	EtOH Yield
	MeOH	EtOH	CO	CH₄		
Ru/LiCl/Bu₃PO	13.9 (54.0)	0.87 (6.76)	6.65 (25.7)	3.50 (13.5)	36.5%	2.47%
Ru/Co/LiCl/Bu₃PO	10.3 (48.9)	1.02 (9.67)	7.21 (34.2)	1.52 (7.19)	28.7%	2.78%
Ru/LiBr/Bu₃PO	9.7 (38.2)	0.78 (6.16)	4.79 (18.9)	9.31 (36.7)	37.5%	2.31%
Ru/Co/LiBr/Bu₃PO	11.1 (46.5)	1.92 (16.1)	5.62 (23.6)	3.27 (13.8)	32.9%	5.30%

$Ru_3(CO)_{12}/[CO_2(CO)_8]/LiX/Bu_3PO$
  $Ru_3(CO)_{12}$:0.56mg-atm, $CO_2(CO)_8$:1.68mg-atm (Co/Ru=3), LiX:11.2mmol, Bu₃PO:14g
  CONDITIONS: $H_2/CO_2=5$; Initial Pressure=110kgf/cm² (Reaction Pressure=150kgf/cm²), 200℃, 18h

第16章 触媒水素化

ノールの生成を促進する。反応の経時変化を見ると,反応の初期には大量のCOが生成し,それが経時的に減少し,代わりにメタノールの生成が増加する。またそれと共にメタンやエタノールの生成も促進される。したがって反応経路としては $CO_2 \rightarrow CO \rightarrow CH_3OH \rightarrow CH_3 * \rightarrow CH_3CO \rightarrow C_2H_5OH$ と,予想され図7のような反応機構が推定される。また,高圧ほどエタノールの生成が促進される。200気圧の反応条件ではエタノール選択率36%,エタノール収率16%,CO_2転化率44%を達成している。今後の展開を期待したい。

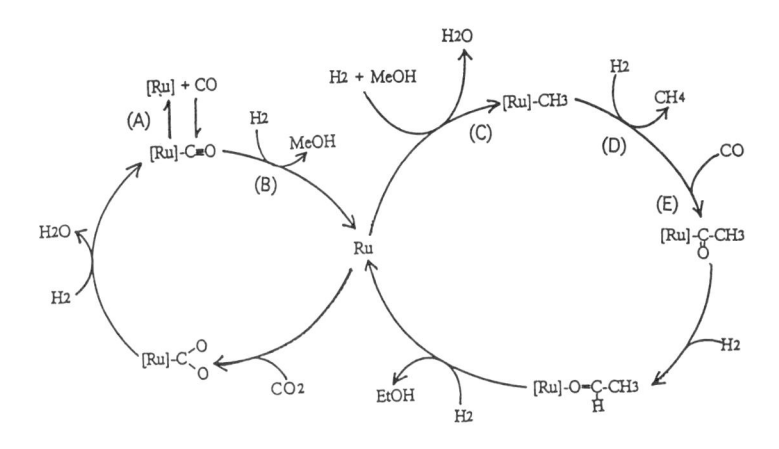

図7 Ru錯体触媒系によるCO_2からのエタノール合成の推定反応機構

2.2 炭化水素合成

2.2.1 はじめに

二酸化炭素の接触水素化反応により合成される炭化水素は,パラフィンやオレフィンまたメタンからワックスに至る高級炭化水素まで広範囲である。基本的には一酸化炭素の接触水素化反応,いわゆるフィッシャー・トロプシュ合成(F-T合成)と類似の反応であり,式(4)(6)に従い連鎖成長機構で反応が進行し,生成物分布はシュルツ・フローリー則に従うと考えられる。

$$nCO + 2nH_2 \longrightarrow (CH_2)_n + nH_2O \qquad (6)$$

しかしF-T合成に比べ高級炭化水素は生成しにくい。一方,メタノール経由の間接的な炭化水素の合成ルートも検討されている。すなわち二酸化炭素からのメタノール合成プロセスとゼオライト等の固体酸触媒を利用したメタノール分子内脱水素反応を組み合わせた反応方法であり,混合触媒系1段反応方式や直列2段連結方式で検討されている。欲しい炭化水素だけを合成するに

は選択性を如何に制御するかが技術的課題となる。現在選択率100%で合成できる炭化水素はメタンのみである。メタン化反応は炭素重合プロセスのない完全水素化反応であり,それほど困難な反応ではないが,高速高収率で転換する方法が求められ,高性能な$Ni-La_2O_3-Ru$触媒が乾らにより開発されている[21]。ここでは,合成的に興味が持たれていると考えられる選択的な低級パラフィンの合成,低級オレフィンの合成,ガソリン留分の合成技術について紹介する。

2.2.2 低級パラフィンの選択的合成

上述したように二酸化炭素の水素化反応による炭化水素の直接合成では生成物分布はシュルツ・フローリー則に従い,特定の生成物だけを得ることは困難であるが,Fe/TiO_2やFe/ZrO_2触媒での検討が報告されている[22]。しかしメタノールを経由する間接的合成法では,形状選択性のあるゼオライト触媒を使用することにより選択性の高い合成は可能となる。藤元らは,このハイブリッドプロセスを提案し,C_2-C_5の低級パラフィンの選択的合成を報告している[23]。藤原らは,メタノール合成触媒である$CuZnO-Cr_2O_3$とH-Yゼオライトを物理的に混合した触媒で全生成炭化水素のうち95%がC_2-C_5炭化水素である選択的低級炭化水素合成法を報告している。ただし,かなりのCOが副生する[24]。Jeonらも同様な合成を$Cu-ZnO-ZrO_2$触媒とSAPO(シリカアルミノフォスフェート)触媒を用いて行っている[25]。表6に結果を示す。

表6 ハイブリッドプロセスによるCO_2から低級パラフィンの合成

Catalyst	Press. (Mpa)	Temp. (℃)	GHSV (1/h)	CO_2 conv. (%)	Conv. to (%)		H.C. selectivity (%)					
					H.C.	CO	C_1	C_2	C_3	C_4	C_5	C_6^+
A/H-Y	5	400	3000	39.9	12.0	27.5	4.2	25.8	40.8	21.7	6.8	0.8
B/SAPO-44	2.8	340	20*	25.8	8.0	17.5	5.9	23.5	43.3	23.9	2.6	0.8
B/SAPO-5	2.8	340	20*	25.0	9.5	15.4	3.9	5.9	18.5	54.4	12.9	4.5

A:$Cu-ZnO-Cr_2O_3$(3-3-1),B:$Cu-ZnO-ZrO_2$(60-30-10),*:W/F(g-cat.h/mol)

2.2.3 低級オレフィンの選択的合成

低級パラフィンの選択的合成と同様に低級オレフィンの選択的合成は難しいが,ChoiらはFr-K/Al_2O_3触媒を用い20気圧,400℃,GHSV=1900/h,H_2/CO_2=4/1の反応条件でCO_2転化率68%,C_2-C_4オレフィン選択率44%を報告している[26]。間接的合成法では,乾らはメタノール合成用Pd修飾$Cu-ZnO-Al_2O_3-Cr_2O_3$触媒とSAPO-34固体酸触媒を直列に2段につないだ方式(直列2段連結方式)で,90%以上の選択率でC_2-C_4オレフィンの合成に成功している[27]。図8に結果を示す。パラフィン合成に好ましいH-ZSM-5と異なり,SAPO-34ではその比較的弱い酸性と狭い細孔径を有しているため低級オレフィンの選択的合成に好ましいと説明している。

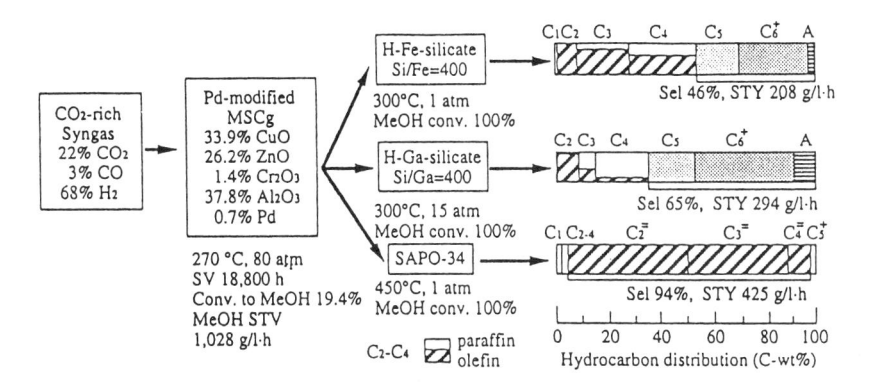

図8 直列2段連結方式によるCO₂からの低級オレフィンとガソリン留分の選択的合成

2.2.4 ガソリン留分の合成

直接2段連結方式を用いるとガソリン留分の選択的合成も可能となる。乾らはメタノール合成用Pd修飾Cu-ZnO-Al$_2$O$_3$-Cr$_2$O$_3$触媒とH-Fe-シリケートやH-Ga-シリケートのようなメタロシリケート酸触媒を用いた直列二段方式で，ガソリン留分を46%から65%の選択率で合成している[27,28]。H-Ga-シリケートの場合，Ga上で水素の逆スピルオーバーが進行し，パラフィンの生成抑制と低級オレフィンの低重合が促進されるものと推定している。図8に結果を示す。

2.3 おわりに

CO$_2$の接触水素化によるエタノール合成の選択的炭化水素合成について最近の研究成果を紹介した。CO$_2$から高い収率や選択率でエタノールや炭化水素が合成できるルートが開拓されている点で意義深いと考えられる。合成ガス反応に比べ水素を多く消費する点で現行では経済的に不利と考えられるが，資源もエネルギーも使い捨てではなく再生利用が要求され，環境保全も厳しく要求されるであろう次世代において，植物が行っている光合成のように，捨て去られた炭酸ガスを炭素源として有効に使用できる化学品の合成プロセスの確立は必須であると考えられ，それに向けてのCO$_2$の接触水素化技術に関する研究の着実かつ継続的な発展が望まれる。

CO_2固定化・隔離の最新技術

文　献

1) H. Arakawa et al., *Proc. 9th Intl. Congr. of Catal.* (Calgary), 2, 602 (1988)
2) *Industrial Chemistry Library*, Vol. 1, Progress in C1 Chemistry in Japan (Kodansha-Elsevier), 1989
3) 日本特許公開154318 (1942) ; 162927 (1944)
4) T.Tatsumi, A.Muramatu, H.Tominaga, *Chem.Lett.*, 1985, 593
5) A.Kiennemann et al., *Catal.Lett.*, 16, 371 (1981)
6) 岡本 淳, 荒川裕則, 触媒, 36, 136 (1994)
7) 荒川裕則, 岡本 淳, 化学と工業, 47, 1314 (1994)
8) M.Takagawa, A.Okamoto, H.Fujiwara, Y.Izawa and H.Arakawa, *Stud. Surf. Sci. and Catal.*, 114, 525 (1998)
9) T.Yamamoto and T.Inui, *Stud. Surf. Sci. and Catal.*, 114, 513 (1998)
10) 荒川裕則, 草間 仁, 佐山和弘, 岡部清美, 第74回触媒討論会 (A) 講演予稿集, 4D03 (1994)
11) 草間 仁, 佐山和弘, 岡部清美, 荒川裕則, 第74回触媒討論会 (A) 講演予稿集, 4D04 (1994)
12) H.Kusama, K.Okabe, K.Sayama and H.Arakawa, 石油学会誌, 40, 415 (1997)
13) H.Kusama, K.Okabe, K.Sayama and H.Arakawa, *Stud. Suf. Sci. and Catal.*, 114, 431 (1998)
14) 草間 仁, 佐山和弘, 岡部清美, 荒川裕則, 日化誌, No.11, 875 (1995)
15) H.Kusama, K.Okabe, K.Sayama and H.Arakawa, *Catal. Today*, 28, 261 (1996)
16) H.Kusama, K.Okabe, K.Sayama and H.Arakawa, *Energy*, 22, 343 (1997)
17) H.Arakawa, H.Kusama, K.Sayama, K.Okabe, Proc. of ICCDU-III (Oklahoma,USA), 78 (1995)
18) 井坂正洋, 佐山和弘, 岡部清美, 荒川裕則, 触媒, 36, 135 (1994)
19) 井坂正洋, 荒川裕則, 佐山和弘, 岡部清美, 第74回触媒討論会 (A) 講演予稿集, 4D06 (1994)
20) M.Isaka and H.Arakawa, Proc. of ICCDU-III (Oklahoma,USA), 141 (1995)
21) T.Inui, M.Funabiki, Y.Takegami, *J. Chem. Soc., Faraday Trans I*, 76, 2237 (1980)
22) Y.Kou, Z.Suo, J.Niu, W.Zhang and H.Wang, *Catal. Lett.*, 35, 271 (1995)
23) K.Fujimoto and T.Shikada, *Appl. Catal.*, 31, 13 (1987)
24) M.Fujiwara, R.Kieffer, H.Ando and Y.Souma, *Appl. Catal., A*, 121, 113 (1995)
25) J.-K.Jeon, K/-E.Jeng, Y.-K.Park and S.-K.Ihm, *Appl. Catal., A*, 124, 91 (1995)
26) P.-H.Choi, K.-W.Jun, S.-J. Lee, M.-J.Choi and K.-W.Lee, *Catal. Lett.*, 40, 115 (1996)
27) T.Inui, *Catal. Today.*, 29, 329 (1996)
28) H.Hara and T.Taguchi and T.Inui, *Stud. Surf, Sci. and Catal.*, 114, 537 (1998)

【CO_2変換システム 編】

第17章　CO_2変換システムと経済評価

丹羽宣治[*]

1　システムの概要

1.1　はじめに

CO_2固定化・隔離の最新技術として考えられる固定化技術の開発動向については，前章までのⅠ生物化学的方法，Ⅱ物理化学的方法，Ⅲ化学的方法の各章で詳細に解説がなされている。本章では，化学的方法の一つである接触水素化反応を利用して，CO_2をメタノールとして有効利用するRITEの「CO_2グローバルリサイクルシステム」を選び，自然エネルギーを利用したCO_2変換システムの経済性を評価した。

1.2　システムの構成

日本にて石炭火力発電所のようなCO_2固定発生源から分離・回収した液化CO_2を「液化CO_2／メタノール兼用船」にて自然エネルギー産地にあるメタノール合成基地に輸送する。メタノール合成基地では水電解設備で製造された水素と日本から輸送された液体CO_2とでメタノールを合成する。自然エネルギー産地における必要電力即ちメタノール合成設備用，荷役設備用，水素輸送用，その他用もすべて自然エネルギー発電とする。

自然エネルギー発電が，太陽光発電の場合で夜間等の非発電時のメタノール合成等に必要な電力は，貯蔵水素から発電する。水電解で発生した水素は加圧し，高圧水素配管でメタノール製造設備に送るとともに，本配管にて貯蔵する。メタノール合成基地で製造したメタノールは「液化CO_2／メタノール兼用船」にて日本に輸送しメタノール発電所で電力に変換する。(図1)

2　概念設計

基本設備の諸元について概念設計のベースとなる設計条件を設定し概念設計を行った。

---

[*]　Senji Niwa　(財)地球環境産業技術研究機構　化学的CO_2固定化研究室　主席研究員

CO_2固定化・隔離の最新技術

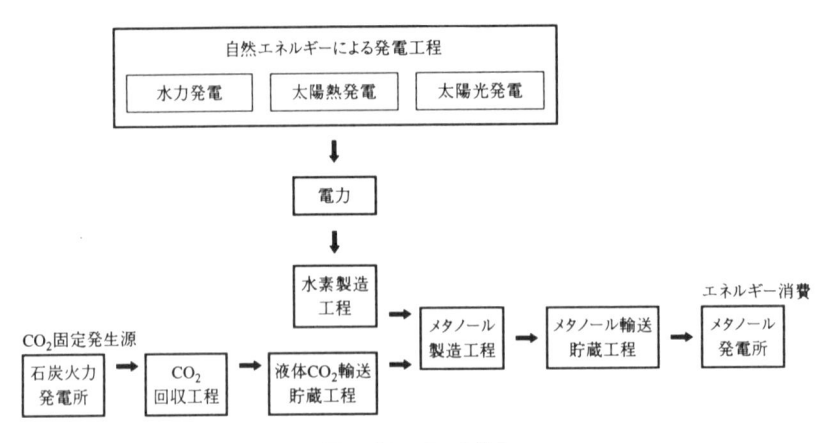

図1 本システムの構成

2.1 基本設備と試設計区分

本システムは，大きく分けて，①CO_2分離・回収／液化，②液化CO_2／メタノール輸送・荷揚げ／荷積み，③メタノール合成，④水素製造・供給，⑤メタノール有効利用の各工程から構成される（図2）。

本システムの試設計範囲は，次の通りである。
① CO_2・分離回収部：固定発生源からのCO_2分離・回収，液化CO_2製造
② メタノール合成部：液化CO_2と水素からメタノール製造
③ 水素製造・供給部：海水の淡水化から自然エネルギー電力による電解水素製造，および水配管，水素配管，高圧水素タンク
④ 自然エネルギー発電基地：電解，メタノール合成，その他エネルギー生産地での動力用
⑤ 輸送・貯蔵：CO_2／メタノール専用船およびメタノールタンク，液化CO_2タンク

2.2 システム設計のための前提条件

概念設計にあたり，基本設備の設計前提条件を下記に記す。

(1) 設計諸元
① 設計範囲：CO_2グローバルリサイクルシステム（図2）
② 設置場所条件
 ＊ CO_2・液化・貯蔵設備：国内臨海石炭発電所構内（東京湾岸）
 ＊ 自然エネルギー発電基地：太陽光，太陽熱発電はオーストラリア・サンディ砂漠・内陸300km

第17章　CO_2変換システムと経済評価

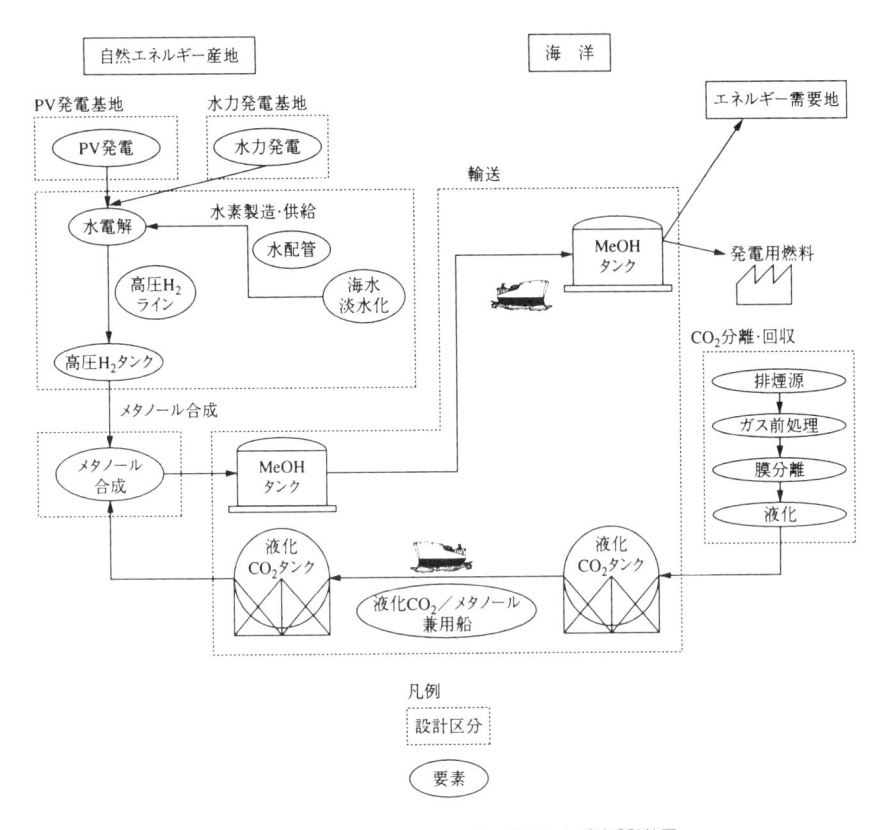

図2　CO_2グローバルリサイクルシステムおよび試設計範囲

　　　　　　　　　　：水力発電は，インドネシア・イリアンジャヤ島西部
　＊水素製造設備：水力ケース；沿岸部，集中設置
　　　　　　　　：太陽熱発電ケース；発電基地隣接，分散設置
　　　　　　　　：太陽光発電ケース；発電基地隣接，分散設置
　＊水素発電設備：メタノール合成設備隣接地
　＊メタノール製造装置：
　　　太陽光・太陽熱ケース：オーストラリア・サンディ砂漠の沿岸部（ポートヘッドランド）
　　　水力ケース　　　　　：マンベラモ川河口付近沿岸部（イリアンジャヤ島西部）
③石炭火力発電所の排ガス条件

CO_2固定化・隔離の最新技術

　　CO_2発生源　　：1,000MW 国内石炭火力発電所
　　排ガス流量　　：300万 Nm^3/h
　　CO_2排出量　　：778t/h
　　温度　　　　　：50℃（ただし，湿式脱硫装置出口ガス）
　　圧力　　　　　：大気圧
　　組成　　　　　：CO_2 ＝ 13.2％，N_2 ＝ 71.3％，O_2 ＝ 3.5％，H_2O ＝ 12.0％
④CO_2回収量：467t/h（回収率60％），膜分離法
⑤水素製造用電力源：水力，太陽熱，太陽光の3ケース
⑥水素貯蔵形態：水力・太陽熱のケース；24時間連続高圧配管輸送
　　　　　　　：太陽光のケース；夜間利用分を輸送配管内高圧貯蔵
⑦水素製造：固体高分子型水電解法
　　　　　温度；常温
　　　　　組成；H_2 ＝ 99.99％（dry base）
⑧メタノール合成設備：気相接触水素化法
⑨メタノール純度：99.5％以上
⑩メタノール用途：メタノール複合発電（燃料電池＋ガスタービン）発電効率60％
　　　　　　　　メタノール発熱量　4,760 kcal/kg（低位発熱量）
⑪設備稼働条件：国内発電所；8,000時間／年
　　　　　　　：メタノール合成設備（3,850 t/day×2系列とする）；8,000　時間／年
　　　　　　　：PV発電；通年稼働

(2)　液体CO_2／メタノール輸送検討のための前提条件
①国内サイト：東京湾岸石炭火力発電所構内
②海外サイト：オーストラリア・ポートヘッドランド
③液体CO_2：輸送量 3,736 Mt/y ＝ 467t/h × 8,000h/y，温度－40℃，圧力 9kg/cm^{2}G，組成CO_2 ＝ 99.92％
④輸送距離：6,500km
⑤メタノール：輸送量　2,688 Mt/y ＝ 336 t/h × 8,000 h/y，常温，常圧

(3)　ユーティリティ条件
①国内電力：6,600V　3φ　50Hzで受電する。
②海外電力：PV発電　DC500V
　　　　　：動力用水素発電電力 DC500V（水素から電力への復元効率は60％とする）
③海水：温度25℃，温度差　10℃

第17章　CO_2変換システムと経済評価

(4)　主要設備設計条件

技術レベルは2015年に，達成可能な技術とする（例；水電解の電極面積 1.6m^2，PV の変換効率 20％等）

2.3　コスト算出基準

研究開発中の先進技術（例えば分離膜，触媒，固体高分子膜，PV 発電システム）は，その生産規模および技術水準などを考慮して，2015年でのコストを推算する。ただし，現状の技術で生産可能な各プラントの構成品は，現状のコストとする。なお，コストの算出にあたって，積み上げ方式により算出する。

3　設計結果

3.1　必要ユーティリティおよび建設素材

自然エネルギー発電（水力，太陽光，太陽熱発電）がPV 発電の場合について，上記の前提条件で設計した。表1に各工程の運用に必要なユーティリティを示す。また，表2に主要機器リストを，表3に各工程建設に必要な主要素材重量をそれぞれ示す。

表1　必要ユーティリティ

工程	海水 t/h	工水 t/h	蒸気 t/h	N_2ガス m^3/h	電力 MWh/h	重油 t/d	HCl kg/h	NaOH kg/h
CO_2分離・回収	65,320	350	10	—	197	—	—	60
メタノール合成	24,820	780	—	（起動時）800	24	—	—	220
水素製造，水素・水ライン	1,410	—	300	—	3,097	—	40	30
PV発電	—	—	—	—	—	—	—	—
液化CO_2／メタノール兼用船	—	—	—	—	—	（航海中）70	—	—
オフサイト（タンク・荷役等）	—	—	—	—	4.3	—	—	—
合計	91,550	1,130	310	800	3322.3	70	40	310

CO_2固定化・隔離の最新技術

表2 主要機器リスト

要 素	機 器	数 量	諸 元
CO_2 分離・回収	分離膜モジュールユニット モジュールセット 真空ポンプ CO_2圧縮機 冷媒圧縮機	1,200 unit 100 set 100 set 1 1	4,000m²/unit, 500m²/module 全膜面積 4,800,000 m² 5,512 Nm³/h×114 Torr 9,000 kW 35,000 kW
メタノール合成	触媒反応器	2 set	5.48 ϕ × 4m× 4/set 全触媒量 376 t
水素製造	固体高分子膜電解槽 淡水化設備 純水製造装置 水素コンプレッサー	1,178 set 1 1 1,178 set	1.6m²/cell, 300 cell/set 逆浸透膜法 33,873 m³/d イオン交換法 653 m³/d 400kW×82 kg/cm²
PV発電	PVモジュール DC/DCコンバーター 燃料電池	122,672,000 枚 1,178 コ 12 stack	120 W/枚 定格入力DC 1,000V DC 1,025kW（有効出力11,000kWAC）
輸送・貯蔵	高圧水素パイプライン MeOH/液化CO_2兼用船 液化CO_2タンク(エネルギー生産地) 液化CO_2タンク(エネルギー需要地) MeOHタンク(エネルギー生産地) MeOHタンク(エネルギー需要地)	300 km 168,000 t 6 基 6 基 4 基 4 基	1,000 mmD カーゴタンク 38.7m ϕ ×5基 38.7m ϕ （球形）30,000m³ 同上 70m ϕ ×14.9mH, 51,800m³ 同上

表3 主要素材重量

要素技術	炭素鋼 t	ステンレス鋼等合金 t	鋼 t	アルミ t	コンクリート t	保温材 t	プラスチック t
CO分離・回収	22,260	1,690	690	—	23,850	ケイカル 310	2,010
メタノール合成	7,630	3,700	100	60	39,320	ケイカル 2,780	—
水素製造 H_2, 水ライン	623,880	6,280	6,100	(チタン) 3,160	205,200	—	1,150
PV発電	2,931,420	210	212,270	2,870	8,365,960	—	5,320
液化CO_2／メタノール兼用船	46,600	430	170	—	—	ウレタン 150	—
オフサイト (タンク・荷役等)	35,620	200	70	10	29,300	ウレタン 450	—
合 計	3,667,410	12,510	219,400		8,663,630		8,480

第17章　CO_2変換システムと経済評価

3.2　海上輸送システム

海上輸送システムについて概念設計を実施した結果、液体CO_2/メタノール兼用船が技術的には建造可能であることが判明し、液体CO_2およびメタノールの輸送は、本兼用船による海上輸送で実施するシステムにより実施する。その検討結果を表4に示す。

3.3　全体配置計画

図3に各工程を含めた前述のPV発電の場合の全体のシステム配置計画図を示すが、個別要素技術である太陽光発電設備機器配置図等の詳細図面は、ここでは省略する。

4　自然エネルギーによる発電システムの概念設計

本システムの中核である自然エネルギー源を利用した発電システムについて、PV発電を例にとりその詳細な必要資材等を示したが、ここでは水力発電、太陽熱発電および太陽光発電の3ケースにつき概念設計を試み比較検証した。ただし、必要資材等の内容は省略した。

水力に関しては、我が国近隣の利用可能な未開発水資源量としてアジア地域で年間約1,000TWhあり、本システムの自然エネルギー源として活用できる。

太陽エネルギーは潜在エネルギー量が莫大である。オーストラリアのサンディ砂漠に限定しても年間270,000TWhの潜在エネルギーがある。立地の制約と太陽エネルギーの電力エネルギーへの変換効率を考慮しても、我が国の2010年の石炭火力発電所（約37,000MW; 2010年度末電気事

表4　液体CO_2／メタノール輸送の検討結果

CO_2輸送形態	液体CO_2
平均航行速度	28.7 km/h （15.5ノット）
片道航行所要日数	10日（＝3,500/15.5/24）
ローディング日数	5日
1往復航行日数	30日（ローディング日数を含む）
年間航行回数	340日（＋荒天予備＋10日＋入渠期間15日）
年間航海回数	11.3回／年（＝340/30）
液体／メタノール兼用タンカー数	2隻
積載容量	151,000m³/隻（＝メタノール体積424m³×8,000h/y/11.3/2）
タンカー全長	約300m

CO_2固定化・隔離の最新技術

```
                エネルギー生産地
             （オーストラリアサンディ砂漠）
                         メタノール生産
  ┌─────────────┐  高圧水素パイプライン  ┌─────────┐      ┌─────────────┐
  │ 12.2km×13.9km │  300km            │ 160m×156m │      │ エネルギー需要地 │
  │ 14.6MWp×1,178サブユニット │       └─────────┘      │ （日本東京湾岸） │
  │             │                                    │             │
  │ 4MWp×158サブユニット │    メタノールFC              │             │
  │             │        ┌─────────┐                │             │
  │             │        │ 305m×310m │               │  石炭火力    │
  │             │        └─────────┘                │  発電所      │
  │             │ 送水管 ┌─────────┐                │             │
  └─────────────┘       │ 85m×105m │                 └─────────────┘
                        └─────────┘
                        海水淡水化設備
```

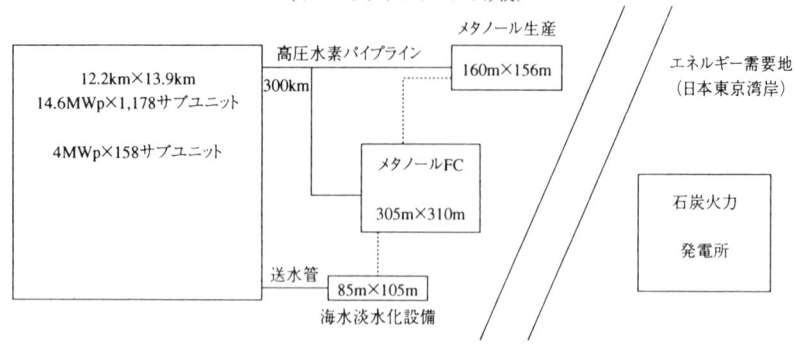

図3　全体システムの配置図

表5　自然エネルギーによる発電システムの概念設計結果

発　電　方　式			水力発電	太陽熱発電	太陽光発電
設　置　場　所			インドネシア イリアンジャヤ	オーストラリア サンディ砂漠	オーストラリア サンディ砂漠
種　　　類			ロックフィルダム	タワー式	固定式
設備規模　　(a)		MW	3,940	3,770	9,220
年間発電端電力量　(b)		TWh/y	25.5	30.2	24.6
年間受電端電力量　(c)		TWh/y	24.1	24.1	24.6
湛水／設置面積		km²	250	360	168
設備建設に係わる投入エネルギー		Tcal	6,000	42,600	67,900
エネルギー回収年数		y	0.11	0.75	1.24
設備建設に係わるCO_2排出量		g/kWh	3(14)*1	24	39
総建設費　　(d)		億円	8,880	27,510	63,760
kW当たり建設単価　(d/a)		万円/kW	23	73	69
kWh当たり建設単価　(d/c)		円/kWh	37	114	259
電力コスト		円/kWh	3.6	13.8	25.9

前提：運転時間年間8,000時間
*1　湛水面積による埋没森林分のCO_2損失を加算
試算　前提；炭素固定量：150 c-t/ha（IPCCガイドライン値を採用），ダム耐久年数：50年
　　　試算；150 t-c/ha ×44/12× 100 ＝ 55,000 t-CO_2/ km²
　　　55,000×埋没面積 250 km² ＝ 1.375×10^7 t-CO_2
　　　1.375×10^7/50年 × 発電量 25.5 ×10^9kWh /y /10^6 ＝ 11 g-CO_2/ kWh
　　　11g / kWh ＋ 建設に伴うCO_2排出量3 g /kWh ＝ 14 g-CO_2/ kWh

第17章　CO_2変換システムと経済評価

業審議会受給部会中間報告)のすべてに本システムを応用するのに必要な電力を十分まかない得る。

4.1　水力発電

立地点は，地域住民が少なく，現在大規模開発計画のないインドネシア・イリアンジャヤを候補地として選定した。発電効率は約90％である。発電設備規模は渇水期を考慮して，平均必要電力の1.3倍になる。年間25TWhの電力量を得るには3つの発電所建設が必要である。その電力単価は 2.7 ～ 8.6 円/kWh，平均で 3.6 円/kWh となった。

4.2　太陽熱発電

立地点は，日本から6,500km南方のオーストラリアに存在する広大なサンディ砂漠を候補地として選定した。太陽熱発電は，1ユニット200MW発電規模の蓄熱方式で，24時間連続発電可能な設備を建設できる。発電効率は15％程度である。

現在アメリカで実証試験がなされているデータを使い試設計を行った。オーストラリア・サンディ砂漠にタワー式発電システムを設置する。設備は反射鏡，集熱タワー，発電設備，蓄熱設備から成る。設置面積は360km^2となる。設備資材量が太陽光発電の場合より少ないので，設備建設に係わるCO_2排出量は太陽光発電より少ない。建設費は安価な素材を使用するため，太陽光発電の半分以下となり，電力単価は 13.8 円/kWh となる。

4.3　太陽光発電

立地点は太陽光発電と同じである。発電効率は 20％とした。設備規模は，24時間分の水素を昼間8時間に製造するものと仮定しているので，24時間太陽が一定の日照強度であると仮定した場合の規模の3倍になる。本砂漠の168km^2に太陽電池モジュールを並べた架台を設置する。設置面積は太陽熱発電より密に架台を設置できるため狭い。運転に係わるCO_2排出はないが，太陽電池モジュールおよび架台の製造に必要な資材量が多く，設備建設に係わるCO_2排出量が多くなる。建設費も他の発電システムより高く，発電単価は 25.9 円/kWh となる。

5　本システムの建設費と経済性

本システムの設備建設費の試算を行い，メタノールの日本着コスト，電力コストを求め，本システムの経済性を評価した。この試算では，石炭火力発電設備およびメタノール改質複合発電設備の建設費は文献1)を引用して算出した。

5.1 設備建設コスト

表6に自然エネルギー電力が各発電の場合のプロセス別建設費を示す。

表6 本システムの設備建設費

ケース 設備名	水力発電ケース		太陽熱発電ケース		太陽光発電ケース	
	設備費（億円）	%	設備費（億円）	%	設備費（億円）	%
CO_2回収設備	737	4.1	737	2.0	737	0.9
水素製造設備	1,680	9.3	1,328	3.7	3,950	5.3
メタノール合成設備	714	3.9	626	1.7	626	0.8
貯蔵輸送設備	925	5.1	985	2.7	985	1.3
小計	4,056	22.4	3,676	10.1	6,298	8.4
自然エネルギー発電設備	8,880	49.1	27,510	75.7	63,760	84.8
中計	12,936	71.6	31,186	85.9	70,058	93.2
（参考）石炭火力発電所[*1]	2,956	16.4	2,956	8.1	2,956	3.9
（参考）メタノール火力発電所[*2]	2,184	12.1	2,184	6.0	2,184	2.9
合計	18,076	100	36,326	100	75,198	100

[*1]＆[*2]：文献1)
＊基地内のエネルギー輸送設備費（パイプライン，送電線）は自然エネルギーに含まれる。

基本条件をベースに各設備の設備容量を決定した。太陽光発電の場合の水素製造が昼間だけのため，水素製造設備の稼働率は1/3となり，同じ負荷で連続して運転した場合に比べ，その設備容量は3倍になる。また，水力発電の場合，渇水期も考慮しダム設備を最適化すると，発電設備は平均発電能力の1.3倍の容量が必要であり，このため水素製造，メタノール製造設備も同様に平均製造能力の1.3倍の設備容量が必要となる。

自然エネルギー発電設備を除いた設備建設コストは，水力発電の場合は4,060億円，太陽熱発電は3,680億円，太陽光発電は6,300億円である。自然エネルギー発電設備を含めた設備建設コストは，同発電設備費に大きな差があるため，水力発電の場合は1.3兆円，太陽熱発電は3.1兆円，太陽光発電は7.0兆円となる。さらに，石炭火力発電設備，メタノール発電設備を含めた総設備建設コストはそれぞれ2.2兆円，3.8兆円，7.3兆円となる。

5.2 コスト

表7に本システムの経済性を計る尺度として，メタノールコスト，その他のコストを一括表示

第17章 CO_2変換システムと経済評価

表7 本システムの経済性

ケース		水力発電	太陽熱発電	太陽光発電	
CO_2回収コスト	円/t-CO_2	5,750	→	→	*1
自然エネルギーによる電力コスト	円/kWh	2 / 3.6	13.7	25.9	
水素製造コスト	円/m³-H_2	13 / 20	61	118	
メタノール製造コスト	円/kg-MeOH	46 / 60	148	272	
総発電電力コスト	円/kWh	11.9 / 15.5	28.1	47.7	*2〜5

*1 火力発電端電力コスト ; 7.2円/kWh
*2 各設備償却定義 ; 10%簿価、20年償却、年経費率14%
*3 石炭火力発電所 ; 容量1,000 MkW、発電効率40%、建設単価29.56万円/kW、
   年償却率14%、石炭価格5,500円/t (H11.1〜3月平均)
*4 メタノール発電所 ; 容量1,120 MW、発電効率60%、建設単価18.99万円/kW 年償却率14%
*5 総発電量 ; 1,920MW

した。

(1) メタノールコスト

本システムのメタノールコストは自然エネルギー電力コストが、3.6円/kWhの水力発電で60円/kg、13.7円/kWhの太陽熱発電で148円/kg、25.9円/kWhの太陽光発電で272円/kgとなる。メタノールコストは水素製造用エネルギーが太陽の場合は立地によってほぼ変化はないとして良いが、水力の場合は立地によって著しく差異があると想定できる。図4に電力コストをパラメータに計算したメタノールコストを示した。たとえば電力コストが2円/kWhの場合メタノールコストは約46円/kgとなる。

(2) 電力コスト

本システムでは、1,000MWの石炭火力発電所でのCO_2分離回収液化のための電力200MWを除いた利用可能な電力800MWと、メタノール発電(発電効率=60%)での1,120MWとの合計1,920MWの発電が可能である。

電力コストは、表7に示すように、自然エネルギー電力が水力発電の場合で16円/kWh、太陽熱発電で28円/kWh、太陽光発電で48円/kWhとなる。水力発電で現状の電力コストの約2倍、太陽熱発電で約3倍となる。この差がCO_2の削減および海外の自然エネルギー導入に要するコストと位置付けられるものである。

CO$_2$固定化・隔離の最新技術

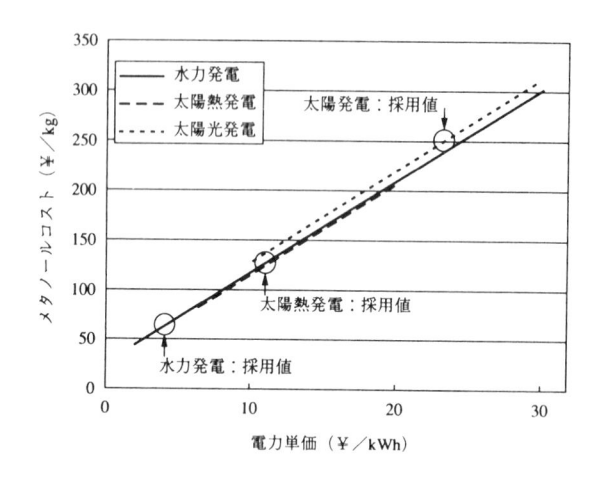

図4 電力とメタノールコストとの関係

6 本システムの評価

各工程毎の概念設計を行って建設資材量，必要ユーティリティ量を求め，ライフサイクルアセスメント手法（LCA）により，各設備建設および運用に係わるエネルギー投入量，CO$_2$排出量を算出した。ついで，これらの数値および本システム全体の物質収支の結果を用いて，本システムが自然エネルギーを輸送するシステム，CO$_2$削減に寄与するシステムとしての有意性の検証および効果の定量的な評価を行った。システムの有意性の検証にはエネルギー収支比およびCO$_2$収支比を，効果の定量的な評価にはシステムエネルギー効率およびCO$_2$削減率を評価指標とした。

表8に本システムの物質収支，エネルギー収支比，CO$_2$収支比，システムエネルギー効率，CO$_2$削減率の値とその評価結果を示す。

エネルギー収支比，およびCO$_2$収支比は，それぞれ1以上であることが判明し，有意性が確認されている。

第17章 CO₂変換システムと経済評価

表8 本システムの解析（メタノールを発電に用いた場合）

			水力発電ケース	太陽熱発電ケース	太陽光発電ケース
Ⅰ. 物質収支					
石炭火力発電所CO_2排出量		t/h	778	778	778
CO_2排出量		t/h	467	467	467
H_2製造量		t/h	63.1	63.1	64.3
メタノール合成量		t/h	336	336	336
Ⅱ. エネルギー収支[*1]					
投入エネルギー[*3]		Tcal/y	4,026	5,844	6,971
生産エネルギー[*4]		Tcal/y	14,570	14,570	14,570
エネルギー収支比		—	3.6	2.5	2.1
Ⅲ. エネルギー効率[*2]					
全所要エネルギー	a	GWh/y	25,076	25,141	25,558
総発電量[*5]	b	GWh/y	8,927	8,927	8,927
エネルギー効率	b/a	%	35.6	35.5	34.9
Ⅳ. CO_2収支[*1]					
CO_2排出量[*6]	e	kt/y	1,428	1,980	2,418
CO_2回収量	f	kt/y	3,736	3,736	3,736
CO_2収支比	f/e	—	2.6	1.9	1.6
Ⅴ. CO_2削減率[*2]					
導入前CO_2排出原単位	c	g/kWh	778	778	778
導入後CO_2排出原単位	d	g/kWh	418	453	482
CO_2削減率	(1-d/c)	%	46.3	41.7	38.1

*1 計算範囲；CO_2分離工程—メタノールの日本への輸送まで
　　設備耐久年数；機器設備類20年，発電設備30年，ダム50年
*2 計算範囲；石炭火力発電所—メタノール発電所
*3 設備建設，設備運用に係わるエネルギーの合計（自然エネルギーを除く）
*4 生産されたメタノールの保有エネルギー（5,400 kcal/kg）
*5 メタノール発熱量 4,760 kcal/kg，発電効率 60%
*6 設備・運用に係わるCO_2排出量

文　　献

1) 新エネルギー・産業技術総合開発機構，（財）エネルギー総合工学研究所，「地球環境対策技術としてのグローバルエネルギーシステムの評価に関する調査研究（Ⅱ）」　平成9年度調査報告書　NEDO-GET-9705（平成10年3月）

第18章　CO_2の複合変換システム構想

鈴木栄二[*]

1　はじめに

　地球温暖化の主な原因である大気中のCO_2濃度上昇は，エネルギーを得るため化石燃料を大量に燃焼させることに起因する。したがってCO_2排出削減対策はエネルギー問題の基本に戻って考える必要がある。生物は太陽エネルギーで水分子を分解して水素エネルギーをNADPHやH^+濃度差の形で得る（光化学系）。さらに，大気から取り込んだCO_2を水素エネルギーを使って還元し，糖類，でんぷん等の炭素化合物とし，水素エネルギーの貯蔵あるいは輸送を炭素化合物の形で行う。必要に応じて炭素化合物から水素エネルギーをNADPH等の形で取り出し，大気から取り込んだ酸素による水素の酸化で（水素を燃やして）エネルギーを得る（解糖系，クエン酸回路，電子伝達系）。その過程で炭素化合物中に取り込まれていたCO_2由来の炭素は水の酸素原子と結合してCO_2となり大気へ放出される。要約すれば生物はCO_2を水素エネルギーキャリヤーとして大気とリサイクルしながら大気中のCO_2濃度を変えることなく，太陽エネルギーを利用し続ける。

　同様のCO_2リサイクルシステムを人工的に実現しようとする試みが(財)地球環境産業技術研究機構で行われている（第17章）。要約すると，光化学系の代わりに太陽電池や水力発電による電力で水を電気分解し水素を得て，水素エネルギーの貯蔵と輸送を担当する炭素化合物はメタノールとする，即ちCO_2に水素を添加してメタノールに変換するシステムである。エネルギーを必要とするときはメタノールと水を反応させて（改質反応）水素を得る。メタノールの炭素原子には水の酸素原子を結合させCO_2に変換する。膜分離等により水素とCO_2を分離し，CO_2は太陽エネルギーキャリヤーとして水素添加反応へリサイクルする。電力が必要な場合には水素を燃料電池で発電させながら酸素と反応させて水にする。熱エネルギーを必要とする場合は水素を空気中で燃焼させる。あるいはメタノールを直接燃焼させ，燃焼ガスからCO_2を回収する。このCO_2リサイクルシステムは生物のエネルギーシステムを見事に模倣しており，各要素技術もほぼ実用の域に近く，大気中のCO_2濃度を変えずに人類が必要とするエネルギーの供給を可能にするシステムの一つである。メタノールは取り扱い容易な液体燃料で，ガソリンスタンド等既存のインフラの改造を必要としない点も大きなメリットとなる。

---

　　[*]　Eiji Suzuki　(財)地球環境産業技術研究機構　環境触媒研究室　主席研究員

第18章　CO_2の複合変換システム構想

　上記CO_2リサイクルシステムの要素技術開発の現状を要約する。太陽エネルギー利用効率約10％の太陽電池発電は実用化されている。水電気分解との組み合わせにより太陽光エネルギー利用効率9％程度で水素生産が可能である。CO_2への水素添加によるメタノール合成技術は試験プラント段階まで完成している（第16章1節，第17章）。メタノールと水の反応により水素を取り出す改質反応は既往の技術があるが，自動車に搭載可能なコンパクトシステム等の研究が進行中である。水素エネルギーを電力に変換する燃料電池はすでに実用プラントが稼働している。改質反応ガスからCO_2を回収する技術は石油化学分野で確立している。メタノール燃焼ガスからCO_2を回収する基本技術は(財)地球環境産業技術研究機構等が開発した（第17章）。

　上記CO_2リサイクルシステムには問題点が二つある。第一にこのシステムのエネルギー生産コストは化石燃料と比べて数倍であり，化石燃料が枯渇するまでは実現しない可能性がある。太陽エネルギー導入を化石燃料の枯渇まで待つと，人類は地球温暖化によるダメージを回避できない。この問題については次節で論ずる。第二に，生物をまねたシステムは必ず効率が良いという科学的根拠はない。むしろ生物システムはその恒常性（ホメオスタシス）を実現するために冗長性，重複性，無駄を必要としている。例えば細胞内のある物質の濃度を一定に保つために細胞はその物質の合成反応と分解反応を並行して行わせるという無駄を行っている。両反応速度の調節により適正な濃度を実現しているのである。したがって，生物システムとの類似性が高いという理由だけではCO_2リサイクルシステムが産業社会のエネルギーシステムとしてベストと断言はできない。たとえば，水素をそのままで遠距離(太陽エネルギーの豊富な低緯度サンベルトから日本まで）輸送し，かつ末端のエネルギー需要場所で容易に貯蔵・利用できる技術が完成すればCO_2リサイクルシステムは必要ない。あるいは電力の遠距離送電が可能になれば水素にするまでもない。水素利用技術，遠距離送電等の研究がCO_2リサイクル研究と並行して続けられ，将来，その結果と立地条件により取捨選択されるであろう。また太陽光エネルギーによる水素生産でも生物と同じ光量子エネルギーとして利用する太陽光発電・水電気分解より，太陽熱として利用し，太陽熱発電・水電気分解とする方が直達光（散乱光ではなく）の多いサンベルトでは低コストであろう。一方，生物的システムにさらに近づけることによる高効率化の余地もある。例えば，CO_2水素添加はこれまでに開発した高圧触媒反応ではなく，生物方式に近い水溶液中でのCO_2の電気化学的還元（第11章）による水素添加技術が完成すれば，高圧反応のための圧縮エネルギーは不要になる。発電・水電気分解水素生産・CO_2水素添加高圧反応の3段階のメタノール合成と比べ，電気化学的還元はプロセスステップ数が少なくなる長所もある。特に発電サイトとCO_2発生サイトが近ければ，CO_2の濃縮・液化による輸送に替えて，CO_2のアルカリ水溶液への吸収とその電気化学的還元が可能になる。また，エネルギー運搬用炭素化合物としてメタノールが最適とは限らない。例えばディーゼル燃料としてはCO_2をメタノールではなくセタン価が適したジメチルエーテ

ル (DME) に変換する方が良い。

ここでCO_2リサイクルの基本的考え方を整理してみた。CO_2リサイクル研究計画は1．熱力学的考察，2．速度論的考察，3．工学的考察，4．経済原理的考察の順番で論理的に成立するものだけを選択していく。まず熱力学的に考察すると，大気中や燃焼排ガス中のCO_2の濃縮や水溶液への吸収に要する理論エネルギーは，CO_2ガス液化エネルギーより1桁小さく，炭素への還元エネルギーの200分の1程度である。故に，熱力学的考察では大気中CO_2濃縮は選択肢から排除されない。CO_2ガス液化は遠距離輸送や大量貯蔵が不要な場合は避けるべきであろう。CO_2還元に要するエネルギーは液化エネルギーの20倍程度大きくかつ還元過程でのエネルギーロスは避けられないため，再燃焼で得られるエネルギーを上回るエネルギーを必要とする。そのため，CO_2還元は他に使い道のないエネルギー（例えばサンベルト砂漠地帯の太陽エネルギー）を使用する場合のみ意味がある。ただし，小規模（企業単位等）のCO_2排出抑制ではCO_2還元を伴っても意味があるケースがあり得る。例えば，CO_2とメタンからの酢酸合成等のように酸素を残したままの（還元度の低い）有機化合物への取り込み，CO_2を酸素代替の酸化剤とするメタン酸化カップリングによるエチレン・アセチレン合成（CO_2はCOへ還元される）等が考えられる。

速度論的に考察すると，大気中のCO_2回収はガス側境膜物質移動速度のドライビングフォースである炭酸ガス分圧が小さいため，単位面積あたりの物質移動速度が小さく，膨大な吸収あるいは透過膜面積を必要とする。故に高度産業化社会が必要とする速度（ここでは産業速度と呼ぶ）の観点では大気中のCO_2回収は選択肢からはずれる。樹木は葉の立体的配置により面積を稼ぐがそれでも土地面積あたりの吸収速度は小さい（ここでは自然速度と呼ぶ）。一方，燃焼ガス中のCO_2分圧は大気中より約3桁大きいため，CO_2のガス側境膜物質移動速度も約3桁大きくなり，産業速度に近づく。

工学的に考察すると，燃焼ガス中のCO_2回収は比表面積増大技術（吸収液の微細液滴化等による）あるいは加圧による炭酸ガス分圧増大で産業速度実現を補助すれば選択肢に入ってくる。加圧の場合はエネルギー（本来熱力学的に必要な濃縮エネルギーと比べて1桁大きい）を必要とする。

経済原理で考察すると，CO_2削減効果の価格化および化石燃料枯渇による化石燃料価格上昇により，CO_2リサイクルメタノールが化石燃料由来の液体燃料と発熱量あたりの価格でほぼ同じになって初めて実用化される。

2 ソーラーハイブリッド燃料システムの提案

人類は主に経済原理で行動するから，少なくとも先進国は，太陽エネルギーと比べて安価でか

第18章　CO$_2$の複合変換システム構想

つ石炭と比べてエネルギーあたりCO$_2$発生量が少ない天然ガス（石炭の2分の1に近い）への燃料転換と省エネルギーを中心として地球温暖化抑制を目指すであろう。天然ガス枯渇が近づいても，石炭は十分にある。しかし，先進国が単純に石炭へ回帰することはなく，天然ガス利用と同程度以下のCO$_2$発生量に抑えるために，太陽エネルギー利用を進める可能性はある。ただし，このシナリオでは太陽エネルギー導入が遅れ，温暖化傾向がオーバーシュートし，人類は一度は厳しい温暖化に直面する。この問題，即ち太陽エネルギーと化石燃料の価格差の問題に対応するために，東京工業大学炭素循環素材研究センター，㈶エネルギー総合工学研究所，㈶地球環境産業技術研究機構等はソーラーハイブリッド燃料システムを検討している[1-3]。ソーラーハイブリッド燃料システム（図1）は太陽エネルギーで生産する水素（太陽水素），天然ガスの太陽熱利用水蒸気改質によるCOと水素，石炭の太陽熱利用水蒸気改質によるCOと水素，リサイクルCO$_2$の4者をその時代のエネルギー価格とCO$_2$排出削減要求に応じて組み合わせながらメタノールを生産するシステムである。太陽熱エネルギーを吸熱反応へ吸収させ，化学エネルギーに変換する太陽熱化学と太陽熱発電・水電気分解水素生産の組み合わせである。初期は化石燃料由来のメタノールと競合できる価格とするため，天然ガス太陽熱改質を主に太陽水素，リサイクルCO$_2$，太陽熱利用石炭改質を従とする。天然ガス価格上昇に応じて太陽水素，太陽熱利用石炭改質，リサイクル

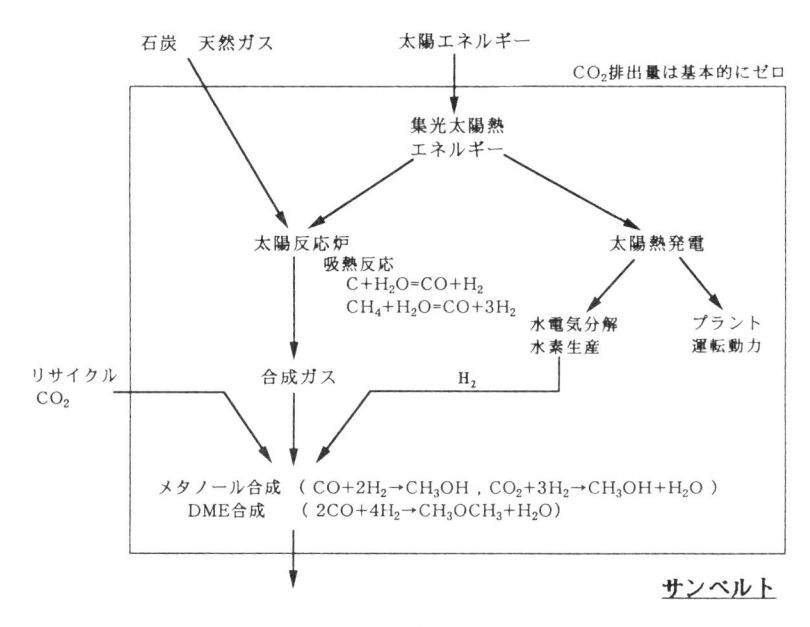

図1　ソーラーハイブリッド燃料の生産

CO_2の割合を増大させる。ソーラーハイブリッド燃料システムと第17章のCO_2リサイクルシステムとの相違は以下のように要約される。

1) 高コストの原因である太陽電池発電に代えて，低コストの太陽熱発電および太陽熱化学により太陽エネルギーを取り込ませる。太陽電池発電の太陽エネルギー効率は約10%で，植物の約1%と比べて十分に高いが，太陽熱発電はさらに高く20%（米国，SEGSプラントの実績）である。米国では太陽熱発電が商業ベースで行われ発電コストは約10￠/kWhと太陽電池の数分の一である。太陽熱化学はさらに効率が良く，理論的には70%を越え得る。

2) 天然ガスおよび石炭からのメタノール合成とCO_2リサイクルメタノール合成を組み合わせながら，徐々に太陽エネルギーの取り込み割合を増やすことにより，化石燃料との価格差を小さく保つ。即ち枯渇による化石燃料価格上昇につれて太陽エネルギー取り込み割合を増やす。ソーラーハイブリッド燃料システムは化石エネルギーとの価格差を克服し，かつ現在のエネルギー供給インフラを活用しながら太陽エネルギーを大規模に利用できる燃料システムである。

天然ガス産地とサンベルトが近接し，しかもエネルギー消費地までの天然ガスパイプラインを有する米国とヨーロッパでは，ソーラーハイブリッド燃料の1形式として太陽エネルギー改質ガスをメタノールに変換せず，そのまま天然ガスパイプラインに送り込む方式が有望と思われる。この方式では改質反応で吸収した太陽エネルギーがメタノール合成発熱反応で一部失われることがなく，太陽エネルギー効率が高い。

サンベルトから遠い我が国は輸送が容易なメタノール等の液体に変換する必要がある。以下にソーラーハイブリッド燃料システムについて詳述する。

3 太陽熱発電による水素生産

図2に例示する各種反射鏡により太陽光を集光し，高温を得る。420℃までは安価なパラボラトラフ集光機（曲線が1方向だけのため製作コストが安い）で実現できる。800～1,000℃は太陽光濃縮率をさらに高めるヘリオスタットシステム（タワーシステムとも言う）等の高価な設備が必要になる[4]。カリフォルニアで1986年から商業運転されているSEGSプラント（354MW）ではパラボラトラフの焦点に位置する管を流れる熱媒を加熱し，熱媒と水の熱交換で発電用スチームを発生させる。太陽熱集熱効率は55～60%，これに発電効率をかけた太陽エネルギー総合効率は約20%（peak時25%）で，発電コストは10～12￠/kWhである。夜間，雨天は天然ガス燃焼ボイラーでバックアップしている。さらなる高温で発電効率を高めるためタワーシステムのパイロットプラント研究が行われている。同サイトのSOLAR TWOシステムでは硝酸塩を熱媒として566℃に加熱し，10MWの実験運転を行っている。イスラエルのSOLAR/GTCC Power Plantで

第18章 CO_2の複合変換システム構想

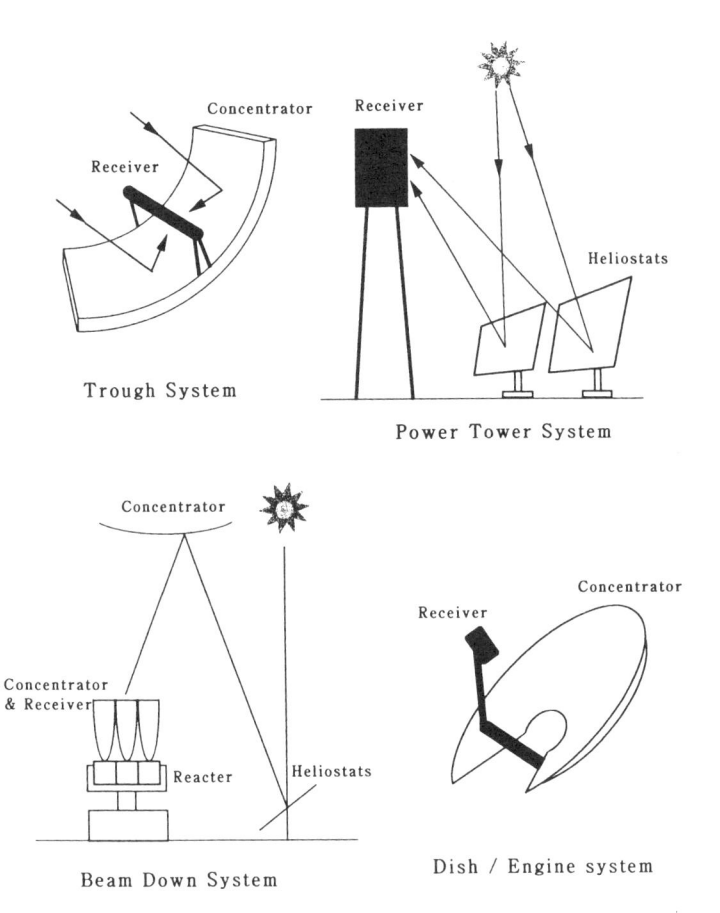

Trough System
Concentrator, Receiver

Power Tower System
Receiver, Heliostats

Beam Down System
Concentrator, Concentrator & Receiver, Reacter, Heliostats

Dish / Engine system
Concentrator, Receiver

図2 集光・集熱方式

は空気を高温(700℃)・高圧にし，ガスタービンで発電し，その排熱で発生させるスチームによりさらに発電するGas turbine combined cycleを開発中である[4]。化石燃料によるバックアップを，太陽エネルギーの熱媒あるいは化学エネルギーへの貯蔵で置換する研究も進んでいる。化学エネルギー貯蔵の例は，太陽熱をメタン改質反応熱として吸収させて改質ガスの形で貯蔵し，エネルギーが必要な時に改質ガスからメタン合成反応の発熱として取り出す方式(図3，イスラエルのSOLASYS project，オーストラリアのCSIRO project)とアンモニア分解反応熱として吸収させ，分解ガスを貯蔵し，アンモニア合成反応熱として取り出す方式(オーストラリア国立大学の

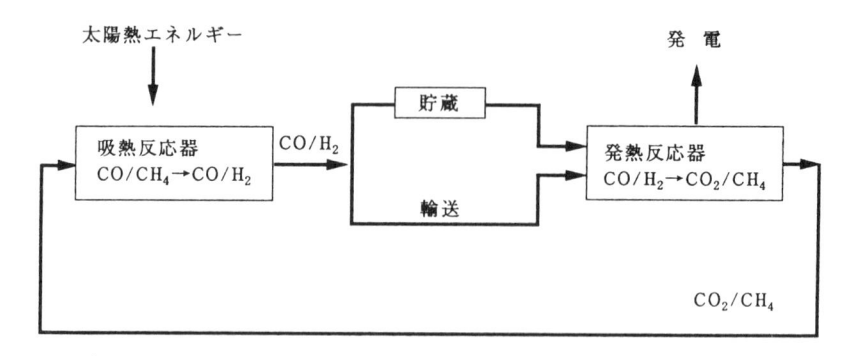

```
        太陽熱エネルギー                          発  電
              ↓                                    ↑
    ┌──────────────┐    CO/H₂    ┌─────┐    ┌──────────────────┐
    │   吸熱反応器   │───────────→│ 貯蔵 │───→│    発熱反応器     │
──→│ CO/CH₄→CO/H₂ │             ├─────┤    │ CO/H₂→CO₂/CH₄   │──→
    └──────────────┘             │ 輸送 │    └──────────────────┘
           ↑                     └─────┘              │
           │                                          │
           │                        CO₂/CH₄           │
           └──────────────────────────────────────────┘
```

図3　化学エネルギー貯蔵方式太陽熱発電

Lovegrove 等）が研究されている。

　太陽熱発電は散乱光では効率が悪いため，我が国のような湿気の多い土地，砂塵の多い砂漠では散乱光も利用できる太陽電池の方が効率が良い可能性がある。しかし，サンベルトでかつ砂塵の少ない地域の面積は十分に広いため，太陽熱発電と水電気分解により安価（太陽電池発電と比べて）な水素の生産が可能になる。太陽熱発電の面積あたり発電量は$50MW/km^2$でアスワンダム水力発電の100倍，バイオマス発電の300倍でかつ，バイオマスやダムと異なり他に利用価値のない土地の利用という長所がある。

　水電気分解による水素生産はすでに実用化されている。その電気エネルギー効率は1例として85％の実験値が報告されている。

4 太陽熱化学によるメタン改質反応とソーラーメタノール

4.1 太陽エネルギー効率

　太陽熱化学はメタン改質やアンモニア分解のように太陽熱を吸熱反応の反応熱として吸収させて化学エネルギーに変換する技術である。得られた化学エネルギーを熱エネルギーとして使う場合は，発電のランキンサイクル等による熱から仕事への変換による必然的な効率低下を伴わないため，太陽熱発電の2～3倍の太陽エネルギー効率となりうる。例えば上述のSEGS太陽熱発電プラントの実績から太陽熱化学の太陽エネルギー効率として55～60％が期待できる。放熱や回収されない熱量を考慮しても，太陽熱化学の効率は太陽光発電，太陽熱発電と比べてかなり高く，太陽エネルギー利用における太陽熱化学の重要性の根拠となる。

　吸熱反応により，太陽エネルギーを化学エネルギーに変換するときの変換効率を第1近似的に

第18章　CO_2の複合変換システム構想

考察する。

(1) 例1：多管式天然ガス改質反応器

内部に触媒を充填した反応管を多数太陽光レシーバー内壁に沿って配置する（図4）[5]。原料ガスは管内を流れる。反応管外表面が放射加熱される。反応は管表面から内部のガスへの伝熱律速とする。天然ガス改質反応は800℃付近ではきわめて速く，研究段階ではSV300,000h^{-1}以上の触媒も報告されているが（Inui et al.）[6]，実用プラントでは伝熱律速のためSV10,000h^{-1}以下である。

エネルギー収支：
$$n \cdot SUN \cdot A_a = \varepsilon \cdot \sigma \cdot T_s^4 \cdot A_a + U \cdot A_r (T_s - T_r) \tag{1}$$

太陽エネルギー効率：

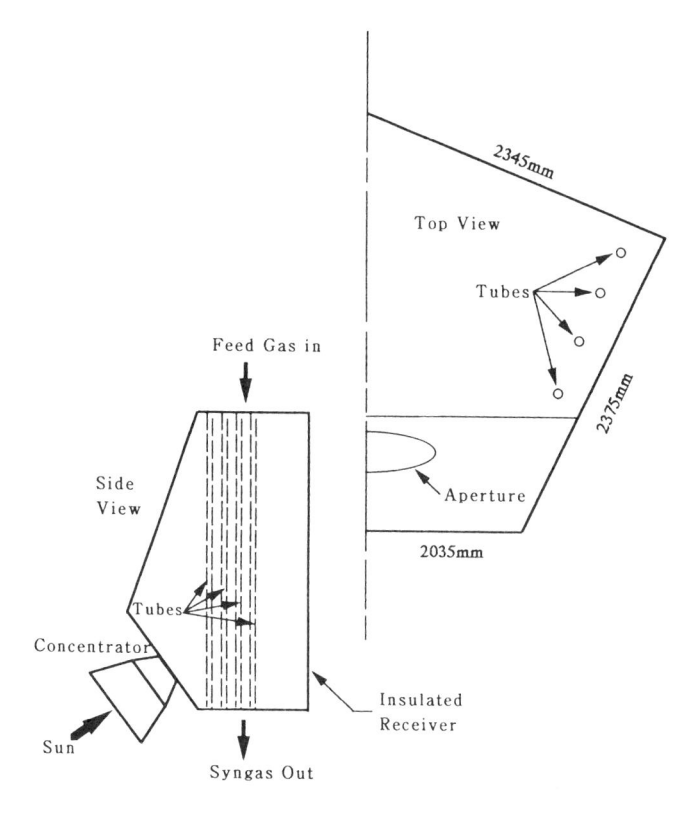

図4　太陽熱利用多管式天然ガス改質反応器

$$\eta = f \cdot u\,(T_s - T_r) / (n \cdot \mathrm{SUN}) \tag{2}$$

ここでnは集光倍数，1SUNはおおよそ1,000w/m^{2}で集光しない場合の地表面太陽エネルギー，A_aはレシーバー入り口面積（アパチャー面積），A_rは反応管表面積，T_sはレシーバー内表面温度，T_rは改質反応温度，Uは管外表面からガスへの熱伝達係数，$f = A_r/A_a$，σはステファン・ボルツマン係数，εは熱放射率。

計算例1．$f = 20, u = 100\mathrm{W\ m^{-2}\ K^{-1}}, T_s-T_r = 400, n = 1,000, \varepsilon = 0.9$の時，
　　　　$\eta = 0.8$（太陽エネルギー効率80%），$T_s = 1,400\mathrm{K}, T_r = 1,000\mathrm{K}$

計算例2．$f = 10, u = 100\mathrm{W\ m^{-2}\ K^{-1}}, T_s-T_r = 400, n = 1,000, \varepsilon = 0.9$の時，
　　　　$\eta = 0.4$（40%），$T_s = 1,850\mathrm{K}, T_r = 1,450\mathrm{K}$

計算例1，2の比較から，レシーバー入り口を小さく，内部表面積を大きくする（fを大きくする）効果が説明される。式2は改質反応温度を下げれば効率が良くなることを示している。式1，式2はf/nを一定に保ちながら集光倍数nを増大させればT_sが上昇し，その結果T_s-T_rの増大により効率が向上することを示す。

(2) 例2：触媒表面を直接放射加熱する場合

図5[5]の反応器では，触媒が直接放射加熱されるため熱供給は速く，改質反応は熱供給律速ではなく，表面反応律速になると想定する。上述のSV300,000 h^{-1}以上の触媒性能が活用され，コンパクトな反応器になりうる。

エネルギー収支：
$$n \cdot \mathrm{SUN} \cdot A_a = \varepsilon \cdot \sigma \cdot T_s^4 \cdot A_a + R_s \cdot A_c \cdot d \cdot \Delta H \tag{3}$$

太陽エネルギー効率：
$$\eta = f \cdot R_s \cdot d \cdot \Delta H / (n \cdot \mathrm{SUN}) \tag{4}$$

ここでR_sは温度T_sの触媒単位体積あたり反応速度，ΔHは反応熱，A_cは触媒の放射面積（最表面の面積），$f = A_c/A_a$，dは温度T_sを近似的に維持できる触媒層微小深さ。

反応速度R_sはT_s上昇につれて著しく増大するため，集光倍率向上により，太陽エネルギー効率は100%に近づく（実際はレシーバー外表面からの放熱等多くのマイナス要素がある）。

ついでに，太陽熱発電の効率を考察する。図4のような多管式ボイラーでスチームを発生させる場合（発電に関しては必ずしも実用的な方式ではないが），太陽熱発電効率η_wは，上記多管式反応器の反応ガスを温度T_hのスチームで置き換え，太陽熱化学効率と熱仕事変換効率の積で表される（式5）。

$$\eta_w = ((T_h - T_l) / T_h)\,\eta \tag{5}$$

$$\eta = f \cdot u \cdot (T_s - T_h) / (n \cdot \mathrm{SUN}) \tag{6}$$

T_lは復水温度（K）である。上記とはモデルが異なるが，空気を作動流体とするスターリング

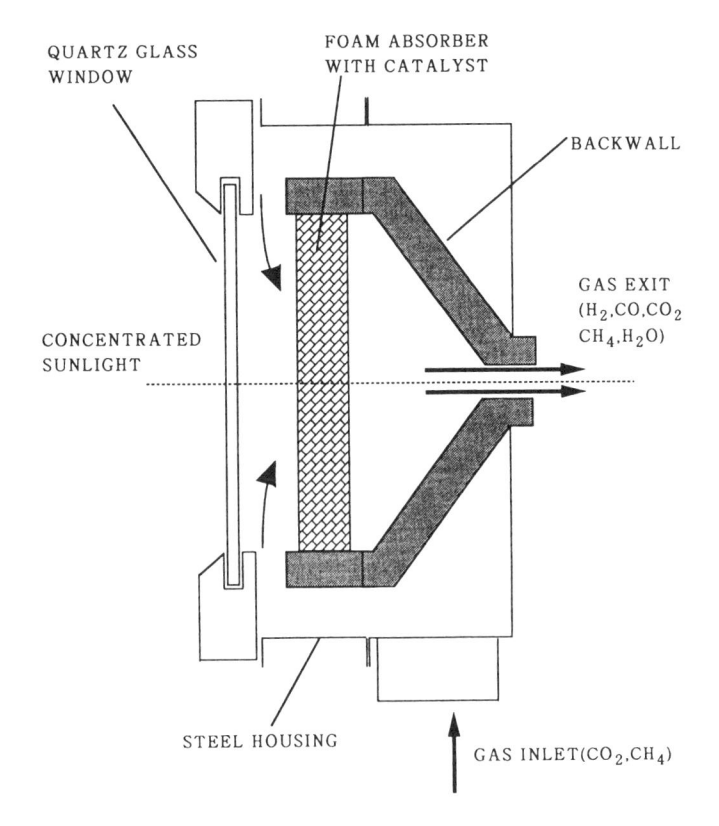

第18章 CO_2の複合変換システム構想

```
QUARTZ GLASS WINDOW
FOAM ABSORBER WITH CATALYST
BACKWALL
GAS EXIT ($H_2$, CO, $CO_2$ $CH_4$, $H_2O$)
CONCENTRATED SUNLIGHT
STEEL HOUSING
GAS INLET($CO_2$, $CH_4$)
```

図5 ボリュウメトリックレシーバーの概念図

エンジン発電のケースで詳細にモデル化した太陽熱発電での太陽エネルギー効率の文献値[7]を集光倍率の関数として図6に示す。この図では低集光倍率ではT_hが小さいため、太陽エネルギー効率が低いが、太陽熱化学では熱・仕事変換がないため、低集光倍率でも高効率となりうることを忘れてはならない。

4.2 太陽熱化学のCO_2排出抑制効果

既往のメタノール合成方法では約850℃のメタン改質反応（式7）でメタンと水から水素とCOの混合ガス（改質ガス）を得、次に高圧反応でCOと水素からメタノールを合成する（式8）。改質反応の吸熱量は大きく、太陽エネルギーの吸収により改質ガスのエネルギー含量は約23％増大する。即ちメタン1モルの燃焼熱890.4kJに対して、改質ガス（1モルのCOと3モルの水素）の

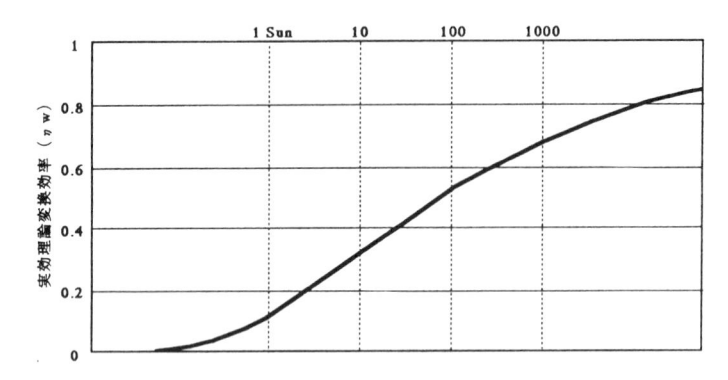

図6 太陽光集光度と太陽熱発電実効変換効率の関係

燃焼熱は1096.8kJである。

$$CH_4 + H_2O \longrightarrow CO + 3H_2 \qquad \Delta H = 206.4 \text{ kJ/mol} \qquad (7)$$

$$CO + 2H_2 \longrightarrow CH_3OH \qquad \Delta H = -90.6 \text{ kJ/mol} \qquad (8)$$

$$1/3CO_2 + H_2 \longrightarrow 1/3CH_3OH + 1/3H_2O \qquad (9)$$

既往技術では原料メタン(実際は天然ガスだがメタンで代表させる)の850℃への予熱,スチームの発生と850℃への予熱,反応熱供給,メタノール合成反応のための100気圧への加圧,メタノール蒸留精製等に要するエネルギーをすべて天然ガスの燃焼熱でまかなう。ある調査によれば原料天然ガス1.0トンあたり0.62トンの天然ガスを燃焼させている。燃焼ガスCO_2量は1.71トンとなる。このうち0.92トンのCO_2は改質ガスの余剰水素(改質反応+メタノール合成でメタン1モルあたり1モルの水素が余る)を利用してメタノール化できるため(式9)CO_2排出量は0.79トンとなる。有用成分のガスパージ損失を無視すれば原料メタン1.0トンあたりのメタノール生産量(回収CO_2由来のメタノールも含めて)は約2.7トンとなる。太陽熱化学プラントでは上記の工程全体のエネルギーを太陽エネルギーでまかない,余剰水素はリサイクルCO_2でメタノール化する。既往技術と比べて原料メタン1トンあたり0.79トンのCO_2排出削減,0.91トンのCO_2リサイクル,0.62トンの燃料メタンの節減を実現しつつ,既往技術と同量の約2.7トンのメタノール(ソーラーメタノールと名付ける)が生産される。単に吸熱反応への熱供給だけでなく工程内の全エネルギーを太陽エネルギーでまかなうことがむしろ重要である。単純に原料メタン1トンと生成メタノール約2.7トンの燃焼熱で比較すると太陽エネルギーによる増熱効果は8.8%にすぎないが(改質反応の吸熱がメタノール合成反応の発熱で一部ロスする。メタン1モルの燃焼熱890.4kJとメタノール4/3モルの燃焼熱968.8kJの比較),プロセス全体の化石燃料消費削減効果は38%になる。

第18章　CO_2の複合変換システム構想

太陽熱化学反応器では図5のように石英窓から収束光が入り内部の光吸収体表面で熱となる。吸収体表面に改質触媒を担持させる方式，あるいは吸収体表面で原料ガスを反応温度より大幅に過熱した後，改質触媒充填反応器へ送る方式等が検討されている。触媒粒子を吸収体とする流動床も考えられる。図4の多管式反応器等も検討されている。

5　太陽熱化学による石炭の改質：ソーラーメタノールとソーラー水素生産

石炭(C)のガス化を太陽熱化学反応で行わせると，CO, H_2がそれぞれ1モルずつ得られる(式10)。このうち1/2モルのCOと1モルのH_2を反応させてメタノールに転換させると1/2モルのメタノールが得られる(式11)。

$$C + H_2O \longrightarrow CO + H_2 \qquad (10)$$
$$1/2CO + H_2 \longrightarrow 1/2CH_3OH \qquad (11)$$

その結果，式10で生成した合成ガスのうち，残りは1/2モルのCOとなる。
ここまでの式をまとめると，見かけ上1モルの石炭(C)から1/2モルのメタノールが生成し，1/2モルのCOが生成したように1つの式12で表される。

$$CO + H_2O \longrightarrow 1/2CH_3OH + 1/2CO \qquad (12)$$

(注；この式は式10と式11とのトータルを表現するが，実際に起こる反応ではない。)
式12の1/2COはさらにシフト反応により，1/2H_2に転換できる(式13)。

$$1/2CO + 1/2H_2O \longrightarrow 1/2H_2 + 1/2CO_2 \qquad (13)$$

ここまでの反応でまとめて，ひとつの反応式で表すと式14となる。

$$C + 3/2H_2O \longrightarrow 1/2CH_3OH + 1/2H_2 + 1/2CO_2 \qquad (14)$$

ここで左辺の炭素としての燃焼熱と右辺の燃焼熱(メタノールと水素の燃焼熱の和)を比較してみると，

　　　左辺燃焼熱　$C + O_2 \rightarrow CO_2$　　　　393.5kJ/mol
　　　右辺燃焼熱　$1/2\,(CH_3OH + 3/2O_2 \rightarrow CO_2 + 2H_2O)$
　　　　　　　　(726.6 kJ/mol × 1/2 = 363.3 kJ/mol)
　　　　　　　　$1/2\,(H_2 + 1/2O_2 \rightarrow H_2O)$
　　　　　　　　(241.8 kJ/mol × 1/2 = 120.9 kJ/mol)
　　　右辺トータル燃焼熱　　　484.2kJ/mol

となり，太陽エネルギー分として約23％の燃焼熱の増大となる。
ソーラーハイブリッド燃料の燃焼によるCO_2発生量と石炭の燃焼によるCO_2発生量は等しいので，太陽熱吸収により発熱量あたりCO_2排出量を約19％節減できる。石炭改質用の太陽熱化学反

応器は石炭粒子に直接収束光を吸収させる直接式(水平移動床式,サイクロン式[5],流動床式等),熱媒として溶融塩を収束光で加熱する間接式が考えられる。

6 太陽エネルギー化学工場の工学的考察

4で触れたように,反応熱として吸収される太陽熱のCO_2削減効果8.8%に対して,反応吸熱以外の工場全体のオペレーションに要するエネルギーを太陽エネルギーでまかなうCO_2削減効果は約30%(最大)である。改質反応器本体だけでなく予熱,圧縮,循環等に要するエネルギーも太陽エネルギーでまかなうべきであろう。即ち,太陽エネルギー利用型化学工場を目指すべきであろう。

プラントオペレーションの観点で考察すると,太陽エネルギーが途絶える夜間や昼間の曇天時のプラント運転の扱いは難問である。典型的な4解決策をメタン改質のケースについて以下に述べる。

A案:朝の立ち上げが速い熱慣性の小さいプラントを開発する。昼間だけ運転し,夜は停止させる。ここで言う熱慣性が小さいとは,主として熱容量が小さく,従として急速加熱・冷却に機械的に耐え得るプラントを意味する。例えば,1)間接加熱型多管式反応器より触媒を集光照射で直接加熱する方式の方が装置熱容量は小さい。2)水の蒸発と加熱を必要とする水蒸気改質より顕熱加熱のみで良いCO_2改質の方が熱容量が小さい。3)反応温度が低いほど反応系の熱慣性は小さい。4)急速加熱冷却は回転機器の各部の熱伸縮速度差による破損を引き起こすため,回転機器対策が必要である。

B案:改質反応器は熱媒による間接加熱方式とし,熱媒を昼間は太陽熱で,夜間は燃料燃焼で加熱する。燃焼排ガスCO_2は回収し,太陽熱発電・水電気分解により生産される水素と反応させてメタノールにする(C案も同様)。

C案:太陽熱利用型反応器と燃料燃焼加熱反応器を併設し,夜間は燃料燃焼による運転に切り替える。

D案:改質・メタノール合成プラントはすべて従来通り化石燃料燃焼で運転し,燃焼排ガスCO_2は回収し,太陽熱発電・水電気分解により生産される水素と反応させてメタノールにする。工場トータルで見れば,天然ガス・石炭を太陽エネルギーでメタノール等に変換したことになる。D案では設備の重複が無いため設備費は安く,また毎朝夕の運転切り替えが無く継続運転できるためオペレーションも容易である。ただし,水素は太陽熱発電設備の昼間のみの運転で生産しなければならない(B,C案も同じく)。そのため熱慣性の小さい空気を作動流体とするスターリングエンジン発電,同じく空気を作動流体とするガスタービン発電が有望である(回転機器の熱伸縮

第18章　CO_2の複合変換システム構想

問題はあるが)。

A案の実現には多くの研究開発が必要である。B案は伝熱速度が遅いため反応器は大型になる。C案は反応器設備費が高く,かつ毎朝夕の反応器切り替えが必要になる。

D案は既存技術でまかなえる範囲が広いが,太陽熱発電の太陽エネルギー効率(太陽光集光面到達太陽エネルギーに対する利用効率)は約20%で太陽熱化学の2分の1程度のため,D案の太陽エネルギー効率は太陽熱化学を活用する他の案より低い(集光機のコストが相対的に安ければあまり欠点にならないが)。燃焼排ガスCO_2のリサイクルでは水電気分解水素生産の副産物である酸素を燃焼に利用し,燃焼排ガスCO_2回収を容易にする等も含めた総合的な太陽エネルギー利用化学工場の検討が必要であろう。

B案で夜間の生産量を昼間より少なくすれば太陽熱化学のウエイトが高く,かつオペレーションが容易なバランスの良い方式となる。

B案での夜間運転時,D案では常時,反応器内に酸素を導入しメタンの酸化熱で反応熱を補うオートサーマル方式にすれば(例:Inui et al.[6]),燃焼排ガスからCO_2を回収する必要度が減り,かつ予熱温度の低下によりエネルギー効率が向上する。

7　まとめ

地球温暖化抑制のために,省エネルギー,石炭から天然ガスへの燃料転換に続いて,太陽エネルギー等の再生可能エネルギーの導入が必要になる。その場合,我が国は太陽エネルギーの豊富なサンベルトから遠いため,水素や電力としてのエネルギー輸送が困難で,炭素化合物をエネルギーキャリヤーとする方式が必要になる可能性が高い。本章では太陽エネルギーを太陽熱化学と太陽熱発電の組み合わせで,炭素化合物の化学エネルギーに変換し,我が国へ輸送するソーラーメタノール方式について考察した。ソーラーメタノール方式では化石燃料,太陽エネルギー,リサイクルCO_2の組み合わせの割合を調整し,化石燃料との価格競争力とCO_2排出抑制効果とのバランスをとりつつ,徐々に太陽エネルギー利用率を高める。

文　　献

1)　NEDO平成9年度調査報告書,「革新的ソーラ熱化学プロセスによる太陽エネルギー利用システムの開発研究に係わる国際協力可能性調査」,1998
2)　NEDO平成10年度調査報告書,「熱化学的ソーラハイブリッド燃料生産システムの開発研究に

係わる調査」,NEDO-GET-9834, 1999
3) 玉浦 裕,「ソーラーハイブリッド燃料」,集光太陽熱利用が開く新エネルギー,日本高温ソーラ熱利用協会編, 1999, 53-65
4) 田中忠良,「太陽熱発電の現状」,集光太陽熱利用が開く新エネルギー,日本高温ソーラ熱利用協会編, 1999, 41-50
5) 横田 修,「ソーラーリアクター・レシーバーの開発」,集光太陽熱利用が開く新エネルギー,日本高温ソーラ熱利用協会編, 1999, 27-40
6) 乾 智行,松岡 功,藤岡幸治,竹口竜弥,「低温での天然ガス改質反応による水素の高速製造」,文部省重点領域研究「エクセルギー再生産の学理」,1997年度研究成果報告書, 1998, 192-197
7) Kesserlring, P. High flux Dish-Solar Reactor, Deutsche Forschungsanstalt fur Lu und aumfahrt, 4-14 (1994)

《CMCテクニカルライブラリー》発行にあたって

　弊社は、1961年創立以来、多くの技術レポートを発行してまいりました。これらの多くは、その時代の最先端情報を企業や研究機関などの法人に提供することを目的としたもので、価格も一般の理工書に比べて遙かに高価なものでした。
　一方、ある時代に最先端であった技術も、実用化され、応用展開されるにあたって普及期、成熟期を迎えていきます。ところが、最先端の時代に一流の研究者によって書かれたレポートの内容は、時代を経ても当該技術を学ぶ技術書、理工書としていささかも遜色のないことを、多くの方々が指摘されています。
　弊社では過去に発行した技術レポートを個人向けの廉価な普及版《**CMCテクニカルライブラリー**》として発行することとしました。このシリーズが、21世紀の科学技術の発展にいささかでも貢献できれば幸いです。
2000年12月

株式会社　シーエムシー出版

CO_2 固定化・隔離技術　(B0786)

1998年 2月 1日　初　版　第 1 刷発行
2006年 8月22日　普及版　第 1 刷発行
2008年 4月30日　普及版　第 2 刷発行

監　修　乾　　智　行　　　　　　Printed in Japan
発行者　辻　　賢　司
発行所　株式会社　シーエムシー出版
　　　　東京都千代田区内神田1-13-1　豊島屋ビル
　　　　電話 03 (3293) 2061
　　　　http://www.cmcbooks.co.jp

〔印刷　倉敷印刷株式会社〕　　　　　　　　© T. Inui, 2006

定価はカバーに表示してあります。
落丁・乱丁本はお取替えいたします。

ISBN978-4-88231-893-4 C3058 ¥3800E

本書の内容の一部あるいは全部を無断で複写（コピー）することは、法律で認められた場合を除き、著作者および出版社の権利の侵害になります。

CMCテクニカルライブラリーのご案内

高分子添加剤と環境対策
監修／大勝靖一
ISBN978-4-88231-975-7　　　　　B846
A5判・370頁　本体5,400円＋税（〒380円）
初版2003年5月　普及版2008年4月

構成および内容：総論(劣化の本質と防止/添加剤の相乗・拮抗作用 他)/機能維持剤(紫外線吸収剤/アミン系/イオウ系・リン系/金属捕捉剤 他)/機能付与剤(加工性/光化学性/電気性/表面性/バルク性 他)/添加剤の分析と環境対策(高温ガスクロによる分析/変色トラブルの解析例/内分泌かく乱化学物質/添加剤と法規制 他)
執筆者：飛田悦男/児島史利/石井玉樹 他30名

農薬開発の動向 -生物制御科学への展開-
監修／山本 出
ISBN978-4-88231-974-0　　　　　B845
A5判・337頁　本体5,200円＋税（〒380円）
初版2003年5月　普及版2008年4月

構成および内容：殺菌剤(細胞膜機能の阻害剤 他)/殺虫剤(ネオニコチノイド系剤 他)/殺ダニ剤(神経作用性 他)/除草剤・植物成長調節剤(カロチノイド生合成阻害剤 他)/製剤/生物農薬(ウイルス剤 他)/天然物/遺伝子組換え作物/昆虫ゲノム研究の害虫防除への展開/創薬研究へのコンピュータ利用/世界の農薬市場/米国の農薬規制
執筆者：三浦一郎/上原正浩/織田雅次 他17名

耐熱性高分子電子材料の展開
監修／柿本雅明/江坂 明
ISBN978-4-88231-973-3　　　　　B844
A5判・231頁　本体3,200円＋税（〒380円）
初版2003年5月　普及版2008年3月

構成および内容：【基礎】耐熱性高分子の分子設計/耐熱性高分子の物性/低誘電率材料の分子設計/光反応性耐熱性材料の分子設計 【応用】耐熱注型材料/ポリイミドフィルム/アラミド繊維紙/アラミドフィルム/耐熱性粘着テープ/半導体封止用成形材料/その他注目材料(ベンゾシクロブテン樹脂/液晶ポリマー/BTレジン 他)
執筆者：今井淑夫/竹市 力/後藤幸平 他16名

二次電池材料の開発
監修／吉野 彰
ISBN978-4-88231-972-6　　　　　B843
A5判・266頁　本体3,800円＋税（〒380円）
初版2003年5月　普及版2008年3月

構成および内容：【総論】リチウム系二次電池の技術と材料・原理と基本材料構成【リチウム系二次電池材料】コバルト系・ニッケル系・マンガン系・有機系正極材料/炭素系・合金系・その他非炭素系負極材料/イオン電池用電極液/ポリマー・無機固体電解質 他【新しい蓄電素子とその材料編】プロトン・ラジカル電池【海外の状況】
執筆者：山崎信幸/荒井 創/櫻井庸司 他27名

水分解光触媒技術 -太陽光と水で水素を造る-
監修／荒川裕則
ISBN978-4-88231-963-4　　　　　B842
A5判・260頁　本体3,600円＋税（〒380円）
初版2003年4月　普及版2008年2月

構成および内容：酸化チタン電極による水の光分解の発見/紫外応答性一段階触媒による水分解の達成(炭酸塩添加法/Ta系酸化物へのドーパント効果 他)/紫外応答性二段階触媒による水分解/可視光応答性光触媒による水分解の達成(レドックス媒体/色素増感光触媒 他)/太陽電池材料を利用した水の光電気化学的分解/海外での取り組み
執筆者：藤嶋 昭/佐藤真理/山下弘巳 他20名

機能性色素の技術
監修／中澄博行
ISBN978-4-88231-962-7　　　　　B841
A5判・266頁　本体3,800円＋税（〒380円）
初版2003年3月　普及版2008年2月

構成および内容：【総論】計算化学による色素の分子設計 他【エレクトロニクス機能】新規フタロシアニン化合物 他【情報表示機能】有機EL材料【情報記録機能】インクジェットプリンタ用色素/フォトクロミズム 他【染色・捺染の最新技術】超臨界二酸化炭素流体を用いる合成繊維の染色 他【機能性フィルム】近赤外線吸収色素 他
執筆者：蛭田公広/谷口彬雄/雀部博之 他22名

電波吸収体の技術と応用Ⅱ
監修／橋本 修
ISBN978-4-88231-961-0　　　　　B840
A5判・387頁　本体5,400円＋税（〒380円）
初版2003年3月　普及版2008年1月

構成および内容：【材料・設計編】狭帯域・広帯域・ミリ波電波吸収体【測定法編】材料定数/電波吸収量【材料編】ITS(弾性エポキシ・ITS用吸音電波吸収体 他)/電子部品(ノイズ抑制・高周波シート 他)/ビル・建材・電波暗室(透明電波吸収体 他)【応用編】インテリジェントビル/携帯電話など小型デジタル機器/ETC【市場編】市場動向
執筆者：宗 哲/栗原 弘/戸高嘉彦 他32名

光材料・デバイスの技術開発
編集／八百隆文
ISBN978-4-88231-960-3　　　　　B839
A5判・240頁　本体3,400円＋税（〒380円）
初版2003年4月　普及版2008年1月

構成および内容：【ディスプレイ】プラズマディスプレイ 他【有機光・電子デバイス】有機EL素子/キャリア輸送材料 他【発光ダイオード(LED)】高効率発光メカニズム/白色LED 他【半導体レーザ】赤外半導体レーザ 他【新機能光デバイス】太陽光発電/光記録技術 他【環境調和型光・電子半導体】シリコン基板上の化合物半導体 他
執筆者：別井圭一/三上明義/金丸正剛 他10名

※ 書籍をご購入の際は、最寄りの書店にご注文いただくか、
㈱シーエムシー出版のホームページ(http://www.cmcbooks.co.jp/)にてお申し込み下さい。

CMCテクニカルライブラリーのご案内

プロセスケミストリーの展開
監修／日本プロセス化学会
ISBN978-4-88231-945-0　　　　B838
A5判・290頁　本体4,000円＋税（〒380円）
初版2003年1月　普及版2007年12月

構成および内容：【総論】有名反応のプロセス化学的評価 他【基礎的反応】触媒的不斉炭素-炭素結合形成反応／進化するBINAP化学 他【合成の自動化】ロボット合成／マイクロリアクター 他【工業的製造プロセス】7-ニトロインドール類の工業的製造法の開発／抗高血圧薬塩酸エホニジピン原薬の製造研究／ノスカール錠用固体分散体の工業化 他
執筆者：塩入孝之／富岡 清／左右田 茂 他28名

UV・EB硬化技術 Ⅳ
監修／市村國宏　編集／ラドテック研究会
ISBN978-4-88231-944-3　　　　B837
A5判・320頁　本体4,400円＋税（〒380円）
初版2002年12月　普及版2007年12月

構成および内容：【材料開発の動向】アクリル系モノマー・オリゴマー／光開始剤 他【硬化装置及び加工技術の動向】UV硬化装置の動向と加工技術／レーザーと加工技術 他【応用技術の動向】缶コーティング／粘接着剤／印刷関連材料／フラットパネルディスプレイ／ホログラム／半導体用レジスト／光ディスク／光学材料／フィルムの表面加工 他
執筆者：川上直彦／岡崎栄一／岡 英雄 他32名

電気化学キャパシタの開発と応用 Ⅱ
監修／西野 敦／直井勝彦
ISBN978-4-88231-943-6　　　　B836
A5判・345頁　本体4,800円＋税（〒380円）
初版2003年1月　普及版2007年11月

構成および内容：【技術編】世界の主なEDLCメーカー【構成材料編】活性炭／電解液／電気二重層キャパシタ（EDLC）用半製品，各種部材／装置・安全対策ハウジング，ガス透過弁【応用技術編】ハイパワーキャパシタの自動車への応用例／UPS 他【新技術動向編】ハイブリッドキャパシタ／無機有機ナノコンポジット／イオン性液体 他
執筆者：尾崎潤二／齋藤貴之／松井啓真 他40名

RFタグの開発技術
監修／寺浦信之
ISBN978-4-88231-942-9　　　　B835
A5判・295頁　本体4,200円＋税（〒380円）
初版2003年2月　普及版2007年11月

構成および内容：【社会的位置付け編】RFID活用の条件 他【技術的位置付け編】バーチャルリアリティーへの応用 他【標準化・法規制編】電波防護 他【チップ・実装・材料編】粘着タグ 他【読み取り書きこみ機編】携帯式リーダーと応用事例 他【社会システムへの適用編】電子機器管理 他【個別システムの構築編】コイル・オン・チップRFID 他
執筆者：大見孝吉／椎野 潤／吉本隆一 他24名

燃料電池自動車の材料技術
監修／太田健一郎／佐藤 登
ISBN978-4-88231-940-5　　　　B833
A5判・275頁　本体3,800円＋税（〒380円）
初版2002年12月　普及版2007年10月

構成および内容：【環境エネルギー問題と燃料電池】自動車を取り巻く環境問題とエネルギー動向／燃料電池の電気化学 他【燃料電池自動車と水素自動車の開発】燃料電池自動車市場の将来展望 他【燃料電池と材料技術】固体高分子型燃料電池用改質触媒／直接メタノール形燃料電池 他【水素製造と貯蔵材料】水素製造技術／高圧ガス容器 他
執筆者：坂本良悟／野崎 健／柏木孝夫 他17名

透明導電膜 Ⅱ
監修／澤田 豊
ISBN978-4-88231-939-9　　　　B832
A5判・242頁　本体3,400円＋税（〒380円）
初版2002年10月　普及版2007年10月

構成および内容：【材料編】透明導電膜の導電性と赤外遮蔽特性／コランダム型結晶構造ITOの合成と物性 他【製造・加工編】スパッタ法によるプラスチック基板への製膜／塗布光分解法による透明導電膜の作製 他【分析・評価編】FE-SEMによる透明導電膜の評価 他【応用編】有機EL用透明導電膜／色素増感太陽電池用透明導電膜 他
執筆者：水橋 衞／南 内嗣／太田裕道 他24名

接着剤と接着技術
監修／永田宏二
ISBN978-4-88231-938-2　　　　B831
A5判・364頁　本体5,400円＋税（〒380円）
初版2002年8月　普及版2007年10月

構成および内容：【接着剤の設計】ホットメルト／エポキシ／ゴム系接着剤 他【接着層の機能-硬化接着物を中心に-】力学的機能／熱的特性／生体適合性／接着層の複合機能 他【表面処理技術】光オゾン法／プラズマ処理／プライマー 他【塗布技術】スクリーン技術／ディスペンサー 他【評価技術】塗布性の評価／放散VOC／接着試験法
執筆者：駒峯郁夫／越智光一／山口幸一 他20名

再生医療工学の技術
監修／筏 義人
ISBN978-4-88231-937-5　　　　B830
A5判・251頁　本体3,800円＋税（〒380円）
初版2002年6月　普及版2007年9月

構成および内容：再生医療工学序論／【再生用工学技術】再生用材料（有機系材料／無機系材料 他）／再生支援法（細胞分離法／免疫拒絶回避法 他）【再生組織】全身（血球／末梢神経）／頭・頸部（頭蓋骨／網膜 他）／胸・腹部（心臓骨／小腸 他）／四肢部（関節軟骨／半月板 他）／【これからの再生用細胞】幹細胞（ES細胞／毛幹細胞 他）
執筆者：森田真一郎／伊藤敦夫／菊地正紀 他58名

※ 書籍をご購入の際は、最寄りの書店にご注文いただくか、㈱シーエムシー出版のホームページ（http://www.cmcbooks.co.jp/）にてお申し込み下さい。

CMCテクニカルライブラリーのご案内

難燃性高分子の高性能化
監修／西原　一
ISBN978-4-88231-936-8　　　　　　B829
A5判・446頁　本体6,000円＋税（〒380円）
初版2002年6月　普及版2007年9月

構成および内容：【総論編】難燃性高分子材料の特性向上の理論と実際／リサイクル性【規制・評価編】難燃規制・規格および難燃性評価方法／実用評価【高性能化事例編】各種難燃剤／各種難燃性高分子材料／成形加工技術による高性能化事例／各産業分野での高性能化事例（エラストマー／PBT）【安全性編】難燃剤の安全性と環境問題
執筆者：酒井賢郎／西澤　仁／山崎秀夫　他28名

洗浄技術の展開
監修／角田光雄
ISBN978-4-88231-935-1　　　　　　B828
A5判・338頁　本体4,600円＋税（〒380円）
初版2002年5月　普及版2007年9月

構成および内容：洗浄技術の新展開／洗浄技術に係わる地球環境問題／新しい洗浄剤／高機能化水の利用／物理洗浄技術／ドライ洗浄技術／超臨界流体技術の洗浄分野への応用／光励起反応による濡れ制御材料によるセルフクリーニング／密閉型洗浄プロセス／周辺付帯技術／磁気ディスクへの応用／汚れの剥離の機構／評価技術
執筆者：小田切力／太田至彦／信夫建二　他20名

老化防止・美白・保湿化粧品の開発技術
監修／鈴木正人
ISBN978-4-88231-934-4　　　　　　B827
A5判・196頁　本体3,400円＋税（〒380円）
初版2001年6月　普及版2007年8月

構成および内容：【メカニズム】光老化とサンケアの科学／色素沈着／保湿／老化・シミ保湿の相互関係　他【制御】老化の制御方法／保湿に対する制御方法／総合的な制御方法　他【評価法】老化防止／美白／保湿　他【化粧品への応用】剤形の剤形設計／老化防止（抗シワ）機能性化粧品／美白剤とその応用／総合的な老化防止化粧料の提案　他
執筆者：市橋正光／伊福欧二／正木仁　他14名

色素増感太陽電池
企画監修／荒川裕則
ISBN978-4-88231-933-7　　　　　　B826
A5判・340頁　本体4,800円＋税（〒380円）
初版2001年5月　普及版2007年8月

構成および内容：【グレッツェル・セルの基礎と実際】作製の実際／電解質溶液／レドックスの影響　他【グレッツェル・セルの材料開発】有機増感色素／キサンテン系色素／非チタニア型／多色多層パターン化　他【固体化】擬固体色素増感太陽電池　他【光電池の新展開及び特許】ルテニウム錯体　自己組織化分子層修飾電極を用いた光電池　他
執筆者：藤嶋昭／松村道雄／石沢均　他37名

食品機能素材の開発 II
監修／太田明一
ISBN978-4-88231-932-0　　　　　　B825
A5判・386頁　本体5,400円＋税（〒380円）
初版2001年4月　普及版2007年8月

構成および内容：【総論】食品の機能因子／フリーラジカルによる各種疾病の発症と抗酸化成分による予防／フリーラジカルスカベンジャー／血液の流動性（ヘモレオロジー）／ヒト遺伝子と機能性成分　他【素材】ビタミン／ミネラル／脂質／植物由来素材／動物由来素材／お茶（健康茶）／乳製品を中心とした発酵食品　他
執筆者：大澤俊彦／大野尚仁／島崎弘幸　他66名

ナノマテリアルの技術
編集／小泉光惠／目義雄／中條澄／新原晧一
ISBN978-4-88231-929-0　　　　　　B822
A5判・321頁　本体4,600円＋税（〒380円）
初版2001年4月　普及版2007年7月

構成および内容：【ナノ粒子】製造・物性・機能／応用展開【ナノコンポジット】材料の構造・機能／ポリマー系／半導体系／セラミックス系／金属系／ナノマテリアルの応用／カーボンナノチューブ／新しい有機－無機センサー材料／次世代太陽光発電材料／スピンエレクトロニクス／バイオマグネット／デンドリマー／フォトニクス材料　他
執筆者：佐々木正／北條純一／奥山喜久夫　他68名

機能性エマルションの技術と評価
監修／角田光雄
ISBN978-4-88231-927-6　　　　　　B820
A5判・266頁　本体3,600円＋税（〒380円）
初版2002年4月　普及版2007年7月

構成および内容：【基礎・評価編】乳化技術／マイクロエマルション／マルチプルエマルション／ミクロ構造制御／生体エマルション／乳化剤の最適選定／乳化装置／エマルションの粒径／レオロジー特性　他【応用編】化粧品／食品／医療／農薬／生分解性エマルションの繊維・紙への応用／塗料／土木・建築／感光材料／接着剤／洗浄　他
執筆者：阿部正彦／酒井俊郎／中島英夫　他17名

フォトニック結晶技術の応用
監修／川上彰二郎
ISBN978-4-88231-925-2　　　　　　B818
A5判・284頁　本体4,000円＋税（〒380円）
初版2002年3月　普及版2007年7月

構成および内容：【フォトニック結晶中の光伝搬、導波、光閉じ込め現象】電磁界解析法／数値解析技術ファイバー　他【バンドギャップ工学】半導体完全3次元フォトニック結晶／テラヘルツ帯フォトニック結晶　他【発光デバイス】Smith-Purcel 放射　他【バンド工学】シリコンマイクロフォトニクス／陽極酸化ポーラスアルミナ　多光子吸収　他
執筆者：納富雅也／大寺康夫／小柴正則　他26名

※ 書籍をご購入の際は、最寄りの書店にご注文いただくか、㈱シーエムシー出版のホームページ（http://www.cmcbooks.co.jp/）にてお申し込み下さい。

CMCテクニカルライブラリーのご案内

コーティング用添加剤の技術
監修／桐生春雄
ISBN978-4-88231-930-6　B823
A5判・227頁　本体3,400円＋税（〒380円）
初版2001年2月　普及版2007年6月

構成および内容：塗料の流動性と塗膜形成／溶液性状改善用添加剤（皮張り防止剤／揺変剤／消泡剤 他）／塗膜性能改善用添加剤（防錆剤／スリップ剤・スリ傷防止剤／つや消し剤 他）／機能性付与を目的とした添加剤（防汚剤／難燃剤 他）／環境対応型コーティングに求められる機能と課題（水性・粉体・ハイソリッド塗料）他
執筆者：飯塚義雄／坪田　実／柳澤秀好 他12名

ウッドケミカルスの技術
監修／飯塚堯介
ISBN978-4-88231-928-3　B821
A5判・309頁　本体4,400円＋税（〒380円）
初版2000年10月　普及版2007年6月

構成および内容：バイオマスの成分分離技術／セルロケミカルスの新展開（セルラーゼ／セルロース 他）／ヘミセルロースの利用技術（オリゴ糖 他）／リグニンの利用技術／抽出成分の利用技術（精油／タンニン 他）／木材のプラスチック化／ウッドセラミックス／エネルギー資源としての木材（燃焼／熱分解／ガス化 他）　他
執筆者：佐野嘉拓／渡辺隆司／志水一允 他16名

機能性化粧品の開発III
監修／鈴木正人
ISBN978-4-88231-926-9　B819
A5判・367頁　本体5,400円＋税（〒380円）
初版2000年1月　普及版2007年6月

構成および内容：機能と生体メカニズム（保湿・美白・老化防止・ニキビ・低刺激・低アレルギー・ボディケア／育毛剤／サンスクリーン 他）／評価技術（スリミングクレンジング・洗浄／制汗・デオドラント／くすみ／抗菌性 他）／機能を高める新しい製剤技術（リポソーム／マイクロカプセル／シート状パック／シワ・シミ隠蔽 他）
執筆者：佐々木一郎／足立佳津良／河合江理子 他45名

インクジェット技術と材料
監修／髙橋恭介
ISBN978-4-88231-924-5　B817
A5判・197頁　本体3,000円＋税（〒380円）
初版2002年9月　普及版2007年5月

構成および内容：【総論編】デジタルプリンティングテクノロジー【応用編】オフセット印刷／請求書プリントシステム／産業用マーキング／マイクロマシン／オンデマンド捺染 他【インク・用紙・記録材料編】UVインク／コート紙／光沢紙／アルミナ微粒子／合成紙を用いたインクジェット用紙／印刷用紙用シリカ／紙用薬品 他
執筆者：毛利匡孝／村形哲伸／斎藤正夫 他19名

食品加工技術の展開
監修／藤田　哲／小林登史夫／亀和田光男
ISBN978-4-88231-923-8　B816
A5判・264頁　本体3,800円＋税（〒380円）
初版2002年8月　普及版2007年5月

構成および内容：資源エネルギー関連技術（バイオマス利用／ゼロエミッション 他）／貯蔵流通技術（自然冷熱エネルギー／低温殺菌と加熱殺菌 他）／新規食品加工技術（乾燥（造粒）技術／膜分離技術／冷凍技術／鮮度保持／食品計測・分析技術（食品の非破壊計測技術／BSEに関して）／第二世代遺伝子組換え技術 他
執筆者：高木健次／柳本正勝／神力達夫 他22人

グリーンプラスチック技術
監修／井上義夫
ISBN978-4-88231-922-1　B815
A5判・304頁　本体4,200円＋税（〒380円）
初版2002年6月　普及版2007年5月

構成および内容：【総論編】環境調和型高分子材料開発／生分解性プラスチック 他【基礎編】新規ラクチド共重合体／微生物、天然物、植物資源、活性汚泥を用いた生分解性プラスチック 他【応用編】ポリ乳酸／カプロラクトン系ポリエステル"セルグリーン"／コハク酸系ポリエステル"ビオノーレ"／含芳香環ポリエステル 他
執筆者：大島一史／木村良晴／白浜博幸 他29名

ナノテクノロジーとレジスト材料
監修／山岡亞夫
ISBN978-4-88231-921-4　B814
A5判・253頁　本体3,600円＋税（〒380円）
初版2002年9月　普及版2007年4月

構成および内容：トップダウンテクノロジー（ナノテクノロジー／X線リソグラフィ／超微細加工 他）／広がりゆく微細化技術（プリント配線技術と感光性樹脂／スクリーン印刷／ヘテロ系記録材料 他）／新しいレジスト材料（ナノパターニング／走査プローブ顕微鏡の応用／近接場光／自己組織化／光プロセス／ナノインプリント 他）他
執筆者：玉村敏昭／後河内透／田口孝雄 他17名

光機能性有機・高分子材料
監修／市村國宏
ISBN978-4-88231-920-7　B813
A5判・312頁　本体4,400円＋税（〒380円）
初版2002年7月　普及版2007年4月

構成および内容：ナノ素материалы（デンドリマー／光機能性SAM 他）／光機能デバイス材料（色素増感太陽電池／有機ELデバイス 他）／分子配向と光機能（ディスコティック液晶膜 他）／多光子励起と光機能（三次元有機フォトニック結晶／三次元超高密度メモリー 他）／新展開をめざして（有機無機ハイブリッド材料 他）
執筆者：横山士吉／関　隆広／中川　勝 他26名

※書籍をご購入の際は、最寄りの書店にご注文いただくか、㈱シーエムシー出版のホームページ(http://www.cmcbooks.co.jp/)にてお申し込み下さい。

CMCテクニカルライブラリーのご案内

コンビナトリアルサイエンスの展開
編集／高橋孝志／鯉沼秀臣／植田充美
ISBN978-4-88231-914-6　　B807
A5判・377頁　本体5,200円＋税（〒380円）
初版2002年3月　普及版2007年4月

構成および内容：コンビナトリアルケミストリー（パラジウム触媒固相合成／糖鎖合成 他）／コンビナトリアル技術による材料開発（マテリアルハイウェイの構築／新ガラス創製／新機能ポリマー／固体触媒／計算化学 他）／バイオエンジニアリング（新機能性分子創製／テーラーメイド生体触媒／新機能細胞の創製 他）
執筆者：吉田潤一／山田昌樹／岡田伸之 他54名

フッ素系材料と技術　21世紀の展望
松尾 仁 著
ISBN978-4-88231-919-1　　B812
A5判・189頁　本体2,600円＋税（〒380円）
初版2002年4月　普及版2007年3月

構成および内容：フッ素樹脂（PTFEの溶融成形／新フッ素樹脂／超臨界媒体中での重合法の開発 他）／フッ素コーティング（非粘着コート／耐候性塗料／ポリマーアロイ 他）／フッ素膜（食塩電解法イオン交換膜／燃料電池への応用／分離膜 他）／生理活性物質・中間体（医薬／農薬／合成法の進歩 他）／新材料・新用途展開（半導体関連材料／光ファイバー／電池材料／イオン性液体 他）　他

色材用ポリマー応用技術
監修／星埜由典
ISBN978-4-88231-916-0　　B809
A5判・372頁　本体5,200円＋税（〒380円）
初版2002年3月　普及版2007年3月

構成および内容：色材用ポリマー（アクリル系／アミノ系／新架橋系 他）／各種塗料（自動車用／金属容器用／重防食塗料 他）／接着剤・粘着材（光部品用／エレクトロニクス用／医療用 他）／各種インキ（グラビアインキ／フレキソインキ／RCインキ 他）／色材のキャラクタリゼーション（表面形態／レオロジー／熱分析 他）　他
執筆者：石倉慎一／村上俊夫／山本廉二郎 他25名

プラズマ・イオンビームとナノテクノロジー
監修／上條榮治
ISBN978-4-88231-915-3　　B808
A5判・316頁　本体4,400円＋税（〒380円）
初版2002年3月　普及版2007年3月

構成および内容：プラズマ装置（プラズマCVD装置／電子サイクロトロン共鳴プラズマ／イオンプレーティング装置 他）／イオンビーム装置（イオン注入装置／イオンビームスパッタ装置 他）／ダイヤモンドおよび関連材料（半導体ダイヤモンドの電子素子応用／DLC／窒化炭素 他）／光機能材料（透明導電性材料／光学薄膜材料 他）
執筆者：橘 邦英／佐々木光正／鈴木正康 他34名

マイクロマシン技術
監修／北原時雄／石川雄一
ISBN978-4-88231-912-2　　B805
A5判・328頁　本体4,600円＋税（〒380円）
初版2002年3月　普及版2007年2月

構成および内容：ファブリケーション（シリコンプロセス／LIGA／マイクロ放電加工／機械加工 他）／駆動機構（静電型／電磁型／形状記憶合金型 他）／デバイス（インクジェットプリントヘッド／DMD／SPM／マイクロジャイロ／光電変換デバイス 他）／トータルマイクロシステム（メンテナンスシステム／ファクトリ／流体システム 他）
執筆者：太田 亮／平田嘉裕／正木 健 他43名

機能性インキ技術
編集／大島壮一
ISBN978-4-88231-911-5　　B804
A5判・300頁　本体4,200円＋税（〒380円）
初版2002年1月　普及版2007年2月

構成および内容：【電気・電子機能】ジェットインキ／静電トナー／ポリマー型導電性ペースト 他【光機能】オプトケミカル／蓄光・夜光／フォトクロミック 他【熱機能】熱転写用インキと転写方法／示温／感熱 他【その他の特殊機能】繊維製品用／磁性／プロテイン／パッド印刷用 他【環境対応型】水性UV／ハイブリッド／EB／大豆油 他
執筆者：野口弘道／山崎 弘／田近 弘 他21名

リチウム二次電池の技術展開
編集／金村聖志
ISBN978-4-88231-910-8　　B803
A5判・215頁　本体3,000円＋税（〒380円）
初版2002年1月　普及版2007年2月

構成および内容：電池材料の最新技術（無機系正極材料／有機硫黄系正極材料／負極材料／電解質／その他の電池周辺部材／用途開発の到達点と今後の展開 他）／次世代電池の開発動向（リチウムポリマー二次電池／リチウムセラミック二次電池 他）／用途開発（ネットワーク技術／人間支援技術／ゼロ・エミッション技術 他）
執筆者：直井勝彦／石川正司／吉野 彰 他10名

特殊機能コーティング技術
監修／桐生春雄／三代澤良明
ISBN978-4-88231-909-2　　B802
A5判・289頁　本体4,200円＋税（〒380円）
初版2002年3月　普及版2007年1月

構成および内容：電子・電気的機能（導電性コーティング／層間絶縁膜 他）／機械的機能（耐摩耗性／制振・防音 他）／化学的機能（消臭・脱臭／耐酸性雨 他）／光学的機能（蓄光／UV硬化 他）／表面機能（結露防止塗料／撥水・撥油性／クロムフリー薄膜表面処理 他）／生態機能（非錫系の加水分解型防汚塗料／抗菌・抗カビ 他）
執筆者：中道敏彦／小浜信行／河野正彦 他24名

※書籍をご購入の際は、最寄りの書店にご注文いただくか、㈱シーエムシー出版のホームページ（http://www.cmcbooks.co.jp/）にてお申し込み下さい。

CMCテクニカルライブラリーのご案内

ブロードバンド光ファイバ
監修／藤井陽一
ISBN978-4-88231-908-5　B801
A5判・180頁　本体2,600円+税　(〒380円)
初版2001年12月　普及版2007年1月

構成および内容：製造技術と特性（石英系／偏波保持　他）／WDM伝送システム用部品ファイバ（ラマン増幅器／分散補償デバイス／ファイバ型光受動部品　他）／ソリトン光通信システム（光ソリトン"通信"の変遷／制御と光3R／波長多重ソリトン伝送技術　他）光ファイバ応用センサ（干渉方式光ファイバジャイロ／ひずみセンサ　他）　他
執筆者：小倉邦男／姫野邦治／松浦祐司　他11名

ポリマー系ナノコンポジットの技術動向
編集／中條 澄
ISBN978-4-88231-906-1　B799
A5判・240頁　本体3,200円+税　(〒380円)
初版2001年10月　普及版2007年1月

構成および内容：原料・製造法（層状粘土鉱物の現状／ゾル-ゲル法　他）／各種最新技術（ポリアミド／熱硬化性樹脂／エラストマー／PET　他）／高機能化（ポリマーの難燃化／ハイブリッド／ナノコンポジットコーティング　他）／トピックス（カーボンナノチューブ／貴金属ナノ粒子ペースト／グラファイト層間重合／位置選択的分子ハイブリッド　他）　他
執筆者：安倍一也／長谷川直樹／佐藤紀夫　他20名

キラルテクノロジーの進展
監修／大橋武久
ISBN4-88231-905-5　B798
A5判・292頁　本体4,000円+税　(〒380円)
初版2001年9月　普及版2006年12月

構成および内容：【合成技術】単純ケトン類の実用的水素化触媒の開発／カルバペネム系抗生物質中間体の合成法開発／抗HIV薬中間体の開発／光学活性γ,δ-ラクトンの開発と応用　他【バイオ技術】ATP再生系を用いた有用物質の新規生産法／新酵素法によるD-パントラクトンの工業生産／環境適合性キレート剤とバイオプロセスの応用　他
執筆者：藤尾達郎／村上尚道／今本恒雄　他26名

有機ケイ素材料科学の進歩
監修／櫻井英樹
ISBN4-88231-904-7　B797
A5判・269頁　本体3,600円+税　(〒380円)
初版2001年9月　普及版2006年12月

構成および内容：【基礎】ケイ素を含むπ電子系／ポリシランを基盤としたナノ構造体／ポリシランの光学材料への展開／オリゴシラン薄膜の自己組織化構造と電荷輸送特性　他【応用】発光素子の構成要素となる新規化合物の合成／高耐熱性含ケイ素樹脂／有機金属化合物を含有するケイ素系高分子の合成と性質／IPN形成とケイ素系合成樹脂　他
執筆者：吉田 勝／玉尾皓平／横山正明　他25名

DNAチップの開発 II
監修／松永 是
ISBN4-88231-902-0　B795
A5判・247頁　本体3,600円+税　(〒380円)
初版2001年7月　普及版2006年12月

構成および内容：【チップ技術】新基板技術／遺伝子増幅系内蔵型DNAチップ／電気化学発光法を用いたDNAチップリーダーの開発　他【関連技術】改良SSCPによる高速SNPs検出／走査プローブ顕微鏡によるDNA解析／三次元動画像によるタンパク質構造変化の可視化　他【バイオインフォマティクス】パスウェイデータベース／オーダーメイド医療とIn silico biology　他
執筆者：新保 斎／隅蔵康一／一石英一郎　他37名

マイクロビヤ技術とビルドアップ配線板の製造技術
編著／英 一太
ISBN4-88231-907-1 f　B800
A5判・178頁　本体2,600円+税　(〒380円)
初版2001年7月　普及版2006年11月

構成および内容：構造と種類／穴あけ技術／フォトビヤプロセス／ビヤホールの埋込み技術／UV硬化型液状ソルダーマスクによる穴埋め加工法／ビヤホール層間接続のためのメタライゼーション技術／日本のマイクロ基板用材料の開発動向／基板の細線回路のパターニングと回路加工／表面実装型エリアアレイ（BGA, CSP）／フリップチップボンディング／導電性ペースト／電気銅めっき　他

新エネルギー自動車の開発
監修／山田興一／佐藤 登
ISBN4-88231-901-2　B794
A5判・350頁　本体5,000円+税　(〒380円)
初版2001年7月　普及版2006年11月

構成および内容：【地球環境問題と自動車】大気環境の現状と自動車との関わり／地球環境／環境規制　他【自動車産業における総合技術戦略】重点技術分野と技術課題／他【自動車の開発動向】ハイブリッド電気／燃料電池／天然ガス／LPG　他【要素技術と材料】燃料改質技術／貯蔵技術と材料／電気技術と材料／パワーデバイス　他
執筆者：吉野 彰／太田健一郎／山崎陽太郎　他24名

ポリウレタンの基礎と応用
監修／松永勝治
ISBN4-88231-899-7　B792
A5判・313頁　本体4,400円+税　(〒380円)
初版2000年10月　普及版2006年11月

構成および内容：原材料と副資材（イソシアネート／ポリオール　他）／分析とキャラクタリゼーション（フーリエ赤外分光法／動的粘弾性／網目構造のキャラクタリゼーション　他）／加工技術（熱硬化性・熱可塑性エラストマー／フォーム／スパンデックス／水系ウレタン樹脂　他）／応用（電子・電気／自動車・鉄道車両／塗装・接着剤／バインダー／医用／衣料　他）
執筆者：高柳 弘／岡部憲昭／吉村浩幸　他26名

※書籍をご購入の際は、最寄りの書店にご注文いただくか、
㈱シーエムシー出版のホームページ（http://www.cmcbooks.co.jp/）にてお申し込み下さい。

CMCテクニカルライブラリーのご案内

薬用植物・生薬の開発
監修／佐竹元吉
ISBN4-88231-903-9　　　　　　B796
A5判・337頁　本体4,800円＋税（〒380円）
初版2001年9月　普及版2006年10月

構成および内容：【素材】栽培と供給／バイオテクノロジーと物質生産　他【品質評価】グローバリゼーション／微生物限度試験法／品質と成分の変動　他【薬用植物・機能性食品・甘味】機能性成分／甘味成分　他【創薬シード分子の探索】タイ／南米／解析・発現　他【生薬, 民族伝統薬の薬効評価と創薬研究】漢方薬の科学的評価／抗HIV活性を有する伝統薬物　他
執筆者：岡田　稔／田中俊弘／酒井英二　他22名

バイオマスエネルギー利用技術
監修／湯川英明
ISBN4-88231-900-4　　　　　　B793
A5判・333頁　本体4,600円＋税（〒380円）
初版2001年8月　普及版2006年10月

構成および内容：【エネルギー利用技術】化学的変換技術体系／生物的変換技術　他【糖質分解技術】物理・化学的糖化分解／生物学的分解／超臨界流体分解　他【バイオプロダクト】高分子製造／バイオマスリファイナリー／バイオ新素材／木質系バイオマスからキシロオリゴ糖の製造　他【バイオマス利用】ガス化メタノール製造／エタノール燃料自動車／バイオマス発電　他
執筆者：児玉　徹／桑原正章／美濃輪智朗　他17名

形状記憶合金の応用展開
編集／宮崎修一／佐久間俊雄／渋谷壽一
ISBN4-88231-898-9　　　　　　B791
A5判・260頁　本体3,600円＋税（〒380円）
初版2001年1月　普及版2006年10月

構成および内容：疲労特性（サイクル効果による機能劣化／線材の回転曲げ疲労／コイルばねの疲労　他）／製造・加工法（粉末焼結／急冷凝固（リボン）／圧延・線引き加工／ばね加工　他）／機器の設計・開発（信頼性設計／材料試験評価方法／免震構造設計／熱エンジン　他）／応用展開（開閉機構／超弾性効果／医療材料　他）
執筆者：細田秀樹／戸伏壽昭／三角正明　他27名

コンクリート混和剤技術

ISBN4-88231-897-0　　　　　　B790
A5判・304頁　本体4,400円＋税（〒380円）
初版2001年9月　普及版2006年9月

構成および内容：【混和剤】高性能AE減水剤／流動化剤／分離低減剤／起泡剤・発泡剤／凝結・硬化調節剤／防錆剤／防水剤／収縮低減剤／グラウト用混和剤材料　他【混和材】膨張剤／超微粉末（シリカヒューム、高炉スラグ、フライアッシュ、石灰石）／結合剤／ポリマー混和剤　他【コンクリート関連ケミカルス】塗布材料／静的破砕剤／ひび割れ補修材料　他
執筆者：友澤史紀／坂井悦郎／大門正機　他24名

トナーと構成材料の技術動向
監修／面谷　信
ISBN4-88231-896-2　　　　　　B789
A5判・290頁　本体4,000円＋税（〒380円）
初版2000年2月　普及版2006年9月

構成および内容：電子写真プロセスおよび装置の技術動向／現像技術と理論／転写・定着・クリーニング技術／2成分トナー／印刷製版用トナー／トナー樹脂／トナー着色材料／キャリア材料、磁性材料／各種添加剤／重合法トナー／帯電量測定／粒子径測定／導電率測定／トナーの付着力測定／トナーを用いたディスプレイ／消去可能トナー　他
執筆者：西村克彦／服部好弘／山崎　弘　他21名

フリーラジカルと老化予防食品
監修／吉川敏一
ISBN4-88231-895-4　　　　　　B788
A5判・264頁　本体5,400円＋税（〒380円）
初版1999年10月　普及版2006年9月

構成および内容：【疾病別老化予防食品開発】脳／血管／骨・軟骨／口腔・歯／皮膚　他【各種食品・薬物】和漢薬／茶／香辛料／ゴマ／ビタミンC前駆体　他【植物由来素材】フラボノイド／カロテノイド類／大豆サポニン／イチョウ葉エキス　他【動物由来素材】牡蠣肉エキス／コラーゲン　他【微生物由来素材】魚類発酵物質／紅麹エキス　他
執筆者：谷川　徹／西野輔翼／渡邊　昌　他51名

低エネルギー電子線照射の技術と応用
監修／鷲尾方一　編集／佐々木隆／木下　忍
ISBN4-88231-894-6　　　　　　B787
A5判・264頁　本体3,600円＋税（〒380円）
初版2000年1月　普及版2006年8月

構成および内容：【基礎】重合反応／架橋反応／線量測定の技術　他【応用】重合技術への応用（紙／電子線塗装「エレクロンEB」　帯電防止付与技術　他）／架橋技術への応用（発泡ポリオレフィン／電線ケーブル／自動車タイヤ他）／殺菌分野へのソフトエレクトロンの応用／環境対策としての応用／リチウム電池／電子線レジストの動向　他
執筆者：瀬口忠男／斎藤恭一／須永博美　他19名

CO₂固定化・隔離技術
監修／乾　智行
ISBN4-88231-893-8　　　　　　B786
A5判・274頁　本体3,800円＋税（〒380円）
初版1998年2月　普及版2006年8月

構成および内容：【生物学的方法】バイオマス利用／植物の利用／海洋生物の利用　他【物理学的方法】CO_2の分離／海洋隔離／地中隔離　他【化学的方法】光学的還元反応／電気化学・光電気化学的固定／超臨界CO_2を用いる固定化技術／高分子合成／触媒水素化　他【CO_2変換システム】経済評価／複合変換システム構想　他
執筆者：湯川英明／道木英之／宮本和久　他31名

※書籍をご購入の際は、最寄りの書店にご注文いただくか、
㈱シーエムシー出版のホームページ（http://www.cmcbooks.co.jp/）にてお申し込み下さい。